INDUSTRIAL
DESIGN DATA BOOK

工业设计资料集

信息·通信产品

分册主编　张　锡
总主编　　刘观庆

中国建筑工业出版社

《工业设计资料集》总编辑委员会

顾　　问　朱　焘　王珮云（以下按姓氏笔画顺序）
　　　　　王明旨　尹定邦　许喜华　何人可　吴静芳　林衍堂　柳冠中
主　　任　刘观庆　江南大学设计学院教授
　　　　　　　　　苏州大学应用技术学院教授、艺术系主任
　　　　　张惠珍　中国建筑工业出版社编审、副总编辑
副 主 任　（按姓氏笔画顺序）
　　　　　于　帆　江南大学设计学院副教授、工业设计系副主任
　　　　　叶　苹　复旦大学上海视觉艺术学院教授、教务长
　　　　　江建民　江南大学设计学院教授
　　　　　李东禧　中国建筑工业出版社第四图书中心主任
　　　　　何晓佑　南京艺术学院教授、副院长兼工业设计学院院长
　　　　　吴　翔　东华大学服装·艺术设计学院教授、工业设计系主任
　　　　　汤重熹　广州大学教授、中国工业设计协会副会长
　　　　　张　同　复旦大学上海视觉艺术学院教授、院长助理兼设计学院院长
　　　　　张　锡　南京理工大学机械工程学院教授、设计艺术系主任
　　　　　杨向东　广东工业大学教授、华南工业设计院院长
　　　　　周晓江　中国计量学院艺术与传播学院副教授、工业设计系主任
　　　　　彭　韧　浙江大学计算机学院副教授、数字媒体系副主任
　　　　　雷　达　中国美术学院教授
委　　员　（按姓氏笔画顺序）
　　　　　于　帆　王文明　王自强　卢艺舟　叶　苹　朱　曦　刘观庆　刘　星
　　　　　江建民　严增新　李东禧　李亮之　李　娟　肖金花　何晓佑　沈　杰
　　　　　吴　翔　吴作光　汤重熹　张　同　张　锡　张立群　张　煜　杨向东
　　　　　陈丹青　陈杭悦　陈海燕　陈　嬿　周晓江　周美玉　周　波　俞　英
　　　　　夏颖翀　高　筠　曹瑞忻　彭　韧　蒋　雯　雷　达　潘　荣　戴时超
总 主 编　刘观庆

《工业设计资料集》⑥
信息·通信产品
编辑委员会

主　　编　张　锡
副 主 编　王文明
编　　委　姜　霖　宋明亮　缪莹莹　杨晶晶　刘　玮　周　睿
　　　　　　张　雯　夏亚丽　李敬峰　侯亚婧　袁丽娟　夏　南
参 编 者　宋　亮　王安正　曹丽丽　赵莹雪　张　丹　尤锦香
　　　　　　林文淋　刘佳佳　赵阿丽　尹楚然　任熹培　丁小龙
　　　　　　刘清秀　史　艾　王　翠　陈兰汀　殷　伟

总　序

　　造物，是人类得以形成与发展的一项最基本的活动。自从 200 万年前早期猿人敲打出第一块砍砸器作为工具开始，创造性的造物活动就没有停止过。从旧石器到新石器，从陶瓷器到漆器，从青铜器到铁器……材料不断更新，技艺不断长进，形形色色的工具、器具、用具、家具、舟楫、车辆以及服装、房屋等等产生出来了。在将自然物改变成人造物的过程中，也促使人类自身逐渐脱离了动物界。而且，东西方不同的民族以各自的智慧在不同的地域创造了丰富多彩的人造物形态，形成特有的衣食住行的生活方式。而后通过丝绸之路相互交流、逐渐交融，使世界的物质文化和精神文化显得如此绚丽多姿、光辉灿烂。

　　进入工业社会以后，人类的造物活动进入了全新的阶段。科学技术迅猛发展，钢铁、玻璃、塑料和种种人工材料相继登场，机器生产取代了手工业，批量大，质量好，品种多，更新快，新产品以几何级数递增，人造物包围了我们的世界。一门新的学科诞生了，这就是工业设计。产品设计自古有之，手工艺时代，设计者与制造者大体上并不分离；机器生产时代，产品批量化生产，设计者游离出来，专门提供产品的原型，工业设计就是这样一种提供工业产品原型设计的创造性活动。这种活动涉及产品的功能、人机界面及其提供的服务问题，产品的性能、结构、机构、材料和加工工艺等技术问题，产品的造型、色彩、表面装饰等形式和包装问题，产品的成本、价格、流通、销售等市场问题，以及诸如生活方式、流行、生态环境、社会伦理等宏观背景问题。进入信息时代、体验经济时代以来，技术发生了根本性的变革，人们的观念改变、感性需求上升，不同文化交流、碰撞和交融，旧产品不断变异或淘汰，新产品不断产生和更新，信息化、系统化、虚拟化、交互化……随着人造物世界的扩展，其形态也呈现出前所未有的变化。

　　人造物世界是人类赖以生存的物质基础，是人类精神借以寄托的载体，是人类文化世界的重要组成部分。虽然说不上人造物都是完美的，虽然人造物也有许多是是非非，但她毕竟是人类的杰出成果。将这些人类的创造物汇集起来，展现出来，无疑是一件十分有意义的事情。

　　中国建筑工业出版社从 20 世纪 60 年代开始就组织出版了《建筑设计资料集》，并多次修订再版，继而有《室内设计资料集》、《城市规划资料集》、《园林设计资料集》……相继问世。三年前又力主组织出版《工业设计资料集》。这些资料集包含的其实都是各种不同类型的人造物，其中《工业设计资料集》包含的是人造物的重要组成部分，即工业化生产的产品。这些资料集的出版原意虽然是提供设计工具书，但作为各种各样人造物及其相关知识的汇总与展现，是对人类文化成果的阶段性总结，其意义更为深远。

　　《工业设计资料集》的编辑出版是工业设计事业和设计教育发展的需要。我国的工业设计经过长期酝酿，终于在 20 世纪七八十年代开始走进学校、走上社会，在世纪之交得到政府和企业的普遍关注。工业设计已经有了初步成果，可以略作盘点；工业设计正在迅速发展，需要资料借鉴。工业设计的基本理念是创新，创新要以前人的成果为基础。中国建筑工业出版社关于编辑出版《工业设计资料集》的设想得到很多高校教师的赞同。于是由具有 40 多年工业设计专业办学历史的江南大学牵头，上海交通大学、东华大学、浙江大学、中国美术学院、浙江工业大学、中国计量学院、南京理工大学、南京艺术学院、广东工业大学、广州大学、复旦大学上海视觉艺术学院、苏州大学应用技术学院等十余所高校的教师共同参加，组成总编辑委员会，启动了这一艰巨的大型设计资料集的编写工作。

中国建筑工业出版社委托笔者担任《工业设计资料集》总主编，提出总体构想和编写的内容体例，经总编委会讨论修改通过。《工业设计资料集》的定位是一部系统的关于工业化生产的各类产品及其设计知识的大型资料集。工业设计的对象几乎涉及人们生活、工作、学习、娱乐中使用的全部产品，还包括部分生产工具和机器设备。对这些产品进行分类是非常困难的事情，考虑到编写的方便和有利于供产品设计时作参考，尝试以产品用途为主兼顾行业性质进行粗分，设定分集，再由各分集对产品具体细分。由于工业产品和过去历史上的产品有一定的延续性，也收集了部分中外古代代表性的产品实例供参照。

资料集由10个分册构成，前两分册为通用性综述部分，后八分册为各类型的产品部分。每分册300页左右。第1分册是总论；第2分册是机电能基础知识·材料及加工工艺；第3分册是厨房用品·日常用品；第4分册是家用电器；第5分册是交通工具；第6分册是信息·通信产品；第7分册是文教·办公·娱乐用品；第8分册是家具·灯具·卫浴产品；第9分册是医疗·健身·环境设施；第10分册是工具·机器设备。

资料集各分册的每类产品范围大小不尽相同，但编写内容都包括该类产品设计的相关知识和产品实例两个方面。知识性内容包含产品的基本功能、基本结构、品种规格等，产品实例的选择在全面性的基础上注意代表性和特色性。

资料集编写体例以图、表为主，配以少量的文字说明。产品图主要是用计算机绘制或手绘的黑白单线图，少量是经过处理的照片或有灰色过渡面的图片。每页页首有书眉，其中大黑体字为项目名称，括号内的数字为项目编号，小黑体字为该页内容。图、表的顺序一般按页分别编排，必要时跨页编排。图内的长度单位，除特殊注明者外均采用毫米（mm）。

《工业设计资料集》经过三年多时间、十余所高校、数百位编写者的日夜苦干终于面世了。这一成果填补了国内和国际上工业设计学科领域系统资料集的出版空白，体现了规模性和系统性结合、科学性和艺术性结合、理论性和形象性结合，基本上能够满足目前我国工业设计学科和制造业迅速发展对产品资料的迫切需求，有利于业界参考，有利于国际交流。当然，由于编写时间和条件的限制，资料集并不完善，有些产品收集的资料不够全面、不够典型，内容也难免有疏漏或不当之处。祈望专家、读者不吝指正，以便再版时修正、补充。

值此资料集出版之际，谨向支持本资料集编写工作的所有院校、付出辛勤劳动的各位专家、学者和学生们表示最崇高的敬意！谨向自始至终关心、帮助、督促编写工作的中国建筑工业出版社领导尤其是第四图书中心的编辑们致以诚挚的谢意！

愿这部资料集能为推动我国工业设计事业的发展，为帮助设计师创造出更新更美的产品，为建设创新型社会作出贡献！

2007年5月

前　言

20世纪人类最伟大的成就莫过于对信息技术的发展。信息技术（Information Technology）简称IT，作为一门扩展人的信息功能的技术，借助于电子计算机和现代通信手段实现了人类获取信息、传递信息、存储信息、处理信息、显示信息、分配信息等的相关技术的需要。我们将那些提供信息和通信技术的设施称为信息、通信类产品。这类产品中，电话、电报、收音机、电视乃至移动电话、传真等，前所未有地实现了数据和信息的高效传递；计算机则彻底颠覆了旧有的信息处理与存储模式；此外，多媒体与互联网技术更让人体验到了全感官式的虚拟境界……信息、通信类产品在现代人类生活的画卷中添加了重重的一笔。

信息、通信产品均以高技术的形式渗透到人类社会的各个领域，完备的功能与和谐的造型形成了工程与设计的灵动之美，也由此催生了新一代的高科技美学。同时，在著名的"摩尔定律"[①]魔棒下，技术、速度、市场成为人们更加关注的焦点，高功能与高情感的双重需求，形成了当今市场的特点。在技术与用户之间设计由此起到了桥梁的沟通作用，并扮演起越来越重要的角色。

我们有幸参加了《工业设计资料集》信息、通信产品分册的编撰，以设计学的视角审视这些影响人类的重大发明成就，心中充满了对人类伟大创造力的感叹、对科技发展震撼力的惊叹，更满怀着对人类未来的遐想。从中我们也深深地感悟到设计在人类造物活动中的影响与意义。动机来源于需要，设计来源于智慧，科学技术成就了人们的梦想，而创新则是人类创造未来的巨大动力。

本书按照类型收集了通信、电脑、音像、视听等几大类产品，并分别从产品概念、产品历史、产品类型、产品构成、功能技术分析、人机分析、设计要点，以及典型设计等几大方面进行了图示与阐释，希望能够客观、真实地反映某一类产品的生成与发展规律，以及造型特点，并为该类产品的后续设计研究发展和其他相关产品的设计研究提供借鉴与参考。

"信息、通信产品"是一个庞大的产品类群，因此本书很难包罗万象，我们选择了一些具有代表性的产品类别，对于一些过渡性的且生命周期很短的产品不作收录。同时，又由于"信息、通信产品"发展的日新月异，资料滞后、挂一漏万在所难免。作为系列书的一部，也舍去了与其他分册的重合部分（如办公类产品等）的内容。

本书在编写过程中，得到了南京理工大学设计艺术系师生的鼓励支持和鼎力相助，在此一并表示由衷地感谢！

由于作者的局限性，书中存在的不当与缺陷之处，恳请专家与读者指正。

张锡
2010年2月

[①] 摩尔定律是由英特尔公司合作创始人之一的戈登·摩尔（Gordon Moore）于1965年发现并提出的，是指芯片上晶体管的密度每两年翻一番，计算能力相应提升一倍。

目 录

1	**1 手机**
1	手机概述
1	手机发展历史
3	手机的分类
18	手机功能分析
18	手机典型结构分析
20	手机外壳塑料的表面处理技术
20	手机造型设计要点
21	手机人机工程和操作界面分析
23	**2 电话机**
23	电话机概述
23	电话机的发展历史
25	电话机的分类
34	电话机的功能分析
35	电话机的构成
36	电话机的人机工程分析
37	**3 无线对讲机**
37	无线对讲机概述
37	无线对讲机的发展历史
38	手持无线对讲机的主要部件
38	无线对讲机的分类
46	对讲机的工作原理及特点
47	**4 笔记本电脑**
47	笔记本电脑概述
47	笔记本电脑的分类
48	笔记本电脑的发展历程
49	笔记本电脑人机分析
53	笔记本电脑造型
56	笔记本电脑桌
58	笔记本电脑散热器
61	**5 台式计算机**
61	计算机概述
61	计算机的分类
62	计算机的发展历史
64	计算机人机分析
67	台式机的造型设计
68	CRT显示器
75	液晶显示器
85	机箱
90	键盘
94	鼠标
99	**6 绘图板**
99	绘图板概述
99	绘图板造型
101	**7 摄像头**
101	摄像头概述
101	摄像头造型
103	**8 移动存储器**
103	移动硬盘概述
103	移动硬盘外部结构、尺寸分析
103	移动硬盘设计要点
104	移动硬盘的分类
106	U盘概述
106	U盘设计要点
106	U盘结构分析
107	U盘的分类
111	**9 打印机**
111	打印机概述
111	打印机的发展历史
112	打印机的分类
113	打印机设计要点
113	打印机的工作原理和结构分析
119	打印机造型
127	**10 照相机**
127	照相机概述
127	照相机的发展历史
127	照相机的分类
128	照相机的成像原理
128	照相机的结构
130	传统胶片相机和数码相机的性能比较
130	传统相机
133	数码相机
137	照相机界面分析
139	经典相机造型
141	**11 摄像机**
141	摄像机概述
141	摄像机的发展历史
142	数码摄像机的分类
144	数码摄像机的基本结构示意
144	摄像机的主要工作性能分析及工作原理
146	数码摄像机造型
150	DV拍摄的基本姿势
150	经典数码摄像机
153	**12 录音机/录音笔**
153	录音机概述
153	录音技术及录音机的发展历史
155	中国开盘磁带录音机的发展
156	录音机的工作原理
156	录音机的基本结构
157	录音机的表面材料
157	录音机的人机工程学
158	录音机的分类
162	录音机部件示意图
163	录音机的操作方式
164	录音笔概述

164 录音笔的工作原理	209 **17 MiniDisc随身听**	255 **20 电视机**
164 录音笔造型	209 MD概述	255 电视机概述
167 录音笔的组成结构	209 MD碟片	255 电视机的分类
168 录音笔的使用方式	210 MD随身听	256 电视机的发展历史
	211 MD随身听的发展历史	257 电视机屏幕比例及尺寸
169 **13 扫描仪**	212 MD随身听的分类	257 电视机的人机关系分析
169 扫描仪概述		259 电视机设计的影响因素
169 扫描仪的发展历史	217 **18 MP3／MP4播放器**	259 电视机的基本尺寸及
172 扫描仪的分类	217 MP3播放器概述	结构设计
175 扫描仪的基本工作原理	217 MP3播放器的发展历史	261 显像管电视机
176 扫描仪的组成、性能指标	218 MP3播放器的分类	264 平板电视机
及使用方式	224 MP3播放器典型结构分析	271 背投电视机
	224 MP3播放器工作原理	275 电视机架
177 **14 收音机**	225 MP3播放器造型设计要点	278 便携式电视机
177 收音机概述	226 MP3播放器人机工程和	
177 收音机的发展历史	操作界面分析	279 **21 VCD／DVD影碟机**
181 收音机的组成结构及	228 MP4播放器概述	279 VCD／DVD影碟机概述
使用方式	228 MP4播放器的分类	279 VCD／DVD影碟机的分类
185 收音机的分类	228 MP4与MP3播放器的	280 VCD／DVD影碟机的发展
	区别	历史
189 **15 卡带随身听**	229 经典MP4播放器造型	281 VCD／DVD影碟机的光盘
189 卡带随身听概述		放入方式
189 卡带随身听的发展历史	231 **19 音箱／组合音响**	281 关于碟片的技术
191 卡带随身听的材料与工艺	231 音箱概述	282 VCD／DVD影碟机的结构
192 卡带随身听的机身结构	231 音箱的发展历史	分析
与原理	232 音箱的系统组成	282 激光影碟机的工作原理
193 磁带的构成原理	236 音箱的造型	284 VCD／DVD影碟机造型
193 卡带随身听的使用方式	237 音箱的箱体材质及	
195 卡带随身听的分类	加工工艺	289 **22 数字投影机**
	238 音箱的控制方式及数量	289 数字投影机概述
199 **16 CD随身听**	239 多媒体音箱	289 数字投影机的系统组成
199 CD随身听及光盘	242 音响／组合音响概述	289 数字投影机视图
199 CD随身听的结构	242 组合音响的发展历史	290 数字投影机的分类
199 CD随身听的分类	243 音响造型风格的演变	292 投影机的发展现状和趋势
200 CD随身听的发展历史	247 组合音响的分类	292 投影机的人机工程学
201 CD随身听的设计要点	252 组合音响的音箱摆放	293 投影机常用输入输出接口
201 CD随身听的外观造型	254 家庭音响的发展趋势	293 投影机周边配件
203 CD随身听优秀产品欣赏		295 投影机的造型

手机概述

手机的英文单词为 Mobile Phone 或 Cell Phone，中文意思为"移动电话"、"蜂窝电话"。顾名思义，手机是可移动的、便携的通信工具。它和以往电话机的区别在于其灵活性，可以不受地域、线路的制约，进行即时通信。手机拥有普通电话功能，且方便携带，可以在较大范围内使用。手机与无绳电话最大的分别在于，无绳电话只能在有限的范围内使用，而手机能够在更大的区域里操作。

手机发展历史

手机发展历程大致可以分为模拟手机时代、GSM 时代、2.5G 时代和 3G 时代，其中 2.5G 和 3G 代表着手机的发展趋势。

手机发展的历史不光代表着科技的进步，同时也是人类文明发展的见证，从模拟到 GSM、从 GSM 到 GPRS、从单频到双频、从英文菜单到中文输入、从语音到短信……手机发展的速度与日俱增。一些型号手机在手机发展历史上，特别是在中国的手机发展史上起着分界点的作用，每一项新技术的采用，都对手机的发展起着莫大的推动力。

第一款手机 摩托罗拉 3200（1987 年）　　第一款翻盖手机 摩托罗拉 8900（1992 年）　　第一款 GSM 手机 爱立信 GH337（1994 年）　　第一款自编铃声手机 爱立信 GH398（1995 年）　　第一款抽盖式手机 诺基亚 8110（1998 年）

第一款支持语音拨号的手机 飞利浦 Genie828c（1998 年）　　第一款可录音的手机 索尼 Z1 plus（1998 年）　　第一款内置游戏的手机 诺基亚 6110（1998 年）　　第一款可换壳的手机 诺基亚 5110（1998 年）　　第一款折叠手机 摩托罗拉 328C（1999 年）

1 手机的发展历史

手机 [1] 手机发展历史

第一款彩屏手机
西门子 S2588
(1999年)

第一款三防手机
爱立信 R250 PRO
(1999年)

第一款双频手机
诺基亚 6150
(1999年)

第一款内置天线手机
诺基亚 3210
(1999年)

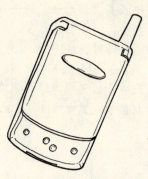
第一款支持手写的手机
摩托罗拉 A6188
(1999年)

第一款 WAP 手机
诺基亚 7110
(2000年)

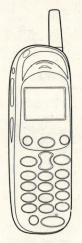
第一款三频手机
摩托罗拉 L2000
(2000年)

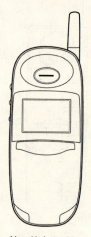
第一款中文手机
摩托罗拉 CD928+
(2000年)

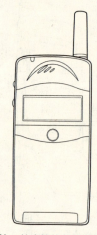
第一款声控接听的手机
爱立信 T18SC
(2000年)

第一款双屏手机
三星 A288
(2000年)

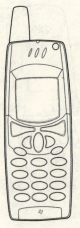
第一款使用 EPOC
操作系统的手机
爱立信 R380sc
(2000年)

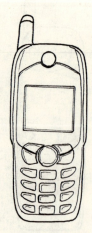
第一款内置 MP3 功能
带移动存储器的手机
西门子 6688
(2000年)

第一款内置双卡功能
的手机
夏新 A8198
(2000年)

第一款 256 色 GSM
彩屏手机
爱立信 T68
(2001年)

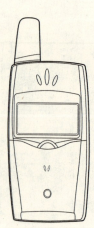
第一款内置蓝牙功
能的手机
爱立信 T39mc
(2001年)

1 手机的发展历史

手机发展历史·手机的分类　[1] 手机

1 手机的发展历史

手机的分类

从手机的外观造型进行分类，一般有直板、翻盖、折叠、滑盖、旋转、旋屏，还有一些其他特型手机。

直板手机

它是最早的造型类型，外形简约，坚固耐用，但手机的按键面与屏幕的面积互相制约，往往直板手机的平面面积与其他款式手机相比是最大的。横握手机也属于直板手机的一种。

翻盖手机

它比直板手机多一个盖子来保护按键和屏幕，一是怕按键误按，二是怕屏幕划伤。这样的机型保持了直板的简单坚固，同时也能更好地保护机器的按键甚至屏幕。但翻盖手机的盖子看起来很累赘，而且没有解决根本的直板面积问题，所以翻盖机在市面上越来越少。

折叠型手机

对于折叠型手机，可以认为它是由两个直板机构成的：一个构成翻盖部分，另一个构成主机部分。它将屏幕和按键对折，让手机的面积减少了一半，而且开盖后屏幕和按键有一定角度，更符合人的操作习惯。它最重要的优点是可以很好地保护屏幕，携带的时候即使有碰撞也不容易弄坏屏幕。这样的设计还可以分散各种部件，比如扬声器、摄像头、电池等，美观而又实用。

手机 [1] 手机的分类

滑盖手机

对于滑盖型手机，同样我们可以把它看作是由两个直板机构成的，两部分通过滑轨（Slider）连接。滑盖机经过了三个时期的发展，大致分三种，这三种的代表机型为：诺基亚8850、诺基亚8910，以及三星SGH-E818。

诺基亚8850只是把话筒安在了滑盖的最下面，事实上这个形状还是和翻盖的很接近。形状如同诺基亚8910的电动滑盖，其实是把整个机器都装进了桶里面。真正滑盖的就像三星SGH-D418这一类机型了，有的是留一半按键，有的是整个键盘隐藏在屏幕下面，有的是屏幕只有一半露在外面。

总体来说，滑盖保留了宽大的屏幕和按键，又有效地减少了整体面积，而且可以很好地保护照相镜头等敏感元件，但屏幕还是暴露在外面。

旋转手机

旋转手机的代表是摩托罗拉V70，虽然只是听筒转，而且只能向一边转180°，但已开创了新的设计。现在的旋转手机实际上是滑盖的平面运动和折叠的旋转运动的结合，保留了滑盖的优点，同时又有了折叠的轴的优点。转动的磨损比往复的摩擦要小很多，所以旋转手机一般比滑盖手机使用寿命长。

旋屏手机

旋屏手机既保持了翻盖的保护屏幕、减小面积的特性，又有了滑盖的大屏幕展现同时保持整机一体的优点。在摄像头的应用上，旋屏手机能拍到其他类型的手机不能拍摄到的角度。

特型手机

这类手机在市场上不常见，多为概念手机和未来造型手机。

直板手机造型

1 直板手机

手机的分类　[1] 手机

翻盖手机造型　　　　　　折叠手机造型

1 翻盖手机　　　　　　2 折叠手机

手机 [1]　手机的分类

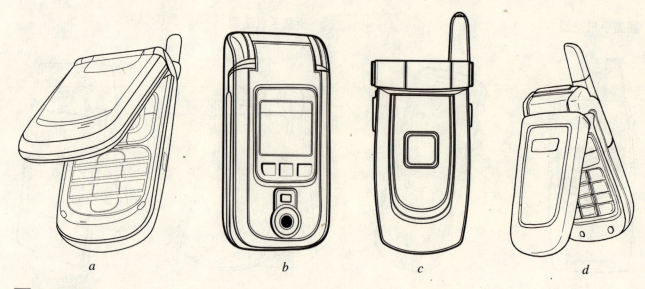

　　　a　　　　　　*b*　　　　　　*c*　　　　　　*d*

1 折叠手机

滑盖手机造型

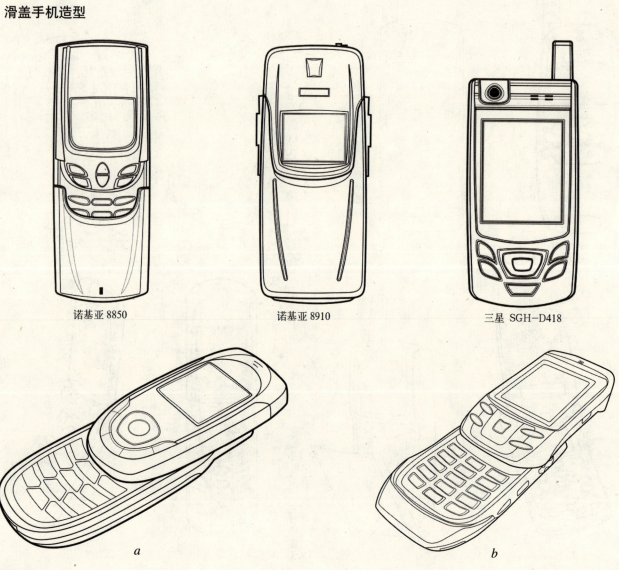

诺基亚 8850　　　　　诺基亚 8910　　　　　三星 SGH-D418

　　　　a　　　　　　　　　　　　　　*b*

2 滑盖手机

手机的分类　[1] 手机

[1] 滑盖手机

手机 [1] 手机的分类

旋转手机造型

a *b* *c* *d*

e *f* *g*

h *i* *j*

1 旋转手机

8

手机的分类 ［1］手机

旋屏手机造型

a　　b　　c　　d

e　　f　　g

h　　　　　　　　i

1 旋屏手机

手机 [1] 手机的分类

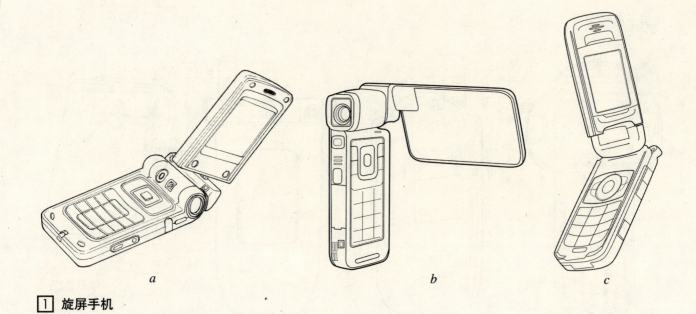

1 旋屏手机

特型手机造型

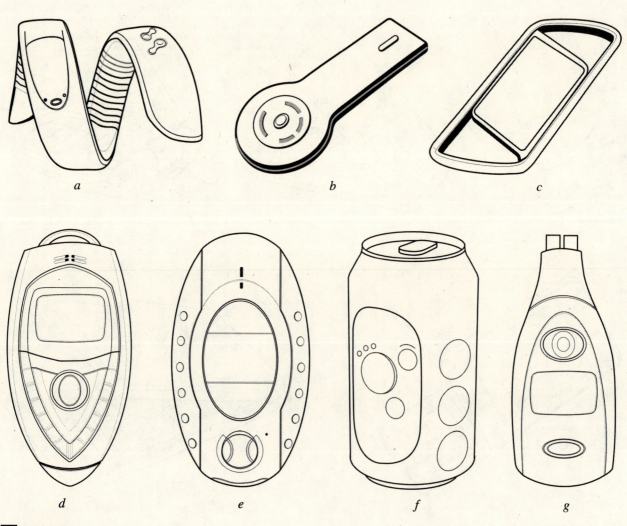

2 特型手机

手机的分类 [1] 手机

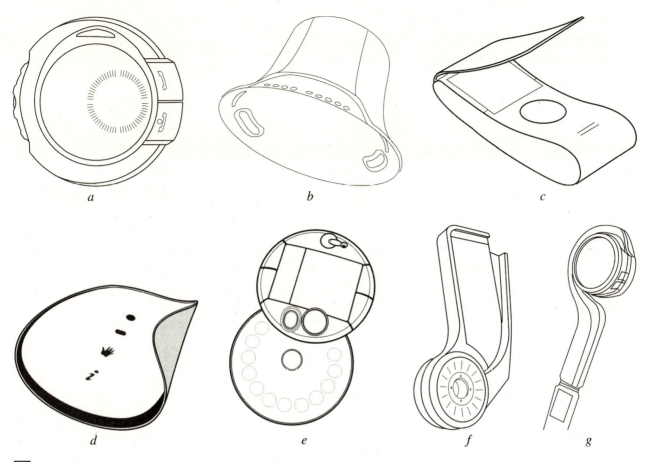

1 特型手机

从手机的使用对象和功能进行分类，一般有廉价型、运动型、豪华型、功能型、女性手机、儿童手机、老年手机以及特定语种手机。

廉价型手机

一种是手机设计之初，公司针对不同的营销策略进行定位，降低生产成本，设计生产实用而不花哨的机型；另一种是遭受新产品不断冲击，市场上逐步淘汰下来的机型。

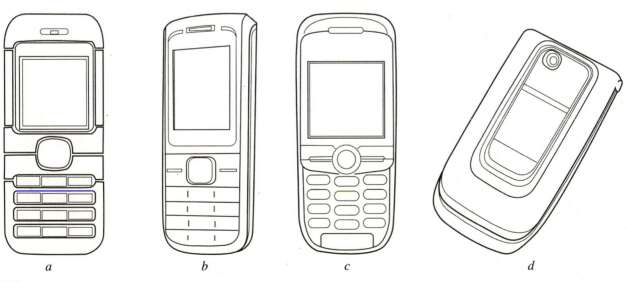

2 廉价型手机

手机 [1]　手机的分类

运动型手机

　　运动型手机是针对恶劣环境或为喜欢运动的人士专门设计的手机。这种手机的功能不一定出众，体积也不一定小巧，但"三防"概念是运动型手机所必备的，即防尘、防水和防震。

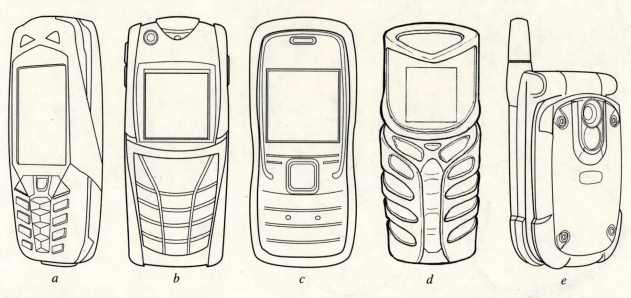

a　　　　*b*　　　　*c*　　　　*d*　　　　*e*

1 运动型手机

豪华型手机

　　使用特殊材料，如钛合金，或镶嵌宝石、皮革等，提高手机档次，这种手机定位的客户群往往是高收入者，满足他们将手机作为身份标志的需求。

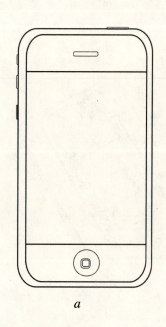 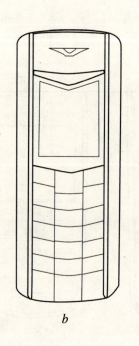 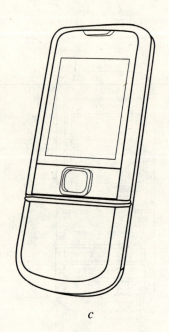

a　　　　　　　　　*b*　　　　　　　　　*c*

2 豪华型手机

手机的分类 [1] 手机

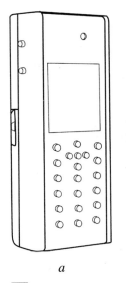
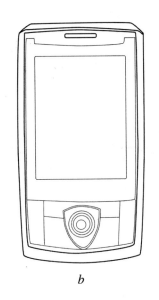
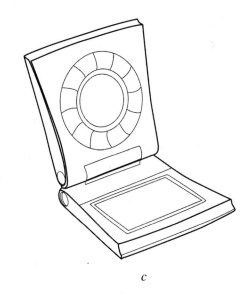

a　　　　　　　　　　　b　　　　　　　　　　　c

[1] 豪华型手机

功能型手机

　　与豪华型手机相比，功能型手机的侧重点是功能齐备，如带有PDA功能或带有语音通信功能等，而且该型手机还有很强的功能扩展性。

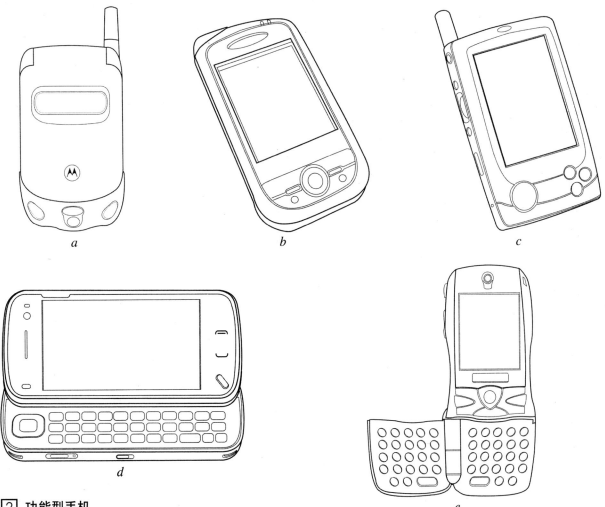

[2] 功能型手机

手机 [1] 手机的分类

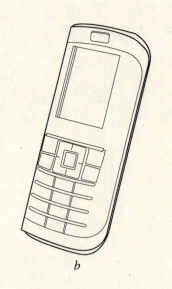
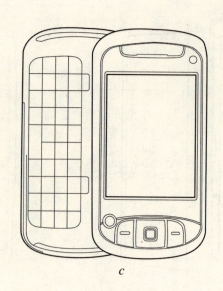

a　　　　　　　　　b　　　　　　　　　c

① 功能型手机

女性手机

　　手机市场细分之后，专门针对女性顾客设计的手机将重点特征放在外形的柔美，以及机身的小巧精致上。

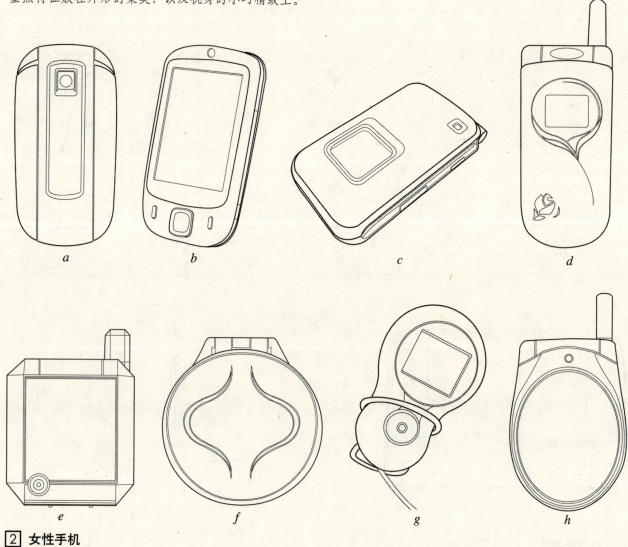

② 女性手机

手机的分类　　[1] 手机

儿童手机

　　特点是所有按键设置非常简单，易于操作。儿童手机具有限制呼入、呼出和限制短信接收、发送等功能，避免儿童过多地受外界干扰。此外，还具有定位功能，通过移动运营商的网络，家长对小孩的行踪了如指掌。

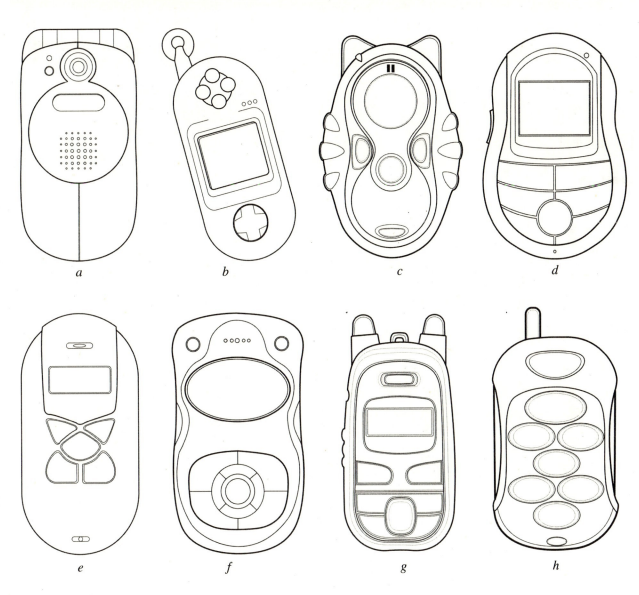

[1] 儿童手机

特定语种手机

　　2003年初，首信推出的维吾尔文手机在原有汉语、英语语言种类的基础上又增加了维吾尔语操作功能，可以实现三种语言的自由转换。维吾尔文手机的问世既填补了国内少数民族通信领域的这一空白，同时也说明手机市场细分化的趋势越来越明显。

老年手机

　　根据老年人视力、听力退化及手指不灵便的特点，老年手机的屏幕和字体较大，按键和按键间隔较大，听筒和铃声扬声器音量也够大。此外，老年手机的功能简单，操作方便。

15

手机 [1] 手机的分类

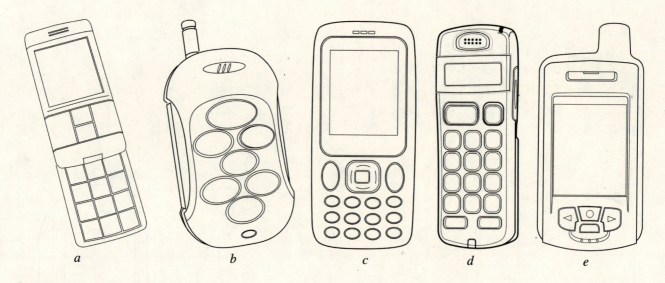

1 老年手机

经典机型

2 经典机型

手机的分类 [1] 手机

1 经典机型

手机 [1] 手机功能分析·手机典型结构分析

手机功能分析

随着科技的发展、手机技术的进步，手机的功能在不断地更新增多。

（1）通信：呼叫、接听电话，收发短信、彩信，语音留言；

（2）个人助理：通信录，计算器，英汉字典，时钟，闹钟，秒表，日历，备忘录；

（3）数据获取和传输：摄像头，录音机，红外，蓝牙，USB，浏览网页；

（4）个人娱乐：游戏，收音机，MP3。

手机典型结构分析

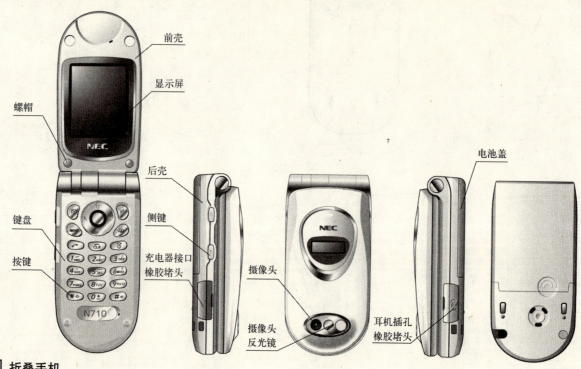

[1] 折叠手机

如图所示，手机结构一般包括以下几个部分：

1. 显示屏镜片（LCD Lens）

材料：材质一般为 PC 或亚克力；

连接：一般用卡勾+背胶与前盖连接。

分为两种形式：a. 仅仅在 LCD 上方局部区域；b. 与整个面板合为一体。

2. 上盖（前盖，Front Housing）

材料：材质一般为 ABS+PC；

连接：与下盖一般采用卡勾+螺钉的连接方式（螺丝一般采用 $\phi 2$，建议使用锁螺丝以便于维修、拆卸，采用锁螺丝式时必须注意 boss 的材质、孔径）。摩托罗拉的手机比较钟爱全部用螺钉连接。

3. 下盖（后盖，Rear Housing）

材料：材质一般为 ABS+PC。

4. 按键（Key）

材料：橡胶，PC+橡胶，PC；

连接：橡胶按键主要依靠前盖内表面长出的定位 Pin 和 Boss 上的 Rib 定位。橡胶按键没法精确定位，原因在于橡胶比较软。如 Key Pad 上的定位孔和定位 Pin 间隙太小（<0.2～0.3mm），则 key Pad 压下去后没法回弹。

5. 按键弹性片（Metal Dome）

按下去后，它下面的电路导通，表示该按键被按下。

材料：有两种，Mylar Dome 和 Metal Dome，前者是聚酯薄膜，后者是金属薄片。Mylar dome 便宜一些；

连接：直接用胶粘剂粘在印刷电路板（PCB）上。

6. 电池盖（Battery Cover）

材料：一般也是 PC+ABS；

有两种形式：整体式是电池盖与电池合为一体，分体式是电池盖与电池为单独的两个部件；

连接：通过卡勾+Push Button（多加了一个元件）和后盖连接。

7. 电池盖按键（Button）

材料：Pom；

手机典型结构分析　[1] 手机

种类较多，在使用方向、位置、结构等方面都有较大变化。

8. 天线（Antenna）

分为外露式和隐藏式两种，一般来说，前者的通信效果较好；

标准件，选用即可；

连接：在PCB上固定有金属弹片，天线可直接卡在两弹片之间。或者是一金属弹片一端固定在天线上，一端的触点压在PCB上。

9. 话筒（Speaker）

通话时发出声音的元件，为标准件，选用即可；

连接：一般是用Sponge包裹后，固定在前盖上（前盖上有出声孔）；通过弹片上的触点与PCB联接。

10. 麦克风（Microphone）

通话时接收声音的元件，为标准件，选用即可；

连接：一般固定在前盖上，通过触点与PCB联结。

11. 蜂鸣器（Buzzer）

铃声发生装置，为标准件，选用即可；

通过焊接固定在PCB上，外壳上有出声孔让它发音。

12. 耳机插孔（Ear jack）

为标准件，选用即可；

通过焊接直接固定在PCB上。外壳上要为它留孔。

13. 电机（Motor）

电机带有一偏心轮，提供振动功能，为标准件，选用即可；

连接：有固定在后盖上的，也有固定在PCB上的。

14. 显示屏（LCD）

直接买来用。

有两种固定样式：a. 固定在金属框架里，金属框架通过4个伸出的脚卡在PCB上。b. 没有金属框架，直接和PCB的连接：一种是直接通过导电橡胶接触；一种是排线的形式，将排线插入到PCB上的插座里。

15. 隔离罩（Shielding case）

一般是冲压件，壁厚为0.2mm。作用：防静电和辐射。

16. 其他外露的元件

测试端口（test port）：直接选用，焊接在PCB上，在外壳上要为它留孔。

SIM卡插口（SIM Card Connector）：直接选用，焊接在PCB上，在外壳上要为它留孔。

电池连接件（Battery Connector）：直接选用，焊接在PCB上，在外壳上要为它留孔。

充电器连接件（Charger Connector）：直接选用，焊接在PCB上，在外壳上要为它留孔。

17. 所有对外插头的橡胶堵头（Rubber Cover）：所用材料为橡胶。

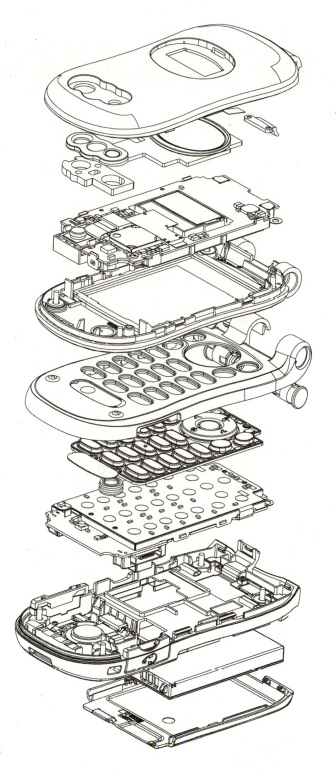

[1] 折叠手机爆炸图

19

手机 [1] 手机外壳塑料的表面处理技术·手机造型设计要点

手机外壳塑料的表面处理技术

手机外壳塑料的表面处理技术包括以下几种：电镀（Coating）、彩色电镀（Color coating）、喷漆（Painting）、曲面印刷、水转印、热转印、表面硬化（Hard Coating）、模内镶件注塑 IML（Insert Molding Label）、模内成型 IMF（Insert Molding Forming）、模内射出装饰 IMD（Insert Molding Deliver）等。

手机造型设计要点

手机总的设计要点大致可以分为三个方面：造型、结构、功能。通过对以往手机的分析可以看到，造型是手机设计中的重要部分。

各种造型都有其优缺点。直板面积大，不易保护屏幕，旋屏不够结实，但很灵活；滑盖对照相镜头保护很好，面积也小，但是磨损快；旋转的和滑盖基本一样，也有屏幕不好保护的因素；折叠手机成了折中选择，有着保护屏幕的优点，面积也小，同时也可以很好地保护照相镜头等，但是坚固程度比不上直板手机，却比旋屏的好，灵活性比不上旋屏但比直板滑盖更结合实际，所以也成了主流造型。

直板手机				
①顶端造型	平顶形	小圆弧形	大圆弧形	
②底部造型	平底形	小圆弧形	大圆弧形	
③机身腰线造型	逐渐收紧形	平行直线形	中央微凸形	有腰身形
④机身比例	宽形	适中形	长形	
⑤功能键形式	方形轮廓方形控制键	方形轮廓圆形控制键	多边性	
⑥数字键形式	整体紧凑形	列紧凑形	行紧凑形	分散形
⑦屏幕比例	卧式	立式	正方形	
⑧机身表面分割方式	沿机身轮廓曲线的整体分割	突出屏幕的中上部分割	两种分割方式同时存在	

折叠手机				
①底部造型	平底形	小圆弧形	大圆弧形	
②机身腰线造型	逐渐收紧形	平行直线形	中央微凸形	
③外屏幕造型	沿屏幕造型	方形造型	圆形造型	
④内屏幕造型	方形	圆角过渡形		
⑤功能键形式	方形轮廓方形方向键	圆形轮廓圆形方向键	轮廓与数字键一体	方形轮廓圆形方向键
⑥数字键形式	整体紧凑形	列紧凑形	行紧凑形	分散形
⑦连接轴方式	独立成型	与机身一体造型		
⑧机身表面分割方式	沿机身侧边曲线的整体分割	活机身轮廓曲线的整体分割	突出外屏幕中部分割	

1 手机造型设计要点

手机造型设计要点·手机人机工程和操作界面分析　[1] 手机

手机人机工程和操作界面分析

手机设计中，与人机工程相关的项目包括：屏幕尺寸、屏幕可显示颜色数、机身形式、几何尺寸（宽×深×高）、重量（克）、人机界面等。

手机的基本尺寸

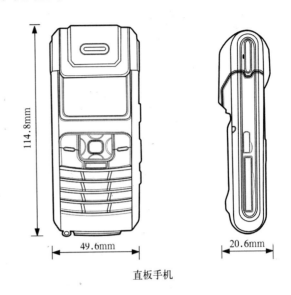

①顶端造型	小圆弧形	大圆弧形		
②底部造型	小圆弧形	大圆弧形		
③机身腰线造型	平行直线形	中央微凸形	有腰身形	
④功能键形式	方形轮廓方形方向键	圆形轮廓圆形方向键	半圆形轮廓方形方向键	半方形轮廓圆形方向键
⑤数字键形式	整体紧凑形	列紧凑形	行紧凑形	分散形
⑥机身表面分割方式	沿机身轮廓曲线的整体分割	突出屏幕的中上部分割	两种分割方式同时存在	

旋转手机

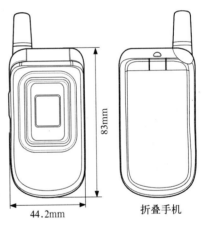

直板手机

①顶端造型	平顶形	小圆弧形	大圆弧形	
②底部造型	平底形	小圆弧形	大圆弧形	
③机身腰线造型	逐渐收紧形	平行直线形	中央微凸形	
④功能键形式	方形轮廓方形方向键	圆形轮廓圆形方向键	半圆形轮廓方形方向键	半方形轮廓圆形方向键
⑤数字键形式	整体紧凑型	列紧凑型	行紧凑型	分散型
⑥机身表面分割方式	沿机身轮廓曲线的整体分割	突出屏幕的中上部分割	两种分割方式同时存在	

滑盖手机

折叠手机

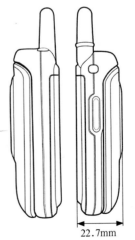

① 手机造型设计要点

② 手机尺寸图

21

手机 [1]　手机人机工程和操作界面分析

手机与使用者的关系

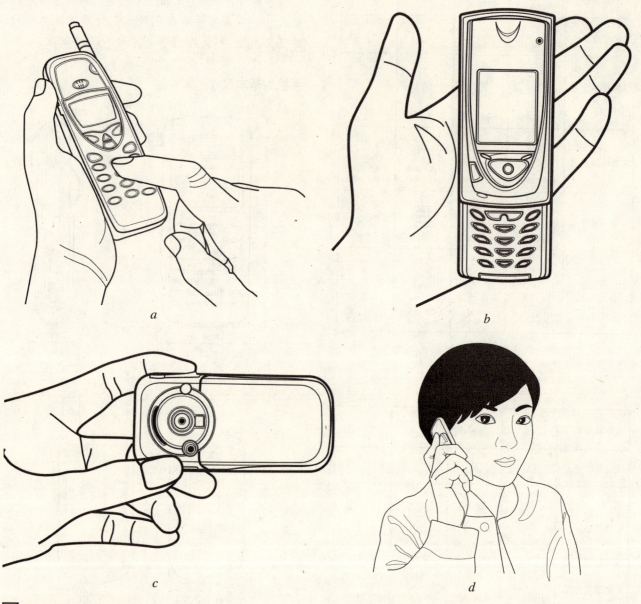

a　　　　　　　　　　　　*b*

c　　　　　　　　　　　　*d*

[1] 手机与使用者的关系

手机的操作界面

手机设计的人性化已不仅仅局限于手机硬件的外观，手机的软件系统已成为用户直接操作和应用的主体，用户界面设计的规范性显得尤为重要。

1. 注意手机界面设计的效果的整体性、一致性

要求手机的外观和系统界面符合用户审美习惯，针对特定的审美群体进行设计，这样才能使他们对系统界面的肯定和喜爱有效地转移到产品上来。界面设计在操作流程的安排上，也得遵循系统的规范性，让用户一开始使用手机就会使用软件，简化用户操作流程。

2. 注意手机界面设计效果的个性化，突出自身特点

设计过程中要考虑软件本身的特征和用途。界面设计应该结合软件的应用范畴，合理安排版式，以求达到美观适用的目的。界面设计的色彩个性化，目的就是用色彩的变换来协调用户的心理，让软件产品对用户时常保持一种新鲜度。

3. 注意手机界面设计中的视觉元素的规范性

提高图形图像元素的质量就要尽量使用较少的色深表现色彩丰富的图形图像，既确保数据量小又确保图形图像的效果完好，使图形图像在软件系统中所占数据量尽量减小，提高程序的工作效率。界面上的线条和色块后期都会用程序来实现，需要考虑程序部分和图像部分的结合，达到整体效果的协调。

电话机概述

电话机是电话通信中实现声能与电能相互转换的终端用户设备。由送话器、受话器和发送、接收信号的部件等组成。发话时,由送话器把话音转变成电信号,沿线路发送至对方,受话时,由受话器把接收的电信号还原成话音。

电话机的发展历史

电话机的历史悠久、应用广泛。在其出现之前,电报技术已经应用。当用户拍发电报时,先把电文变成信息,再通过电报线路传到远方。尽管以最快的速度把电报发送出去,但等到回电,往返一次,也需要很多时间。显然,这不能满足人们对信息传递的需要。因此,当时有人提出将语音直接通过导线传送给对方的设想。1876年3月10日,美国人亚历山大·贝尔与他的助手用一套由木头支架、漏斗、酸液和一些铜线构成的粗糙装置,第一次发送了一句完整的话:"沃森先生,过来这边,我需要你!"这就是现代电话的雏形。一百多年来,电话机的基本功能虽然没有发生根本性的变化,但它早已"面目全非"了。从带摇把的磁石电话机,到拨号盘式自动电话机,再到按键电话机、因特网电话和能闻声见影的电视电话机,电话已经渗透到人类生活的方方面面。纵观电话机百年的足迹,大致经历了以下几个典型时代:手摇式、转盘式、按键式、无绳移动式。

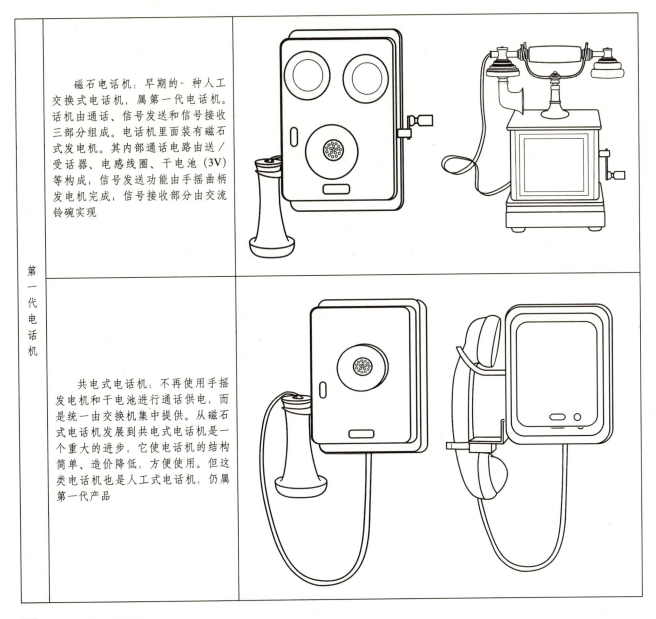

① 电话机的发展历史

电话机 [2] 电话机的发展历史

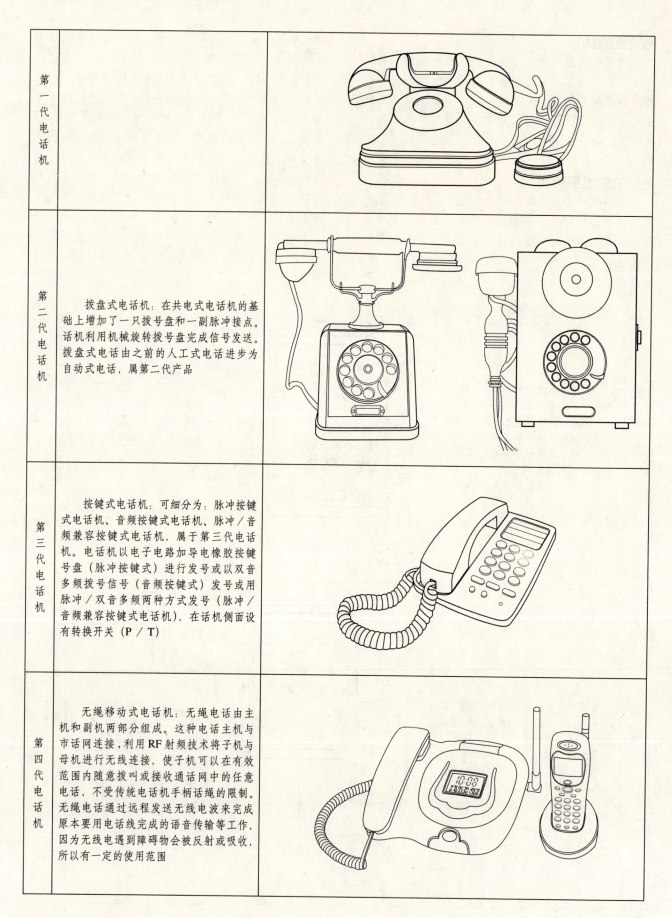

第一代电话机		
第二代电话机	拨盘式电话机：在共电式电话机的基础上增加了一只拨号盘和一副脉冲接点。话机利用机械旋转拨号盘完成信号发送。拨盘式电话由之前的人工式电话进步为自动式电话，属第二代产品	
第三代电话机	按键式电话机：可细分为：脉冲按键式电话机、音频按键式电话机、脉冲／音频兼容按键式电话机，属于第三代电话机。电话机以电子电路加导电橡胶按键号盘（脉冲按键式）进行发号或以双音多频拨号信号（音频按键式）发号或用脉冲／双音多频两种方式发号（脉冲／音频兼容按键式电话机），在话机侧面设有转换开关（P／T）	
第四代电话机	无绳移动式电话机：无绳电话由主机和副机两部分组成。这种电话主机与市话网连接，利用RF射频技术将子机与母机进行无线连接，使子机可以在有效范围内随意拨叫或接收通话网中的任意电话，不受传统电话机手柄话绳的限制。无绳电话通过远程发送无线电波来完成原本要用电话线完成的语音传输等工作，因为无线电遇到障碍物会被反射或吸收，所以有一定的使用范围	

1 电话机的发展历史

电话机的分类　[2] 电话机

电话机的分类

按照不同的按键方式，电话机可以分为拨号盘式电话机和按键式电话机。

拨号盘式电话机

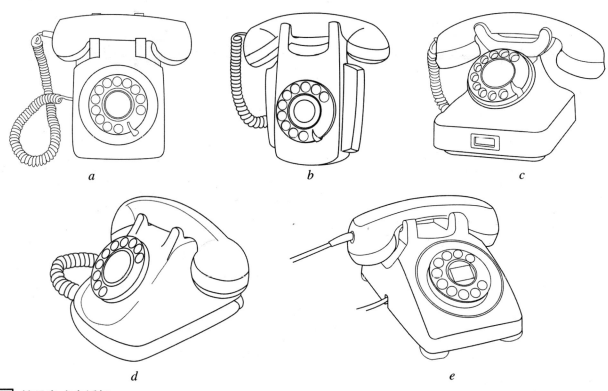

1 拨号盘式电话机

按键式电话机

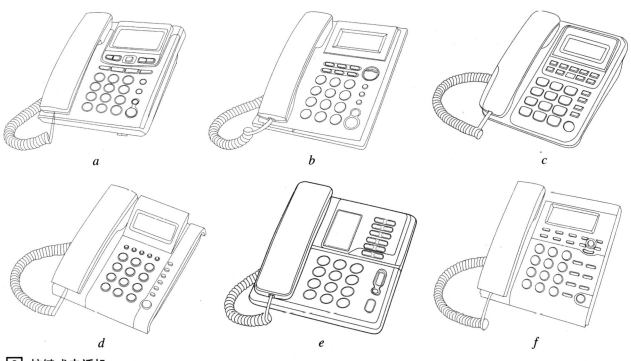

2 按键式电话机

电话机 [2] 电话机的分类

1 按键式电话机

电话机的分类 [2] 电话机

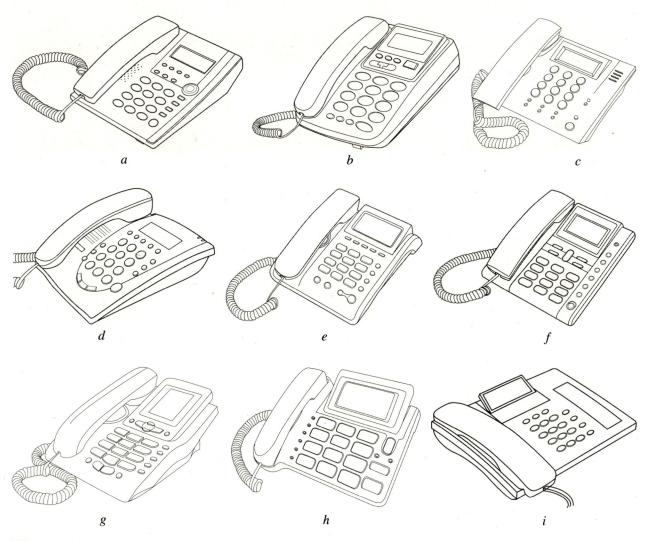

1 按键式电话机

随着技术的发展和功能的增加，逐渐出现了无绳子母电话机、无绳电话机、数字电话机、录音电话机和可视电话机等。

无绳子母电话机

2 无绳子母电话机

电话机 [2]　电话机的分类

1 无绳子母电话机

电话机的分类 [2] 电话机

1 无绳子母电话机

无绳电话机

2 无绳电话机

电话机 [2]　电话机的分类

1 无绳电话机

数字电话机

Digital Telephone 是指采用数字技术的电话，具有高科技数字扩频、自动跳频技术、信噪比高、音质好、95个信道自动选择、抗干扰能力强的特点。

2 数字电话机

电话机的分类　　[2] 电话机

录音电话机

　　录音电话机是装有录音设备的电话机。用来记录通话双方的谈话内容，以备参考。在主人外出时，可在录音电话中留言并收录呼叫方的留言以便事后处理。

1 录音电话机

可视电话机

　　可视电话是利用电话线路实时传送人的语音和图像（用户的半身像、照片物品等）的一种通信方式。如果说普通电话是"顺风耳"的话，可视电话就既是"顺风耳"，又是"千里眼"了。可视电话设备是由电话机、摄像设备、电视接收显示设备及控制器组成的。可视电话的话机和普通电话机一样是用来通话的；摄像设备的功能，是摄取本方用户的图像传送给对方；电视接收显示设备，其作用是接收对方的图像信号并在荧屏上显示对方的图像。

2 可视电话机

电话机 [2] 电话机的分类

在造型上,现代电话机也是各式各样,以下列举挂壁式电话机、卡通电话机和迷你电话机。

挂壁式电话机

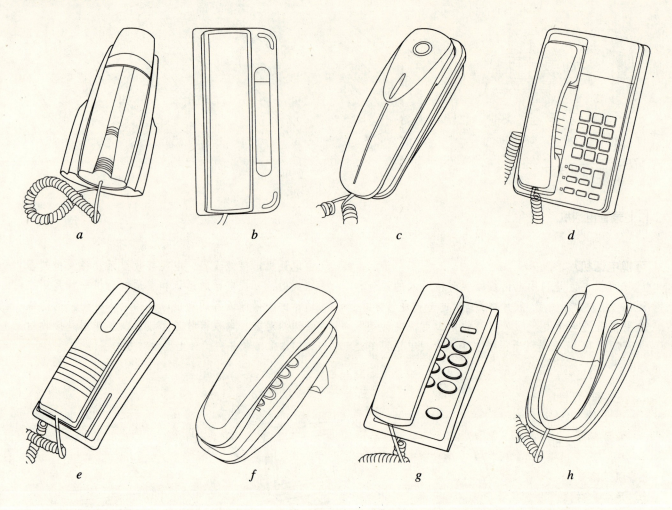

1 挂壁式电话机

卡通电话机

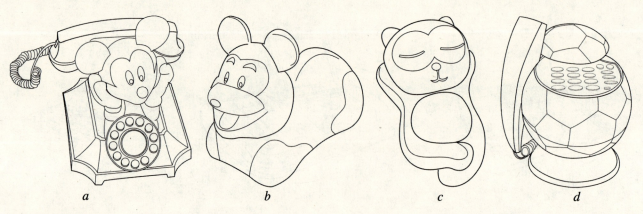

2 卡通电话机

电话机的分类 [2] 电话机

迷你电话机

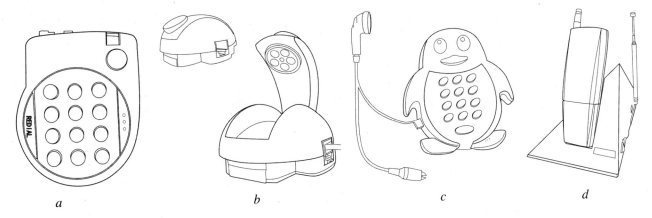

a b c d

1 迷你电话机

公用电话机

在电话机的分类中不得不提的还有公用电话，其可以细分为以下几类：

(1) 投币式：用户只需投入该电话机能够识别且足够通话费用的钱币即可以使用。

(2) 智能IC卡式：用户需事先购买电信电话卡，凭卡号和密码使用电话机，是电信预付话费的一种很好的公用终端。

(3) 普通式：只需在普通电话机上加上一个计费终端即可。

(4) 移动式：通过无线收发器、中继话网模拟器和计费装置连接每一门电话机，并设有移动通信运营公司电子售卡缴费终端。通过无线接入设备与公用电话相结合，由固定式的公用电话改变为可移动式，有线公用电话改变为无线公用电话。

其中投币式和智能IC卡式公用电话机适用于机关、学校、职工宿舍、办公楼等无人值守的场所。移动式公用电话是能够满足各种有临时性大量通信需求的装置，使用范围非常广泛。移动式和普通计费式公用电话必须使用于有人值守的环境。

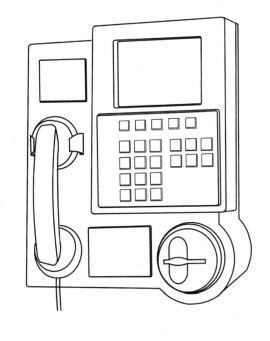

 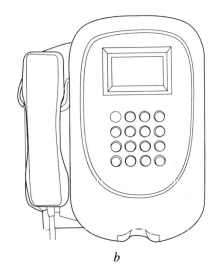 

a b c

2 公用电话机

电话机 [2] 电话机的分类·电话机的功能分析

1 公用电话机

电话机的功能分析

电话机的功能随着技术的进步越来越全面，也越来越人性化，能够满足各种使用群体的需求。其功能由最初的接听和拨号呼出逐渐增加了重拨、暂停、增音、闭音、录音、铃声可调、免提、音乐等待、长途加锁、时间显示、来电显示、号码储存、连续自动缩位发号、无绳、可视等新的功能。

| 录音：留言录音自动应答、通话内容录音、自动应答、录音和遥控查询 | 来电显示：可以看到来电方的电话号码，并且保存本电话机的通话记录 |

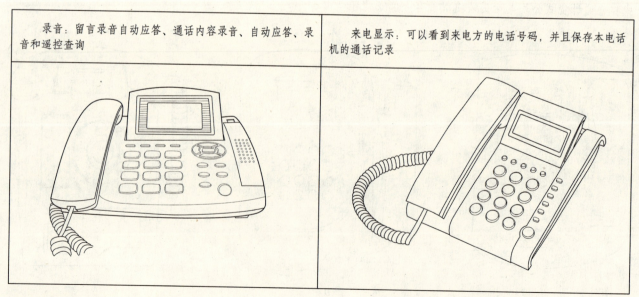

2 电话机的功能分析

电话机的功能分析·电话机的构成　[2] 电话机

无绳：母机和子机在一定范围内以无线电接通，多数产品母机和子机之间还可相互呼叫通话

可视：可以看到对方提供的图像，听到对方的声音，进行视频电话

[1] 电话机的功能分析

电话机的构成

1. 听筒
2. 接插件
3. 线绳
4. 叉簧
5. 机座
6. 按键

[2] 电话机拆解图

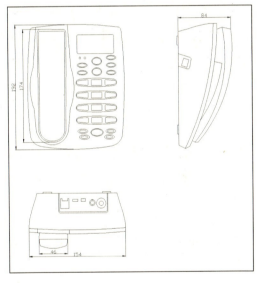

[3] 电话机尺寸图（西门子 W10）

　1. 听筒：手柄由手柄外壳和内部线路组成，包括受话器和送话器两个主要功能模块。受话器是电/声转化器件，功能是把话音电流转换成话音。送话器是声/电转换器件，功能是把声音转换为话音电流。

　2. 插接件：接插件是一种新型的标准连接件，与线绳共同完成电话机各部件的连接。接插件采用标准的电话机插头、插座，使得拆装手柄和电话机十分方便，为生产和维修提供了便利条件。

　3. 线绳：用来完成电话机各部件的连接，一般采用椭圆形截面，柔韧性好，轻便。

　4. 叉簧：即电话机的开关，由手柄是否放置在电话机上来完成开关的接通与断开。

　5. 机座：由机座外壳、内部电路板、振铃等模块组成，机座通过用户线与交换机相连，听筒、按键、叉簧等功能部件均安置或放置在机座上，机座背部或底部一般有铃声大小、脉冲/音频、长途等调节钮。

　6. 按键：在按键式电话机中，拨号通过键盘按键实现，通过按键盘给拨号集成电路提供输入信号。键盘主要由键盘架、数码键、印刷板、导电接点开关等部件组成。

35

电话机 [2]　电话机的人机工程分析

电话机的人机工程分析

（1）显示屏：采用液晶显示屏（LCD）来显示拨出、来电号码，以及时间、日期等数据。显示屏一般设计成角度可调节式，用户可以根据自身的视线角度进行调节，以保证显示屏上显示信息的可读性。由于LCD是一种光调制器而不是光发生器，必须有一个外部光源或背景光。为了方便用户在夜间或光环境差的条件下使用，电话机显示屏会增加背景光源。当话筒提起或来电的时候，背景光源工作。

（2）按键：在大小上，按键的面积应大于人手指与受压面的接触面积，按键间的距离要严格控制在一定范围之间（5mm左右）。在使用过程中一只手指一次只能接触一个按键，保证拨号的正确性。按键形状一般有平的、微凸的、雕塑的、浮雕的等不同的触觉效果。在视觉上，也可以使按钮本身具有内部照明、金属箔贴印和镶嵌印刷等效果。在听觉上，按键声能增强用户对按键这一动作的感知度。

（3）听筒：在大小上，听筒的大小应适合手的抓握，宽度4cm左右，厚度1.5cm左右。形状上要有一定的弯曲度来符合脸颊的轮廓，使出声孔和话筒能够尽量靠近耳朵和嘴巴的位置。听筒的长度17～20cm较为合适。

（4）话筒机身连接线：为满足用户在站姿情况下使用桌面上电话机的需求，连接线在拉伸后应达到80cm以上的长度。

⊥ 电话机的显示屏可调节角度

② 手指按键状

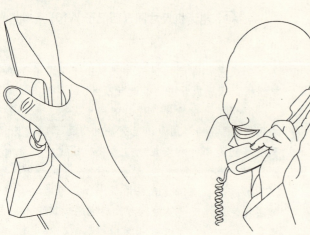

③ 各种按键形状

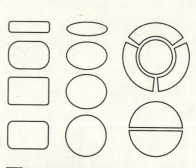
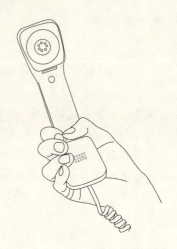

④ 手握听筒的各种姿势

无线对讲机概述

无线对讲机,或称无线步话机,英文名 Walkie-Talkie,是一种便携的双向无线电收发器,最早是因为军事用途而开发。主要的特征包括:半双工(每次只能完成接收或传送其中的一项)通道和按下按钮才可以传输。典型的外表像一部手持电话,较普通的手持电话大,但只有单独的装置,顶上有一根天线。手持的收发器成为警察、紧急服务、工商业等用户非常有价值的通信工具,使用专用的频率。

人们通常将功率小、体积小的手持式的无线电话机叫做"对讲机",以前曾有人称它为"步谈机"、"步话机",而将功率大、体积较大、可装在车(船)等交通工具或固定使用的无线电话机叫作"电台",如车载台(车载机)、船用台、固定台、基地台、中转台等。

无线对讲机的发展历史

无线电对讲机是最早被人类使用的无线移动通信设备,早在20世纪30年代就开始得到应用。1936年美国摩托罗拉公司研制出第一台移动无线电通信产品——"巡警牌"调幅车用无线电接收机,随后在1940年又为美国陆军通信兵研制出第一台重量为2.2kg的手持式双向无线电调幅对讲机,通信距离为1.6km。到了1962年,摩托罗拉公司又推出了第一台仅重33oz的手持式无线电对讲机HT200,其外形被称为"砖头",大小和早期的大哥大手机差不多。经过近3/4世纪的发展,对讲机的应用已十分普遍,从军用扩展到民用,从专业化领域走向普通消费领域。它既是移动通信中的一种专业无线通信工具,又是一种能满足人们日常生活需要的消费类用品。

第二次世界大战前,美国军方已经认识到无线电通信的重要性,开始研制便携式无线通信工具,并且已研制出一款报话机(Walkie Talkie)SCR-194。但是非常笨重,不是很适用。

1940年,由摩托罗拉的Henryk Magnuski研制出真正用于战场的报话机,SCR300背负式跳频步话机。它是首部被命名为Walkie-Talkie的无线电接收/发送器。它是一个可调谐的高频调频通信设备,重16kg,有效通信距离16km左右。图片中的战士身上背的就是SCR300背负式跳频步话机,这是美军在各种媒体,尤其是在电影中,通信兵最经典的形象。

1942年,摩托罗拉公司再接再厉,研制出"手提式"的对讲机(Handy Talkie)SCR-536。这个超级"大哥大"重4kg,在开阔地带通信范围1.5km,在树林中只有300m。

1 早期无线对讲机

无线对讲机 [3] 手持无线对讲机的主要部件·无线对讲机的分类

手持无线对讲机的主要部件

（1）外壳：专业机一般采用性能非常好的塑胶材料 PC+ABS，外观光泽性好，不易老化、磨损，产品坚固耐用；商业机常选用工程塑胶 ABS，在外观、强度、耐磨损、老化等方面均能很好地满足要求；按键采用硅胶，耐磨损，不易老化，手感好，铝壳采用轻质材料铝合金 ADC12，易成型及后续处理等。

（2）主机：一般包括面壳、PTT 按键、耳机和电源插孔塞、PCB 组件、LCD 部分、音量/开关钮、编码旋钮、指示灯、MIC 等。PTT 按键起发射开关的作用，一般在侧面。指示灯指示工作状态，一般在顶部。对讲机的顶部还有音量/开关钮和编码旋钮（选择频道）。LCD 部分直观显示对讲机的工作状态。PCB 组件是对讲机的核心部分，重要的器件都在 PCB 上，非专业人士不许拆卸。大多数对讲机因技术性能和抗摔特性要求，还有专门的屏蔽罩、铝壳（固定 PCB）等。专业机还有防水要求，结构更复杂。

（3）电池：分 Ni-Cd 电池、Ni-MH 电池和 Li-ion 电池，容量有 600mAh、800mAh、1100mAh、1500mAh 不等。锂电池成本较昂贵，尚处在开发阶段。Ni-Cd 和 Ni-MH 电池使用较普遍，一般大容量电池推荐用 Ni-MH 电池。电池面、底壳采用超声波焊接，牢固可靠。

（4）皮带夹：作用是把对讲机固定在皮带上，为了客户的使用方便，皮带夹可拆卸。

（5）天线：分为天线外套和天线芯两部分。天线外套用高性能的 TPU 材料，抗弯折和耐老化性能佳；天线芯一般采用螺纹结构与主机相连，拆卸方便。

（6）座充：与火牛共用对电池或整机进行充电。结构一般有 DC 插座、充电弹片、指示灯、按键等。DC 插座与火牛相连，弹片与电池极片相连，指示灯指示充电状态，按键是起放电作用。座充一般可对电池和整机充电。

（7）此外，对讲机还有皮套、耳机等附属产品。

无线对讲机的分类

按照设备等级分类

无线对讲机种类繁多，按照设备等级，分为专业无线对讲机和业余无线对讲机两大类。

专业无线电对讲机是指发射功率大于 4W 的机器，目前最多见的专业机发射功率为 4W 和 5W。专业机的特点是功能简单实用，使用者大都是在群体团队的专业业务中使用，在设计时都留有多种通信接口供用户作二次开发。专业机的频率报设置大都是通过计算机编程，使用者无法改变频率，其面板显示的只是信道数，不直接显示频率点，频率的保密性较好，频率的稳定性也较高，不易跑频。在长期工作中，其稳定性、可靠性都较高，工作温度范围较宽，一般都在 −30℃～60℃。国内使用的专业机除一部分国产外，大都为进口机型。摩托罗拉生产的机型几乎都是专业机，其代表产品有 GP88、GP88S、GP2000、GP328/338 手持对讲机，GM950、GH300、GM338/398 车载台，新西兰大吉公司的 T2000 系列车载台，协同公司（KYODO）的 KG 系列车载台、手持机，日本建伍公司的 TK 系列的手持对讲机、车载台，日本八重洲公司的 VX160、VX400 手持机、VX4000 车载台。日本 ICOM 公司的 F 系列手持对讲机和车载台。

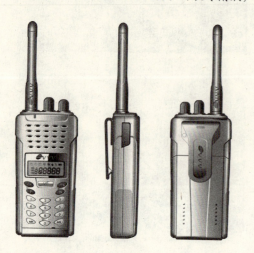

1 手持式无线对讲机三视图

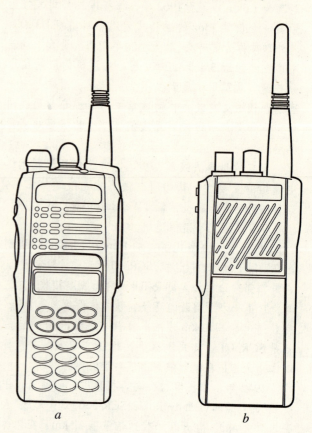

2 专业无线对讲机

无线对讲机的分类　[3] 无线对讲机

业余无线对讲机是专为满足无线电爱好者使用而设计、生产的无线电对讲机，这类对讲机又可称为"玩机"。由于无线电对讲机的频率范围有限，使用的环境条件及使用要求和专业对讲机有所区别。业余机的主要特色是体积小巧、功能齐全、可进行频率扫描，可在面板上直接置频，面板上显示频率点。其技术指标、设备的稳定性、频率稳定性、可靠性，以及工作环境也相对专业无线电对讲机要差些。目前，我国所使用的业余机绝大部分为进口设备。这些设备除了摩托罗拉在20世纪90年代中期的两款手持对讲机AP50、AP10，以及台湾ADI公司的AR-146/446车载台及S-145/450手持机外，其他均为日本生产。这些业余机主要是：日本建伍公司的TH22A/42A手持对讲机、TM261/461车载台，日本特灵通公司的DR130/430、DR135/435车载台，日本八重洲公司的FTC2008/7008、VX150手持对讲机、日本马兰士公司的C150/450手持对讲机等。

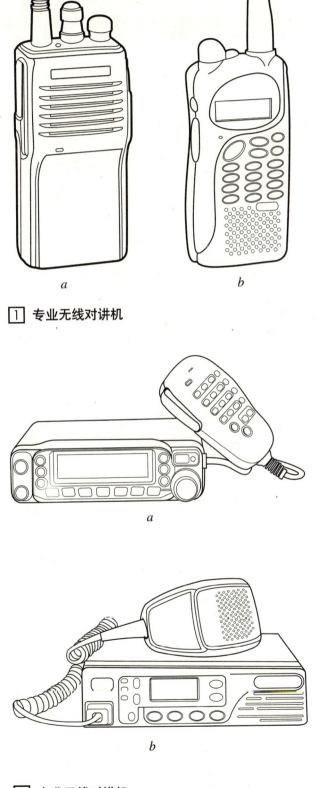

1 专业无线对讲机

2 专业无线对讲机

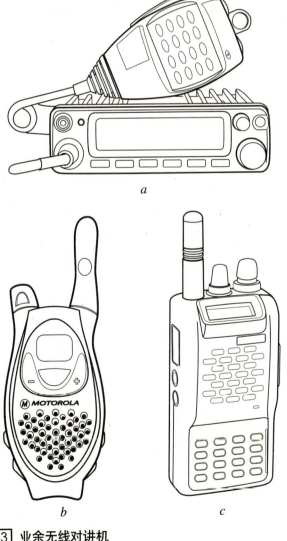

3 业余无线对讲机

无线对讲机 [3]　无线对讲机的分类

a

b

① 业余无线对讲机

按照使用方式分类

按照使用方式可分为车（船、机）载式、固定式、转发式、手持式。

车（船、机）载式无线电对讲机是一种能安装在车辆、船舶、飞机等交通工具上，直接由车辆上的电源供电，并使用车（船、机）上天线的无线电对讲机，主要用于交通运输、生产调度、保安指挥等业务。车载台的体积较大，功率不小于10W，一般为25W，最大功率VHF为56W、UHF为50W。还有个别车载台在某一频段的功率达到75W（IC-VX8000）。车载台电源为13.8V，通信距离可达到20km以上，在无线通信网络中，通过中转台通信距离明显增大，可达数十公里。随着交通运输的迅猛发展，特别是私家车的增加，个人购买车载机（属于业余无线电爱好者）的数量将日益扩大。

转发式无线对讲机也叫中转台、中继台、转信台，就是将所接收到的某一频段的信号直接通过自身的发射机在其他频率上转发出去。这两组不同频率信号相互不影响，或者说能够允许两组用户在不同频率上进行通信联系。它具有收发同时工作而又相互不干扰的全双工工作的特点，最大的特点是能够有效地扩展通信系统中手持机、车载机、固定台的通信范围和能力，给系统提供更大的覆盖半径。这类设备工作时处于无人值守状态，有的中转台还放

在高山上，工作环境较差，有的中转台长时间处于发射状态。因此对中转台的技术设计要求比车载机、固定台要高得多，甚至有一些特殊的要求，如高稳定性、高可靠性、优良的散热性，能在高、低温条件下长时间稳定工作。不少设备都具有在主电源故障情况下能够自动启动备用电源或切换到直流电源继续工作的功能。在无线通信系统中使用的专用中转台的功率都较大，一般都在25～50W甚至达到100W，在楼宇中使用的小中转台的功率一般不超过25W。

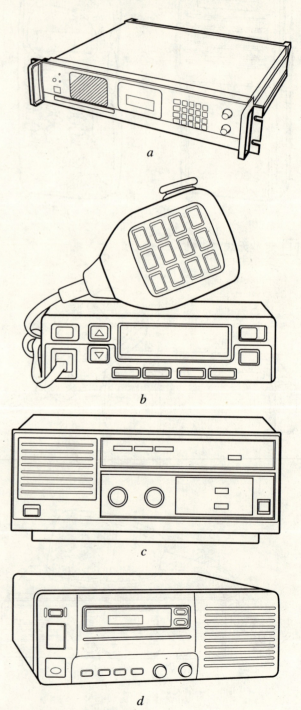

② 中转台式无线对讲机

无线对讲机的分类　[3] 无线对讲机

手持式无线对讲机是一种体积小、重量轻、功率小的无线电对讲机，适合于手持或袋装，便于个人随身携带，能在行进中进行通信联系。通信距离在无障挡的开阔地带时一般可达到 5km，在无线通信网络的支持下，通过中转台通信距离可达 10km 以上。该机适合近距离的各种场合下流动人员之间的通信联系。在无线电话机的系列中，手持式无线电对讲机的应用数量及品种是最多的，约占 80% 以上。从摩托罗拉生产的三千元左右的高端手持式无线电对讲机到国内一百多元左右的国产低端手持式无线电对讲机，价格差异很大，据估计这类对讲机每年在国内销售量已超过一百万台，其市场潜力很大。

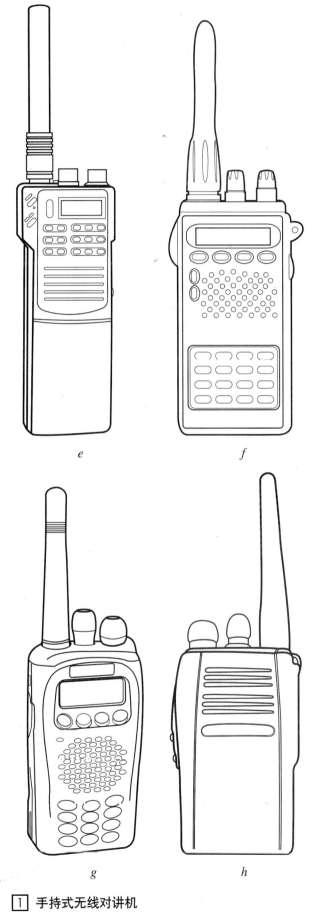

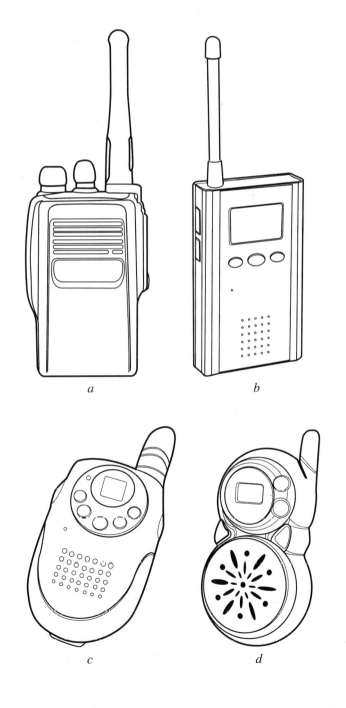

1 手持式无线对讲机

41

无线对讲机 [3]　无线对讲机的分类

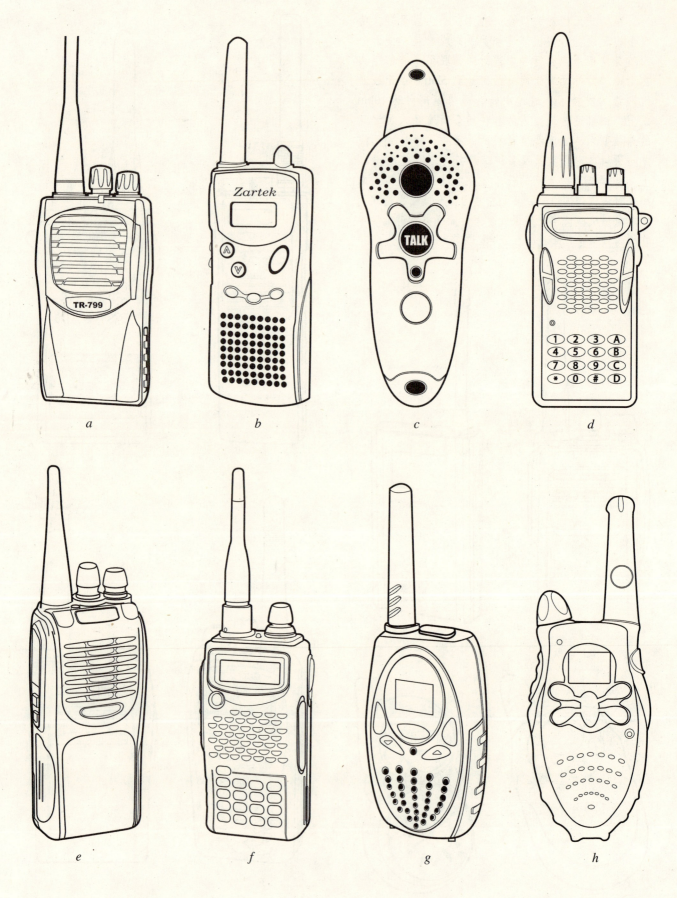

1　手持式无线对讲机

无线对讲机的分类 [3] 无线对讲机

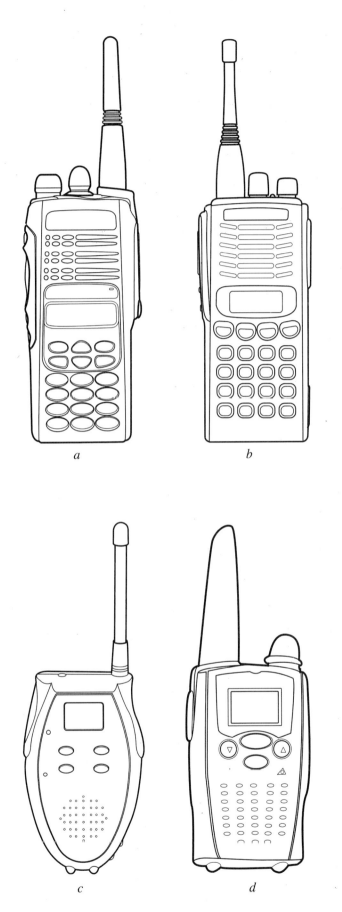

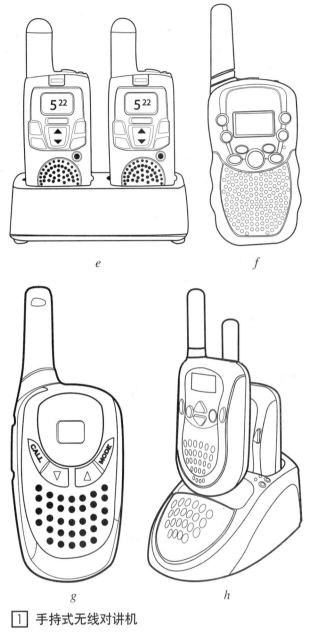

① 手持式无线对讲机

按照通信方式分类

按照通信方式，无线对讲机分为单工通信工作的单工机和双工通信工作的双工机。

单工通信是指在同一时刻，信息只能单方向进行传输。这种发射机和接收机只能交替工作、不能同时工作的无线电对讲机叫作单工机。单工机工作是以按键控制收和发的转换，当按下发射控制键时，发射处于工作状态，接收处于不工作状态，反之，松开发射按键时，发射处于不工作状态，接收处于工作状态。单工机根据频率使用情况，又分为同频单工机（或称单频机）和异频单工机（或称双频机、准双工机、半双工机）。同频单工机是指发射和接收都工作在同一频率上。其优点是：仅使用一个频率

无线对讲机 [3]　无线对讲机的分类

工作,它能最有效地使用频率资源,由于是收发信机间断工作,线路设计相对简单,价格也较便宜。缺点是:双方要轮流说话,即对方讲完之后,我方才能讲话。使用起来不如打电话那样方便、习惯。

双工通信是指在同一时刻信息可以进行双向传输,和打电话一样,说的同时也能听。这种发射机和接收机分别在两个不同的频率上(两个频率差有一定要求)能同时进行工作的双工机也称为异频双工机。双工机包括双工手持机、双工车载机、双工基地/中转台。双工机虽然使用方便,但线路设计较复杂,价格也较高,特别是在频率资源的利用上极不经济。特殊场合使用双工机,就是用于转发的中转台或作指挥用的基地台。

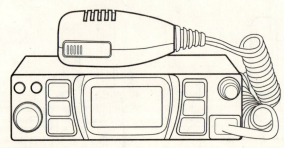

1 双工机

按照技术设计分类

按照技术设计,无线对讲机分为模拟对讲机和数字对讲机。

模拟对讲机是将储存的信号调制到对讲机传输频率上,而数字对讲机则是将语音信号数字化,要以数字编码形式传播,也就是说,对讲机传输频率上的全部调制均为数字。只有直接采用数字信号处理器的对讲机才是真正意义上的数字对讲机。

数字对讲机有许多优点,首先是可以更好地利用频谱资源,与蜂窝数字技术相似,数字对讲机可以在一条指定的信道上,如25kHz,装载更多用户,提高频谱利用率,这是一种解决频率拥挤的方案,具有长远的意义。其次是提高话音质量。由于数字通信技术拥有系统内错误校正功能,和模拟对讲机相比,可以在一个范围更广泛的信号环境中,实现更好的语音音频质量,其接收到的音频噪声会更少些,声音会更清晰。最后一点是,提高和改进语音和数据集成,改变控制信号随通信距离增加而降低的弱点,与类似集成模拟语音及数据系统相比,数字对讲机可以提供更好的数据处理及界面功能,从而使更多的数据应用被集成到同一个双向无线通信基站结构中,对语音和数据服务集成更完善、更加方便。这三大特点使数字对讲机成为未来对讲机技术发展的必然趋势。

按照通信业务分类

按照通信业务,无线对讲机分为公众无线对讲机、警用无线对讲机、数传无线对讲机、海用无线对讲机、航空无线对讲机。

公众无线电对讲机,俗称民用对讲机,是个人家用或小团体的近距离无线电通信业务,特点是不收频率占用费,免费通话。

警用无线对讲机是专门为公安、检察、法院、司法、安全、海关、军队、武警八个部门进行无线通信业务联系的对讲机。它们性能优越,结实坚固,能防震、防撞击,还要轻巧,使用方便,电池容量要大,待机时间要长。

数传无线对讲机用于点对点、点对多点的无线数据传输的通信业务。设备的抗干扰能力要强,散热性要佳,要能够适应在恶劣环境及电磁环境下长期工作,其工作的温度范围要宽。

海用无线对讲机专门用于海上航行的、在海事船舶上以及与岸上进行无线通信,也称为船舶电台。海用无线对讲机是专业性特别强的对讲机,其使用环境恶劣,船舶活动范围广阔,海上温度变化又大,要适应全球海上安全航行的需要,其产品设计是十分专业的,工作频率也是统一的。船用对讲机为了适应海上的通信要求,在结构设计上要充分考虑防水、防盐雾、防太阳辐射等因素,优良的防水性更是船用对讲机的主要指标。

航空无线对讲机,是专门用于地面和飞机之间、飞行员与飞行员之间进行无线通信联系的。航空对讲机的功能相对较少,只保证基本通话功能,没有更多的功能。机载对讲机的显示字符较大。良好的背光使观察十分容易,表面按键旋钮比常规车载少,使用少量旋钮和控制按键来完成所需的控制功能,便于迅捷操作,方便选择频率。

按照形式分类

按照形式,无线对讲机有以下几类,手持式、腕表式、柜台窗口式、楼宇间可视电话/电话式。

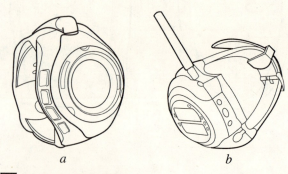

a　　　　　*b*

2 腕表式无线对讲机

无线对讲机的分类　[3] 无线对讲机

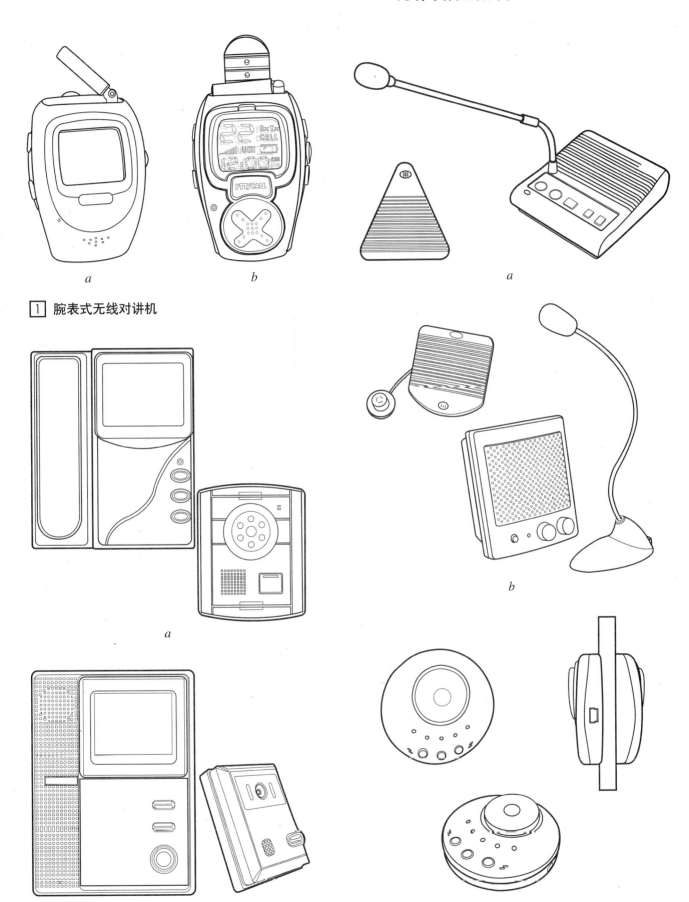

1 腕表式无线对讲机

2 楼宇间可视电话式无线对讲机

3 柜台窗口式无线对讲机

无线对讲机 [3] 对讲机的工作原理及特点

对讲机的工作原理及特点

1. 工作原理

基于电磁波运动学、动力学原理和现代电子技术。

(1) 发射部分：锁相环和压控振荡器（VCO）产生发射的射频载波信号，经过缓冲放大、激励放大、功放，产生额定的射频功率，经过天线低通滤波器，抑制谐波成分，然后通过天线发射出去。

(2) 接收部分：接收部分为二次变频超外差方式，从天线输入的信号经过收发转换电路和带通滤波器后进行射频放大，再经过带通滤波器，进入一混频，将来自射频的放大信号与来自锁相环频率合成器电路的第一本振信号在第一混频器处混频并生成第一中频信号。第一中频信号通过晶体滤波器进一步消除邻道的杂波信号。滤波后的第一中频信号进入中频处理芯片，与第二本振信号再次混频生成第二中频信号，第二中频信号通过一个陶瓷滤波器滤除无用杂散信号后，被放大和鉴频，产生音频信号。音频信号通过放大、带通滤波器、去加重等电路，进入音量控制电路和功率放大器放大，驱动扬声器，得到人们所需的信息。

(3) 调制信号及调制电路：人的话音通过麦克风转换成音频的电信号，音频信号通过放大电路、预加重电路及带通滤波器进入压控振荡器直接进行调制。

(4) 信令处理：CPU产生CTCSS/DTCSS信号经过放大调整，进入压控振荡器进行调制。接收鉴频后得到的低频信号，一部分经过放大和亚音频的带通滤波器进行滤波整形，进入CPU，与预设值进行比较，将其结果控制音频功放和扬声器的输出。即如果与预置值相同，则打开扬声器，若不同，则关闭扬声器。

2. 影响对讲机通话的因素

1) 系统参数

(1) 发射机输出功率越强，发射信号的覆盖范围越大，通信距离也越远。但发射功率也不能过大，发射功率过大，不仅耗电，影响功放元件寿命，而且干扰性强，影响他人的通话效果，还会产生辐射污染。各国的无线电管理机构对通信设备的发射功率都有明确规定。

(2) 通信机的接收灵敏度越高，通信距离就越远。

(3) 天线的增益，在天线与机器匹配时，通常情况，天线高度增加，接收或发射能力增强。手持对讲机所用天线一般为螺旋天线，其带宽和增益比其他种类的天线要小，更容易受人体影响。

2) 环境因素

环境因素主要有路径、树木的密度、环境的电磁干扰、建筑物、天气情况和地形差别等。这些因素和其他一些参数直接影响信号的场强和覆盖范围。

3) 其他影响因素

(1) 电池电量不足。当电池电量不足时，通话质量会变差。严重时，会有噪声出现，影响正常通话。

(2) 天线匹配。天线的频段和机器频段不一致、天线阻抗不匹配，都会严重影响通话距离。对于使用者来说，在换用对讲机天线时要注意将天线拧紧，另外不能随便使用非厂家提供的天线，也不能使用不符合机器频点的天线。

4) 音质的好坏

主要取决于预加重和去加重电路，目前还有较先进的语音处理电路"语音压扩电路和低水平扩张电路的应用"，这对于保真语音有很好的效果。

3. 对讲机产品特点

1) 对讲机不受网络限制，在网络未覆盖到的地方，对讲机可以让使用者轻松沟通。

2) 对讲机提供一对一、一对多的通话方式，一按就说，操作简单，令沟通更自由，尤其是在紧急调度和集体协作工作的情况下，这些特点是非常重要的。

3) 通话成本低。用常规对讲机进行通话不用付费。无论多么频繁地使用，每年只需为每一部对讲机付几十元的频率占用费即可，如使用公众对讲机则不需要付任何费用。

4) 对讲机的设计符合信息产业部[2001]869号文件的相关规定，不会对人体产生伤害，且使用对讲机时不是贴近人体通话，而是距离人体5~7cm通话。

4. 对讲机的应用前景

对讲机的通信方式和其他通信方式有不同的特点：即时沟通、一呼百应、经济实用、运营成本低、不耗费通话费用、使用方便，同时还具有组呼通播、系统呼叫、机密呼叫等功能。

对讲机主要应用在公安、民航、运输、水利、铁路、制造、建筑、服务等行业，用于团体成员间的联络和指挥调度，以提高沟通效率和提高处理突发事件的快速反应能力。无线电对讲机决不是过时的产品，它还将长期使用下去。在处理紧急突发事件中、在进行调度指挥中，其作用是其他通信工具所不能替代的。无线电对讲机和其他无线通信工具（如手机）其市场定位各不相同，难以互相取代。

随着经济的发展，社会的进步，人们更关注自身的安全、工作效率和生活质量的提高，对无线电对讲机的需求也将日益增长，人们外出旅游、购物也开始越来越多地使用对讲机。公众对讲机的大量使用，更促进了无线电对讲机和有线电话机一样成为人们喜爱和依赖的通信工具。

笔记本电脑概述

笔记本电脑是一种体积小、自重轻，可以用充电式电池组供电，能随身携带的微型计算机。笔记本电脑系统组成与台式机基本相似，采用超薄的软盘驱动器、硬盘驱动器和 CD-ROM（或 DVD-ROM）驱动器等，其体积很小，类似公文包大小，主机和显示屏可以折叠在一起。

笔记本电脑的分类

按尺寸，笔记本电脑可以分为小尺寸和大尺寸，有传统 4∶3 屏幕的，也有 16∶10 等宽屏幕。

按应用类型可分为游戏型、家用娱乐型、商用型。

游戏型主要针对游戏玩家，会有意识地配置适合游戏要求的硬件设施，比如强大的独立显卡等。

家用笔记本电脑主要用来休闲、娱乐，其外观一般都比较时尚，外观圆滑、颜色大胆，配置方面更注重娱乐性，比如镜面的宽屏，以及一些娱乐软件的搭配。

商用笔记本电脑主要针对商务人士，这些人群的商务活动基本上是会议与移动办公，所以不仅要求笔记本电脑有一定的便携性，还要有较高的稳定性；商用笔记本的外观一般都是比较稳重，颜色也基本都以黑色和银色为主。

① 笔记本电脑示意图

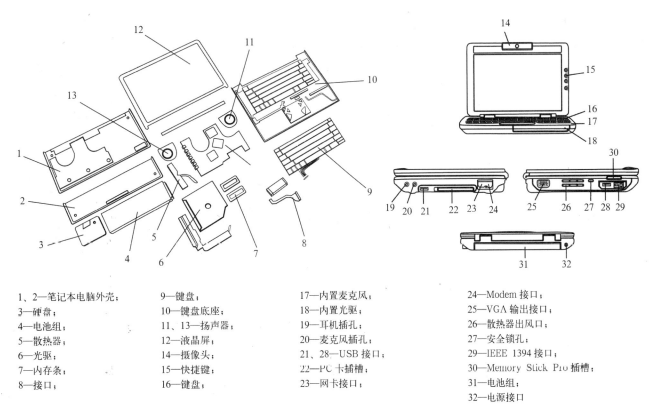

1、2—笔记本电脑外壳；
3—硬盘；
4—电池组；
5—散热器；
6—光驱；
7—内存条；
8—接口；
9—键盘；
10—键盘底座；
11、13—扬声器；
12—液晶屏；
14—摄像头；
15—快捷键；
16—键盘；
17—内置麦克风；
18—内置光驱；
19—耳机插孔；
20—麦克风插孔；
21、28—USB 接口；
22—PC 卡插槽；
23—网卡接口；
24—Modem 接口；
25—VGA 输出接口；
26—散热器出风口；
27—安全锁孔；
29—IEEE 1394 接口；
30—Memory Stick Pro 插槽；
31—电池组；
32—电源接口

② 笔记本电脑结构示意图

笔记本电脑 [4]　笔记本电脑的发展历程

笔记本电脑的发展历程

笔记本电脑的发展主要经历了以下几个阶段：

第一阶段：1979~1984年，计算机领域开始有了笔记本电脑雏形

在这段时间，问世的便携电脑屈指可数。这期间的尝试，粗略来说可以分为两类：一类是考虑到重量以及轻便因素，并不追求性能上的突破而采用较低的配置，取得较轻的重量，因此显示器一般采用液晶；另一类就是同时追求性能和便携性，这一类一般功能强大，配置较高，但是笨重（采用CRT显示器），外观不灵巧而多数呈皮箱状。

在此时间段里，笔记本电脑雏形已经形成，突破性的发展有：彩色（16色）显示器被用在笔记本电脑上、笔记本电脑开始配备电池。

第二阶段：1985~1989年，真正意义的笔记本电脑开始产生

此阶段的笔记本电脑设计方向已经与现代品位十分相像，很少再有皮箱式的夸张设计；在功能、速度、屏幕上都有了相当大的改进。这个时期的笔记本电脑种类较为繁多，但功能大同小异。

笔记本电脑在这段时间的突破性发展在于：开始采用内置硬盘，这让笔记本拥有更高的数据储存容量，功能也开始与同时代的台式机媲美，这让笔记本电脑能获得了更为广泛的用途。

第三阶段：1990~1994年，笔记本电脑开始进入发展轨迹

这一个阶段中，笔记本电脑的外观已与目前的笔记本电脑相差无几，只是功能较弱、便携性较差，这时的笔记本还显得十分笨重。在这个阶段，CPU、显示芯片都有了长足发展，但这些笔记本电脑的价格都非常的昂贵，依旧没有向普通大众敞开大门。

笔记本电脑在这段时间的突破性发展为：出现了专门为笔记本电脑开发的处理器，彩色液晶屏幕的运用，手写输入的引入，CD-ROM在笔记本电脑上的运用，以及电池的改进（镍氢电池和锂电池出现）。

第四阶段：1995~1999年，笔记本零售市场开始逐渐成熟

这段时间笔记本电脑性能有了长足发展，主要归功于处理器的技术进步。此阶段笔记本电脑的设计理念都朝向功能更强大、减负重的目标。由于这段时间笔记本电脑的品牌开始膨胀，国产品牌也开始大力迈进，其价格开始大幅度下调。

这阶段中笔记本的突破性发展在于：DVDROM的运用、底座设计的引入。DVDROM的引入开创了数据存储新时代，全面升级了笔记本电脑的媒体能力；底座设计将笔记本的重量大大减小，让轻薄设计更深入人心。

第五阶段：从2000年起，笔记本进入快速发展的时期

从2000年起笔记本电脑的发展可谓是日新月异，一款笔记本的淘汰周期不断缩短。进入快速发展期，笔记本的突破性发展莫过于：迅驰平台概念的引入、无线网络的普及、各方面性能的全面提升、价格的大幅度下降，以及各类新概念设计风格的尝试。

1979年Grid公司推出全球第一款便携式电脑，该电脑应用于美国航空航天领域，是人类首次从扇贝上获取灵感制造的轻便电脑，这种设计一直沿用至今

1981年4月Osborne公司发布的Osborne 1便携电脑。采用的是Ziolog Z80A(4MHz)微处理器，配备了64K的大容量内存，5in的黑白显示器。另外配备了外接电池组，使这款电脑具备了更强大的移动性。这款便携电脑的整体重量为10.2kg

1983年上市的TRS-80 Model电脑。这款电脑采用了Intel CMOS 80C85(3MHz)处理器，配备内存为8K（最大32K），240×64分辨率的黑白液晶显示器。这款便携电脑整体重量约为1.7kg。而且，它采用标准的AA电池供电，也可以外接电源使用

① 笔记本电脑的发展历程

[4] 笔记本电脑

1983年5月,美国发布了世界首款彩色便携电脑。这款便携电脑采用的是MOS 6510(1MHz)处理器,64K内存,320×200分辨率的5in彩色显示器,但实际上只有16种颜色。还内置了5.25in 170K的软驱一个

1985年,日本东芝公司生产的第一款笔记本电脑T1100问世,这款笔记本电脑采用了Intel 80C86(4.77MHz)微处理器,256K内存

1990年,NEC公司发布的PC-98HA笔记本电脑。这款电脑采用了红色和黑色,在笔记本电脑的设计上第一次融入了女性的色彩。液晶显示器采用的是黑白的VGA显示器,整机重量仅为1.1kg

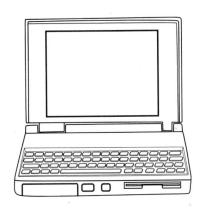

1994年东芝推出的T4900CT是世界上第一台使用笔记本专用奔腾CPU的笔记本电脑。75MHz处理器,8MB内存,772MB硬盘,10.4in TFT彩色显示屏,分辨率为640×480

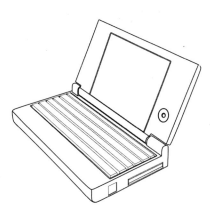

1996年4月,东芝公司发布的Libretto 20笔记本电脑只有A4纸张大小,重量为840g,采用了2.5in 270MB的笔记本电脑专用硬盘

2003年3月,在英特尔正式向全世界推出面向笔记本电脑领域的Centrino(迅驰)移动计算技术之后仅一天,三星就在北京发布了世界上第一款迅驰笔记本——X10

1 笔记本电脑的发展历程

笔记本电脑人机分析

笔记本电脑使用方式分析

笔记本电脑的设计目的就是为了提高电脑的便携性,并尽量减少传统电脑对使用空间、使用环境的要求,目前的笔记本电脑已经成功解决了上述问题。

笔记本电脑技术的发展大大拓展了笔记本电脑的使用空间,无论是工作、休闲娱乐、野外踏青或是在旅行途中,都可以使用笔记本电脑,同时也为人、机使用方式带来了无限可能。

要拓展笔记本电脑的使用空间,除了产品的尺寸大小、功能配置,以及电池续航能力等因素外,还取决于笔记本电脑的携带方便性。目前,笔记本电脑的携带方式主要有直接手持携带和使用电脑背包两种。第一种方式轻便,不增加额外的重量;第二种方式能保证携带的灵活性,并且能在电脑包中放置各种电脑附件,是目前主流的笔记本电脑携带方式。

笔记本电脑使用方式的多样性为工业设计提出了更多的要求,也提高了设计的难度。要满足这些使用要求,则必须使笔记本电脑具备轻便小巧、携带方便和操作灵活的特点。

笔记本电脑 [4]　笔记本电脑人机分析

1 笔记本电脑使用方式分析

笔记本电脑携带方式分析

2 笔记本电脑携带方式分析

笔记本电脑人机分析　[4] 笔记本电脑

笔记本电脑操作姿势分析

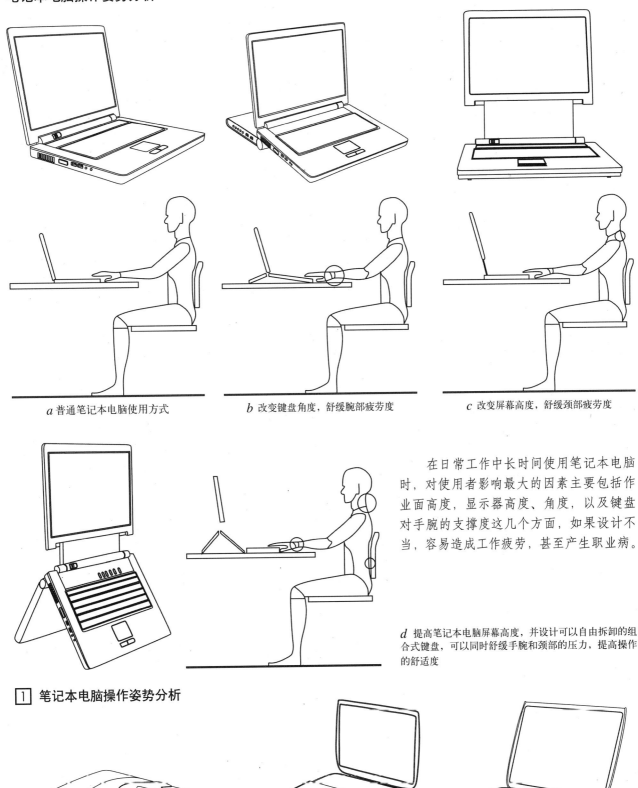

a 普通笔记本电脑使用方式

b 改变键盘角度，舒缓腕部疲劳度

c 改变屏幕高度，舒缓颈部疲劳度

在日常工作中长时间使用笔记本电脑时，对使用者影响最大的因素主要包括作业面高度，显示器高度、角度，以及键盘对手腕的支撑度这几个方面，如果设计不当，容易造成工作疲劳，甚至产生职业病。

d 提高笔记本电脑屏幕高度，并设计可以自由拆卸的组合式键盘，可以同时舒缓手腕和颈部的压力，提高操作的舒适度

① 笔记本电脑操作姿势分析

② 具有多种操作方式的笔记本电脑

笔记本电脑 [4]　　笔记本电脑人机分析

[1] 具有多种操作方式的笔记本电脑

笔记本电脑按键及触摸板设计

笔记本电脑的键盘和触摸板是与人体直接接触的部件，也是使用最频繁的部件之一。键盘、触摸板的设计及性能会直接影响使用舒适度。笔记本电脑键盘的使用舒适度主要可以从以下几点来分析：一是键盘的尺寸及键盘键帽的宽度；二是按键键程是否足够；三是按键的回弹是否及时。同时，键盘的声音大小也需要关注。

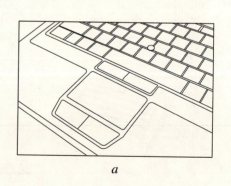

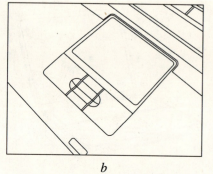
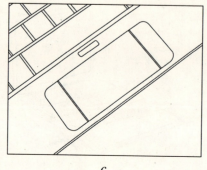
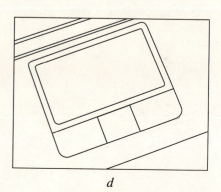

[2] 笔记本电脑按键及触摸板设计

笔记本电脑人机分析·笔记本电脑造型　[4] 笔记本电脑

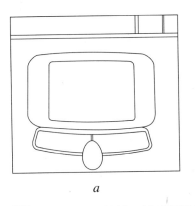
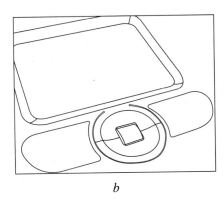
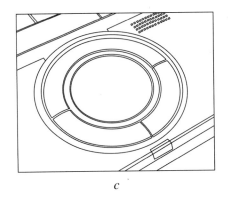

a　　　　　　　　　　　*b*　　　　　　　　　　　*c*

1️⃣ 笔记本电脑按键及触摸板设计

笔记本电脑造型

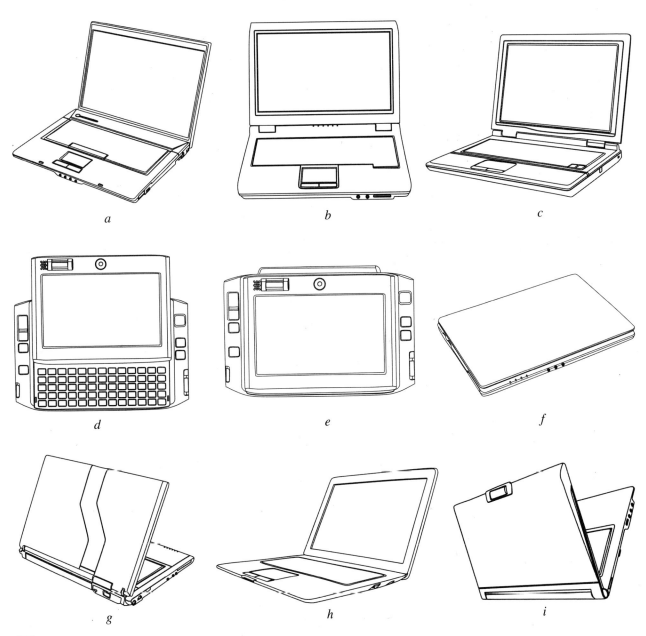

2️⃣ 笔记本电脑造型

53

笔记本电脑 [4]　笔记本电脑造型

1　笔记本电脑造型

笔记本电脑造型　[4] 笔记本电脑

1 笔记本电脑造型

笔记本电脑 [4]　笔记本电脑造型·笔记本电脑桌

① 笔记本电脑造型

笔记本电脑桌

笔记本电脑桌是笔记本的重要附件之一，主要在非正式场合运用，如休闲娱乐、卧室床头等。笔记本电脑桌的设计必须要注意以下几点：

1. 小巧灵便，方便收拾；
2. 最好要具备一定的散热功能；
3. 要具备折叠式支撑脚设计，具备稳定均衡的支撑系统；
4. 支撑板必须可调节，要能根据需要调整不同的倾斜度，同时要能防止电脑滑动；
5. 电脑桌最好要预留鼠标的操作空间。

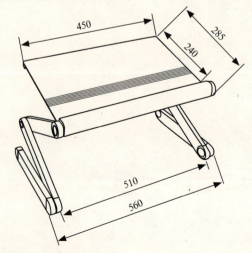

② 笔记本电脑桌尺寸图

笔记本电脑桌 [4] 笔记本电脑

1 笔记本电脑桌造型

笔记本电脑 [4]　笔记本电脑散热器

笔记本电脑散热器

笔记本电脑由于体积所限，CPU、硬盘，以及内存等高发热的零部件都处在一个狭小空间内，由于无法安装额外的内部散热风扇，很容易导致散热不畅。在高端笔记本领域，这一问题更加突出，因为高性能往往导致发热量倍增。一方面，在高温下CPU将会自动降频造成性能下降，硬盘温度升高也会影响数据传输速度，如果长期在高温下工作可能加快笔记本老化甚至烧毁硬件；另一方面，由于使用者往往将手臂贴近笔记本电脑机身操作键盘或者触控板，机器散热能力不好将直接影响到用户的使用感受，过高的温度会让用户很不舒服。

笔记本电脑散热器的设计必须注意以下几个方面：

1. 散热能力

作为散热器，良好的散热能力当然是首要条件，因此必须要有符合散热原理的风道设计，并配以合理尺寸的散热风扇，这样才能保证笔记本电脑的散热效率。

2. 静音效果

静音效果是笔记本散热器的另一个重要衡量指标，好的静音效果也可以防止噪声对使用者的干扰。一般情况下，人感到适宜的环境，噪声不应超过45dB。

3. 稳固性

高端笔记本电脑由于配置高，通常情况下其重量和体积都会较大，这对笔记本散热器的强度提出了一定的要求，如果不够坚固，则可能变形甚至损坏。

4. 良好的外观和特色设计

作为一款外用设备，良好的造型是非常必要的，不能因为散热器而影响笔记本电脑的视觉感受；另外，还可以引入USB接口等扩展功能。

5. 要考虑人体工学设计

利用人体工学原理，可以通过科学的设计引导使用者改善坐姿，减少身体损害。例如，采用了符合人体工学原理倾角设计——10°倾角设计，让使用者可以保持最佳的坐姿，从而减少疲劳和身体伤害。

笔记本散热器造型设计

目前市场上出现的笔记本散热器的造型有很多种。根据品牌的不同和笔记本计算机型号的不同在造型风格以及尺寸上有一定的差别，但总体造型结构和工作原理在本质上并不存在巨大差别。

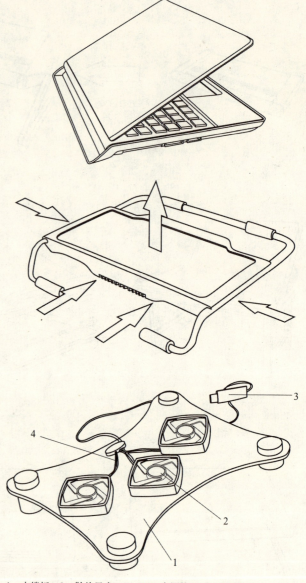

1—支撑板；2—散热风扇；3—USB 电源接口；4—电线

[1] 笔记本散热器

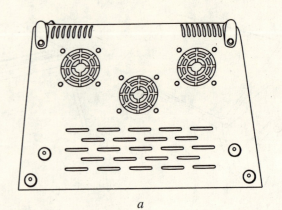

a

[2] 笔记本散热器造型

笔记本电脑散热器 [4] 笔记本电脑

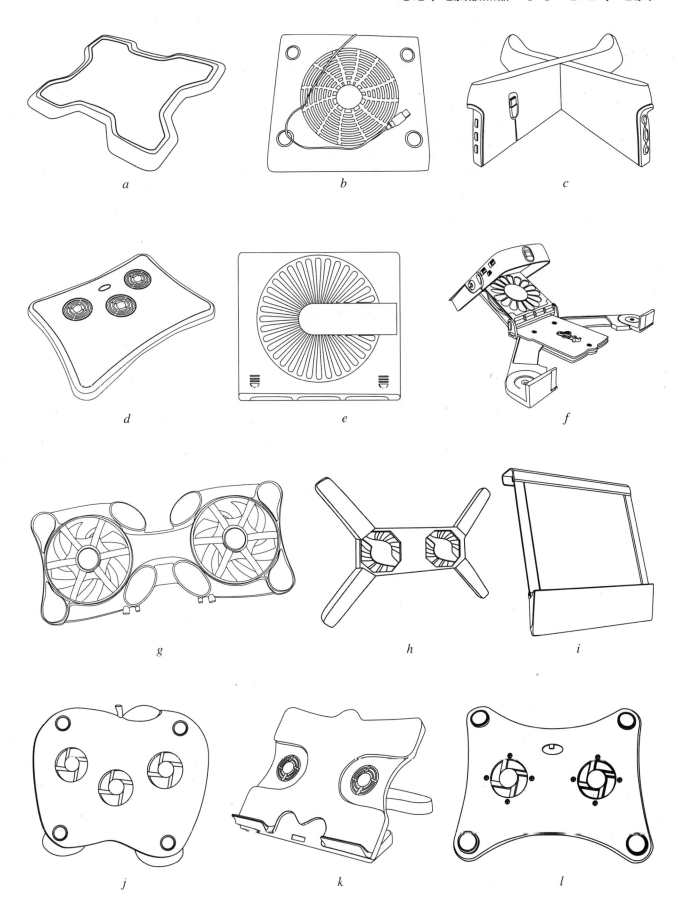

1 笔记本散热器造型

笔记本电脑 [4]　笔记本电脑散热器

1　笔记本散热器造型

计算机概述

计算机俗称电脑，是一种能够按照事先存储的程序自动、高速地进行大量数值计算和各种信息处理的现代化智能电子设备。计算机系统由硬件和软件两大部分组成。硬件是指物理上存在的机器部件，主要包括中央处理器（CPU）、主板、电源、存储设备和输入输出设备等。软件是程序、运行程序所需的数据和有关文档的总称，包括系统软件和应用软件。为了方便地使用机器及其输入输出设备，充分发挥计算机系统的效率，围绕计算机系统本身开发的程序系统叫作系统软件。应用软件是专门为了某种使用目的而编写的程序系统。软件和硬件两者不可分割，计算机如果没有软件的支持，则无法实现任何信息处理任务。

个人计算机系统（俗称PC机）一般由主机、显示器、键盘、鼠标组成，具有多媒体功能的个人计算机配有音箱和话筒、游戏操纵杆等。除此之外，计算机还可以连接打印机、扫描仪、数码相机等外接设备。

计算机是一种高度自动化的信息处理设备，主要特点有：(1) 运算速度快；(2) 计算精度高；(3) 记忆能力强；(4) 可靠的逻辑判断能力；(5) 可靠性高，通用性强。

计算机的分类

1. 依据处理数据的形态分

数字计算机：处理的数据是二进制数字，是不连续的数字量。特点是速度快、精度高、自动化、通用性强。

模拟计算机：处理的数据是连续的模拟量。特点是用模拟量作为运算量，速度快、精度差。

混合计算机：集数字计算机和模拟计算机的优点于一身。特点是集中前两者优点，避免其缺点，还处于发展阶段。

2. 根据使用范围分

通用计算机：一般用于科学计算、数据处理、过程控制等，解决各类问题。

专用计算机：该类计算机针对性强，根据特定的服务需要进行专门设计。

3. 根据计算机系统的规模、性能指标、运算速度、存储容量等分

巨型机：也称为超级计算机，特点是超高速度、超大容量，一般用于大型科学研究或虚拟现实。

大型机：该类计算机速度快，应用于各类技术科研领域。

小型机：结构简单、造价低、性能价格比突出。

微型机：体积小、重量轻、价格低。

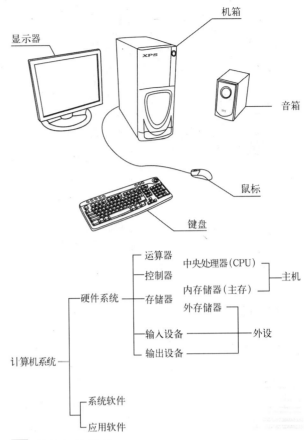

① 计算机的组成

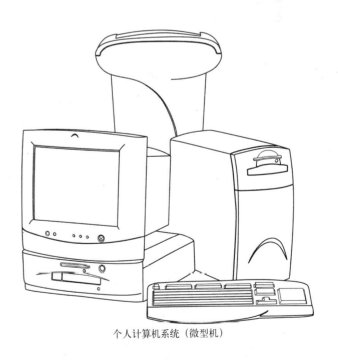

个人计算机系统（微型机）

② 计算机的分类

台式计算机 [5]　计算机的分类·计算机的发展历史

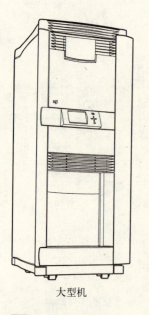
大型机

由众多大型机并联组成的巨型机

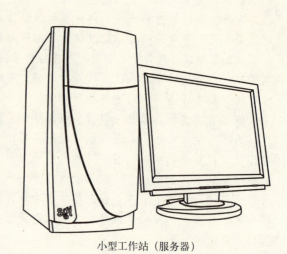
小型工作站（服务器）

[1] 计算机的分类

计算机的发展历史

人类很早就产生了对计算机的种种理论设想，然而计算机真正开始发展是在1937年，由数学家阿兰特宁阐述了"通用机器（Universal Machine）"的概念，可以执行任何的算法，形成了一个"可计算（Computability）"的基本概念。1943年，马克斯纽曼于发明了由1500个晶体管组成的巨人机，并且可以对它进行编程。人们根据计算机性能和硬件所使用的电子器件，一般将计算机的发展过程划分为四个阶段：

1. 第一代（1946～1957年）电子管计算机

世界上第一台电子数字式计算机于1946年2月15日在美国宾夕法尼亚大学正式投入运行，它的名称叫ENIAC（埃尼阿克），是电子数值积分计算机（The Electronic Numberical Intergratorand Computer）的缩写。ENIAC奠定了电子计算机的发展基础，开辟了一个计算机科学技术的新纪元。有人将其称为人类第三次产业革命开始的标志。

2. 第二代（1958～1964年）晶体管计算机

真空管时代的计算机尽管已步入了现代计算机的范畴，但其体积大、能耗高、故障多、价格贵，因而大大制约了它的普及应用。直到晶体管被发明出来，电子计算机才找到了腾飞的起点。

3. 第三代（1965～1971年）集成电路计算机

随着超大规模集成电路技术的发展，20世纪70年代初出现了微型计算机。微型计算机的核心是微处理器，人们通常以微处理器为标志来划分微型计算机。世界上第一台微机是1971年由美国Intel公司研制成功的Intel4004。

4. 第四代（1971年至今）大规模、超大规模集成电路计算机。

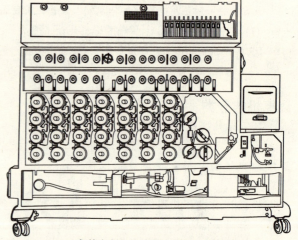
1942年特宁制作的计算机，被称为炸弹机

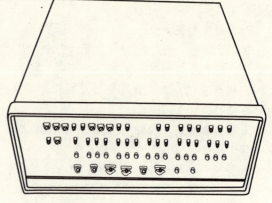
1975年4月，MITS发布第一台通用型Altair 8800，带有1KB存储器，是世界上第一台微型计算机

[2] 计算机的发展历史

计算机的发展历史 　[5] 台式计算机

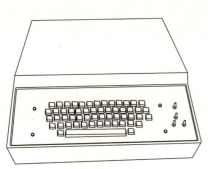

Apple 微型机 I

Apple II 是第一种带有彩色图形的个人计算机，Apple II 及其系列改进机型曾风靡一时

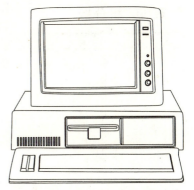

1981 年 8 月，IBM 公司在纽约宣布第一台 IBM 微型计算机诞生，IBM 将其命名为"个人电脑（Personal Computer）"，不久，缩写"PC"成为所有个人电脑的代名词

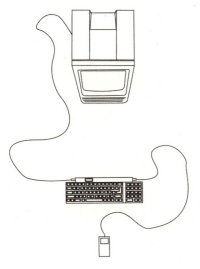

1982 年苹果公司推出的 Macintosh 电脑

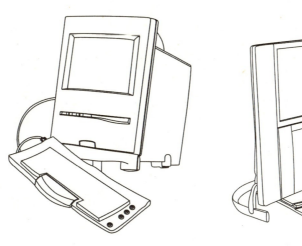

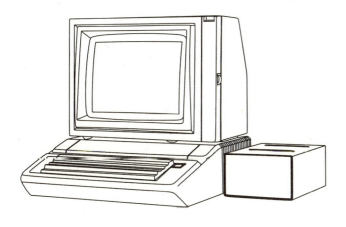

1 计算机的发展历史

台式计算机 [5] 计算机人机分析

计算机人机分析

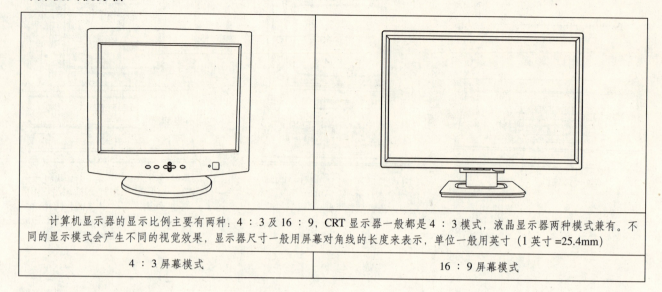

计算机显示器的显示比例主要有两种：4∶3及16∶9，CRT显示器一般都是4∶3模式，液晶显示器两种模式兼有。不同的显示模式会产生不同的视觉效果，显示器尺寸一般用屏幕对角线的长度来表示，单位一般用英寸（1英寸=25.4mm）

| 4∶3屏幕模式 | 16∶9屏幕模式 |

1 显示器屏幕比例

在计算机的使用过程中，对使用者影响最大的因素主要包括作业面高度，显示器高度、角度与视距，以及对身体的合理支撑等三个方面，如果在上述几个方面缺乏合理的设计，会造成坐姿不端正、操作姿势不合理，使身体某些部位的肌肉长时间处于静态施力的紧张状态，造成骨骼肌肉系统的疲劳损伤，同时还会引起视力下降。

1. 作业面高度

按照人体工程学的理论，电脑键盘与鼠标的高度，都应当与人在坐姿时的肘部等高或稍低，只有这样，才有利于人们保持正确的坐姿。

2. 显示器的高度、角度与视距

显示器的上方应不高于坐姿的眼睛水平视线，显示器的下方应不低于水平视线向下40°角的方向，显示器的中心应在水平视线以下10°~20°角。显示器表面应保持一定的斜度，以与人的视线相垂直。不应当把卧式主机垫在显示器的下面，这样显示器的位置就会过高。眼睛与显示器的距离一般应提倡在70cm左右，即为一臂距离。

3. 对身体的合理支撑

在操作电脑时，要避免采用手掌支撑的方式来保持身体稳定，这种支撑方式很容易形成过度前倾，产生弯腰驼背的不良后果，而且需要腰部和背部的肌肉处于静态施力的紧张状态，从而加重了肌肉的负担，容易造成腰背肌劳损。从坐姿的角度讲，利用肘部支撑代替手掌支撑，可以提高支撑的稳定性，而且能避免弯腰驼背，可使腰背部的肌肉适当放松，

减少操作电脑时常见的腰背部疼痛现象。也可以采用稍向后倾的坐姿，倚靠在座椅的靠背上，以减轻疲劳，这种坐姿还可以确保眼睛同显示器保持一定距离，减轻视觉疲劳。

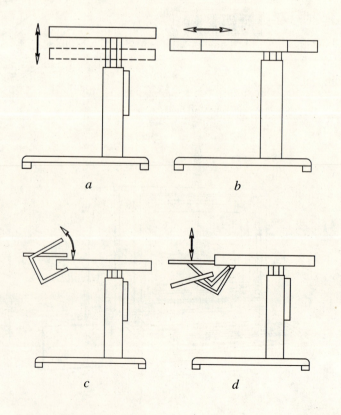

2 作业面调节示意图

计算机人机分析 [5] 台式计算机

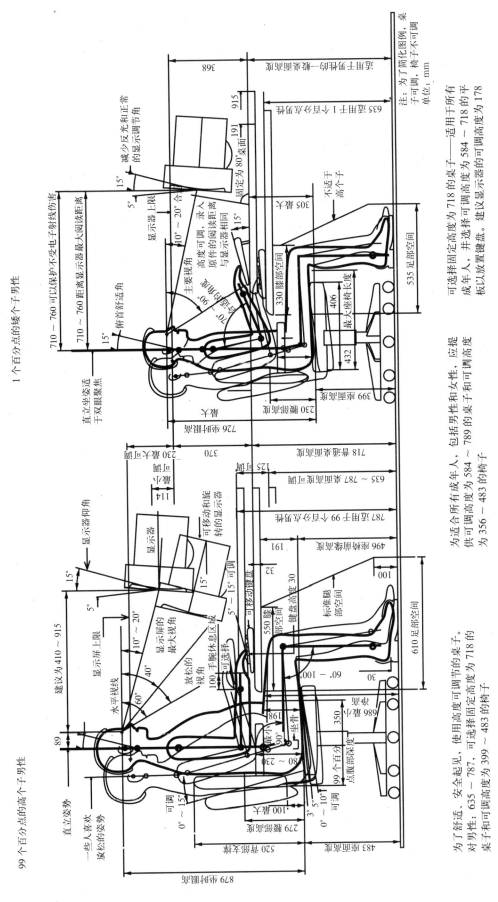

1 男性使用计算机的相关数据

台式计算机 [5]　计算机人机分析

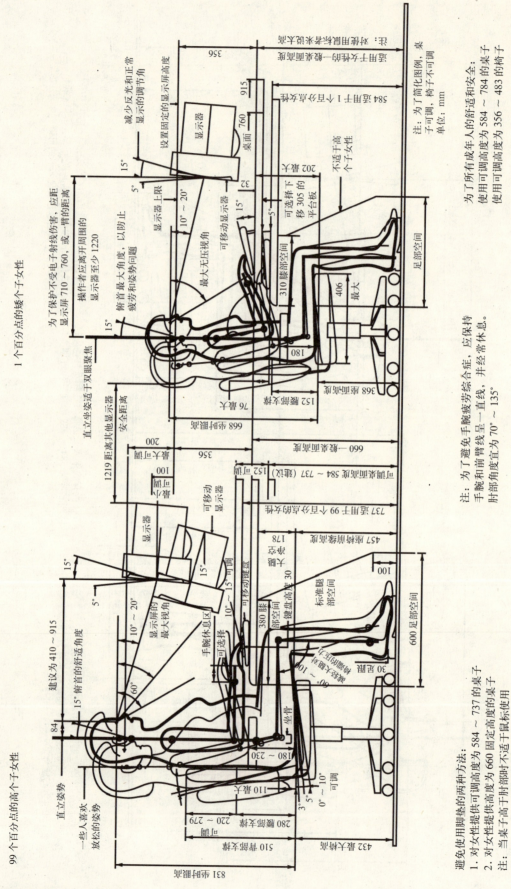

1 女性使用计算机的相关数据

台式机的造型设计　[5] 台式计算机

台式机的造型设计

　　因为使用要求和设计重点的差异，台式机的外在表现形式可以分为分离型、一体机和整合性设计等几种不同形式。

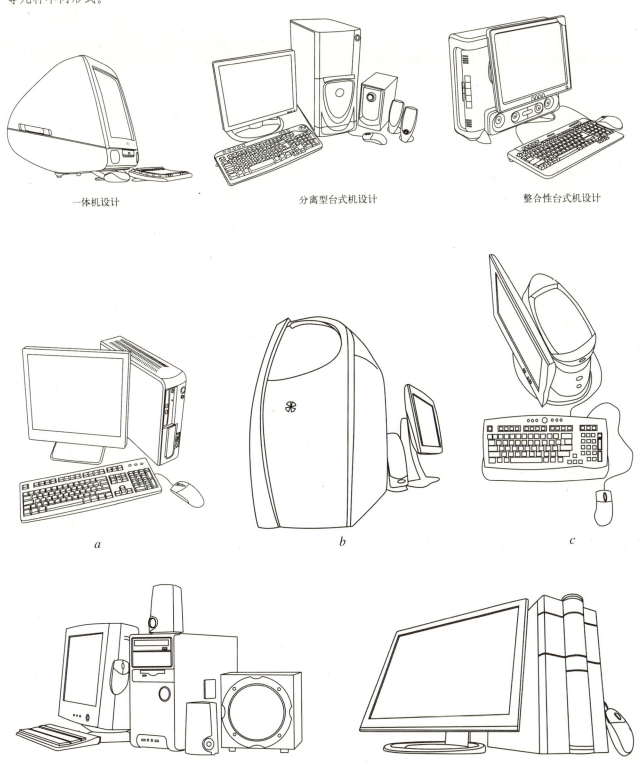

一体机设计　　　　　分离型台式机设计　　　　　整合性台式机设计

a　　　　　　　　　　b　　　　　　　　　　c

d　　　　　　　　　　　　　　　　e

1　台式机的造型设计

67

台式计算机 [5] CRT显示器

CRT 显示器

CRT 显示器概述

CRT 是一种使用阴极射线管的显示器,主要由电子枪、偏转线圈、荫罩、荧光粉层及玻璃外壳(屏幕)等五部分组成,是目前应用最广泛的显示器之一。

CRT 的工作原理:CRT 显示器的核心部件是 CRT 显像管,CRT 显像管使用电子枪发射高速电子,利用垂直和水平的偏转线圈控制高速电子的偏转角度,通过电压来调节电子束的功率,经过调节高速电子击打屏幕上的磷光物质,在屏幕上形成明暗不同图形和文字。

彩色显像管屏幕上的每一个像素点都由红、绿、蓝三种涂料组合而成,由三束电子束分别激活这三种颜色的磷光涂料,以不同强度的电子束调节三种颜色的明暗程度就可得到所需的颜色。为了让电子束瞄得精准,防止产生不正确的颜色或重像,必须对电子束进行精确的控制。

经典的解决方法是在磷光涂料表面的前方加装荫罩。荫罩是一层凿有许多小孔的金属薄板,只有正确瞄准的电子束才能穿过对应的屏蔽孔,荫罩会拦下任何散乱的电子束,避免其打到错误的磷光涂层。

荫罩除了孔状,还有栅式。它把磷光材料以垂直线的方式涂布,在磷光涂料的前方加上相当细的金属线,金属线用来阻绝散射的电子束,原理和孔状荫罩相同。

孔状荫罩式显像管的图像和文字较锐利,但亮度较低一点;栅式显像管的色彩鲜艳,但在屏幕的 1/3 和 2/3 处会有水平的阻尼线阴影横过。

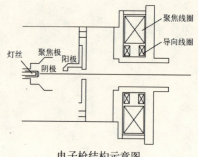

电子枪结构示意图

CRT 显示器的分类

1. 根据调控方式不同可分为:模拟调节、数字调节和 OSD 调节

模拟调节是在显示器外部设置一排调节按钮,手动调节亮度、对比度等一些技术参数。由于模拟器件较多,故障的几率较大,而且可调节的内容极少,所以目前已销声匿迹。

数字调节是在显示器内部加入专用微处理器,操作更精确,能够记忆显示模式,而且其使用的多是微触式按钮,寿命长,故障率低。

OSD 调节严格说算是数控方式的一种,能以量化的方式将调节直观地反映到屏幕上。

2. 按显像管种类的不同可分为:球面显像管、柱面显像管和纯平显像管

球面管的缺陷非常明显,在水平和垂直方向上都是弯曲的,边角失真现象严重,随着观察角度的改变,图像会发生倾斜,而且容易引起光线的反射,会降低对比度,对人眼的刺激较大。

柱面显像管采用栅式荫罩板,在垂直方向上不存在任何弯曲,在水平方向上略有弧度。目前常见的柱面管可分为单枪三束和三枪三束管。

纯平显像管是 CRT 彩显的发展方向,纯平显像管在水平和垂直方向上均实现了真正的平面,失真、反光都被减到了最低限,使观看时的聚焦范围增大。

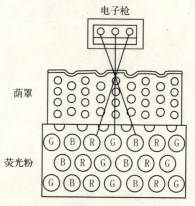

孔状荫罩示意图

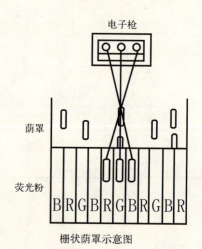

栅状荫罩示意图

球面显像管　　柱面显像管　　纯平显像管

1 CRT 显示器的分类

CRT显示器 [5] 台式计算机

CRT 显示器结构

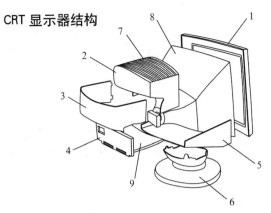
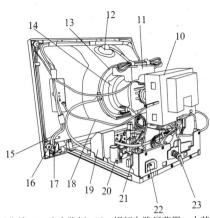

1—显示器前外壳；2、3、4—显示器后外壳；5—显示器下壳；6—底座；7—散热孔；8—显像管；9—主电路板；10—视频电路屏蔽罩，内装视频电路；11—偏转线圈接线板；12—高压帽；13—倾斜校正线圈；14—偏转线圈组件；15—消磁线圈；16—安装螺柱孔；17—色纯校正线圈；18—接地线；19—开关电源部分；20—主电路板；21—交流 220V 输入电路；22—电源输入端口；23—信号输入线缆

1 CRT 显示器的基本知识

CRT 显示器的造型

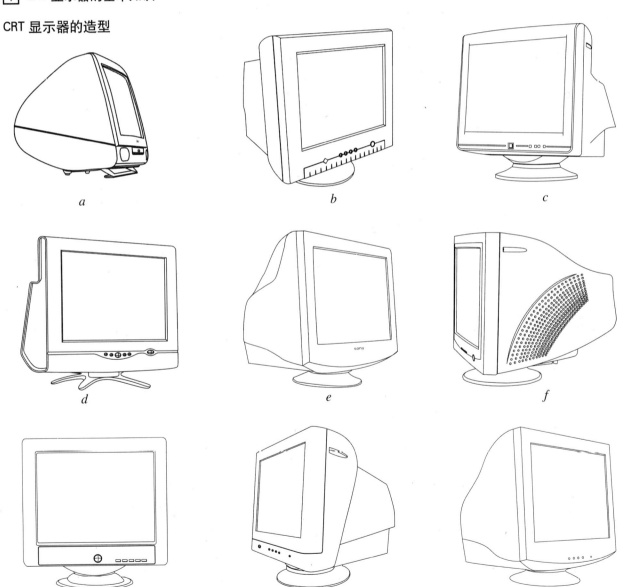

2 CRT 显示器的造型设计

69

台式计算机 [5] CRT显示器

1 CRT 显示器的造型设计

CRT显示器 [5] 台式计算机

1 CRT 显示器的造型设计

台式计算机 [5] CRT显示器

1 CRT 显示器的造型设计

CRT显示器　[5] 台式计算机

1 CRT 显示器的造型设计

台式计算机 [5]　CRT显示器

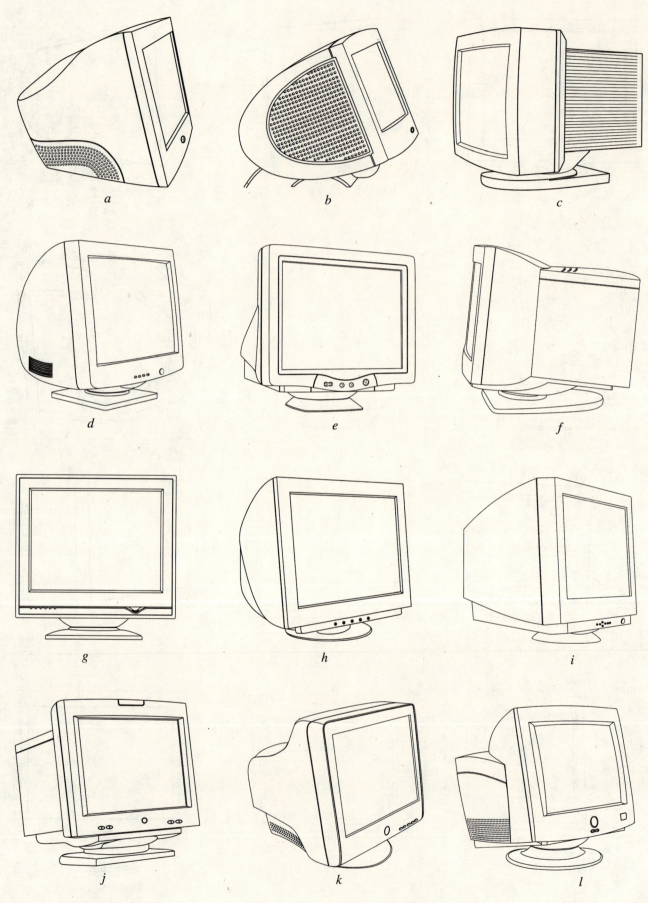

1　CRT 显示器的造型设计

液晶显示器

液晶显示器概述

液晶显示器（LCD）英文全称为 Liquid Crystal Display，是一种利用液晶控制透光度技术来还原色彩和图形的显示器。

液晶显示器具有低压微功耗；平板型结构；属于被动显示型，无眩光，不会引起眼睛疲劳；显示信息量大；易于彩色化，在色谱上可以非常准确地复现；无电磁辐射，对人体安全，利于信息保密等特点。

液晶显示器的分类

按照物理结构，液晶显示器可分为扭曲向列型（TN），超扭曲向列型（STN），双层超扭曲向列型（DSTN）和薄膜晶体管型（TFT）4 类。

前三种类型的显示原理具有很多共性，不同之处在于液晶分子的扭曲角度各异。薄膜晶体管型是目前最常用的类型，该类液晶显示器的像素点都由集成在其后的薄膜晶体管来驱动。TFT 液晶显示器具有屏幕反应速度快，对比度好、亮度高，可视角度大，色彩丰富等特点，比其他三种类型更具优势。

一般通过可视面积、可视角度、点距、色彩度、对比值（最大亮度与最小亮度的比值）、亮度值（最大亮度值）和响应时间等技术参数来衡量液晶显示器的质量。

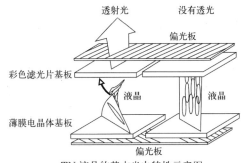

TN 液晶的基本光电特性示意图

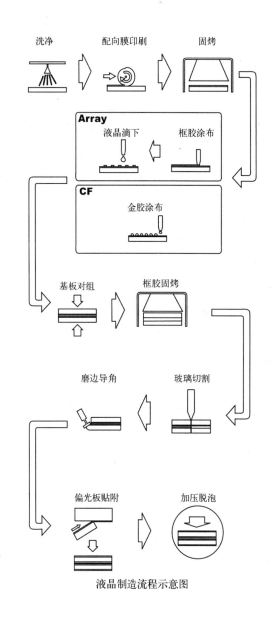

液晶制造流程示意图

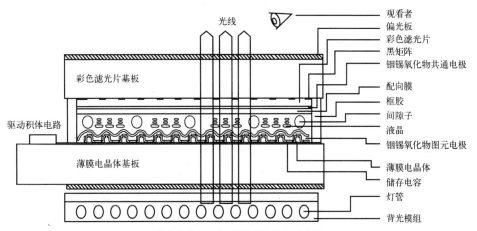

薄膜电液晶－液晶显示器结构示意图

[1] 液晶显示器的基本知识

台式计算机 [5] 液晶显示器

液晶显示器结构

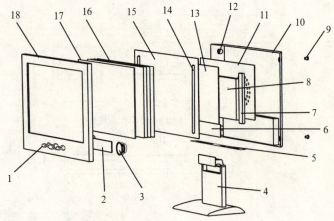

1—控制按键；2—按键控制电路；3—扬声器；4—底座；5—不锈钢支撑板；6—屏驱动电路板；7—高压电路板；8—主控电路板；9—固定螺钉；10—显示器后壳；11—屏蔽罩；12—安装孔；13—不锈钢支撑板；14—灯管；15—背光板和反光膜；16—彩色滤光薄膜；17—玻璃基板；18—显示器前壳

1 CRT 显示器结构

液晶显示器的底座支撑结构设计

在使用过程中，由于使用者的个体差异，经常要调节显示器的角度和高度，液晶显示器一般通过底座支撑架的转轴设计来解决这个问题。根据显示器的支撑方式、转轴的数量和转向的灵活性，液晶显示器的支架转轴结构可以分为支撑架结构、单轴转动结构、双轴转动结构和轴与底座抽拉式复合结构等几种。

2 底座支撑结构

液晶显示器 [5] 台式计算机

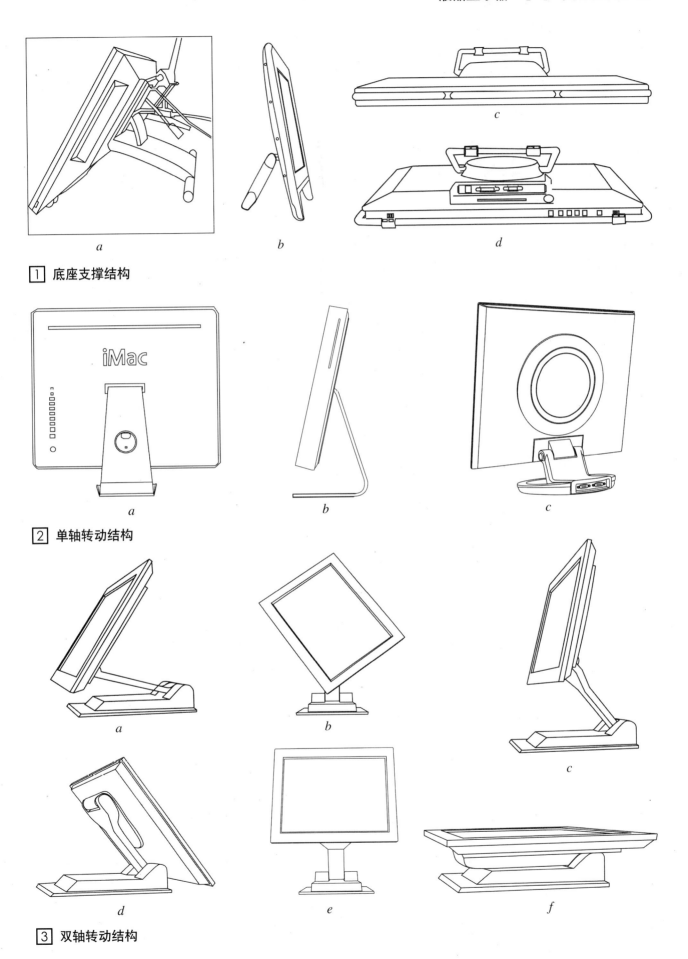

1 底座支撑结构

2 单轴转动结构

3 双轴转动结构

77

台式计算机 [5]　液晶显示器

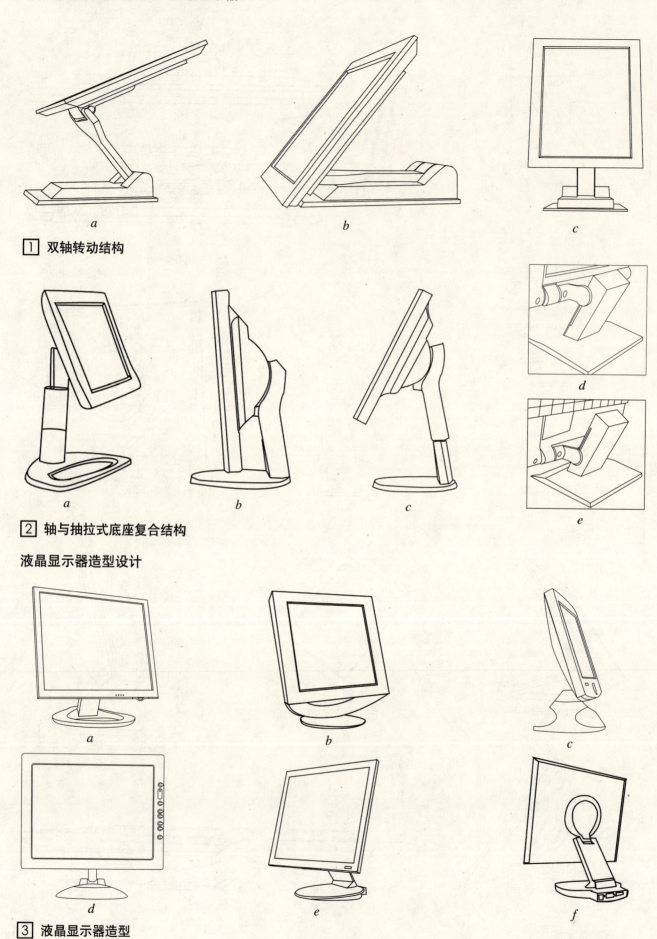

1 双轴转动结构

2 轴与抽拉式底座复合结构

液晶显示器造型设计

3 液晶显示器造型

液晶显示器 [5] 台式计算机

1 液晶显示器造型

台式计算机 [5]　液晶显示器

1 液晶显示器造型

液晶显示器　[5] 台式计算机

1 液晶显示器造型

台式计算机 [5]　液晶显示器

1 液晶显示器造型

液晶显示器 [5] 台式计算机

1 液晶显示器造型

台式计算机 [5] 液晶显示器

液晶显示器细节设计

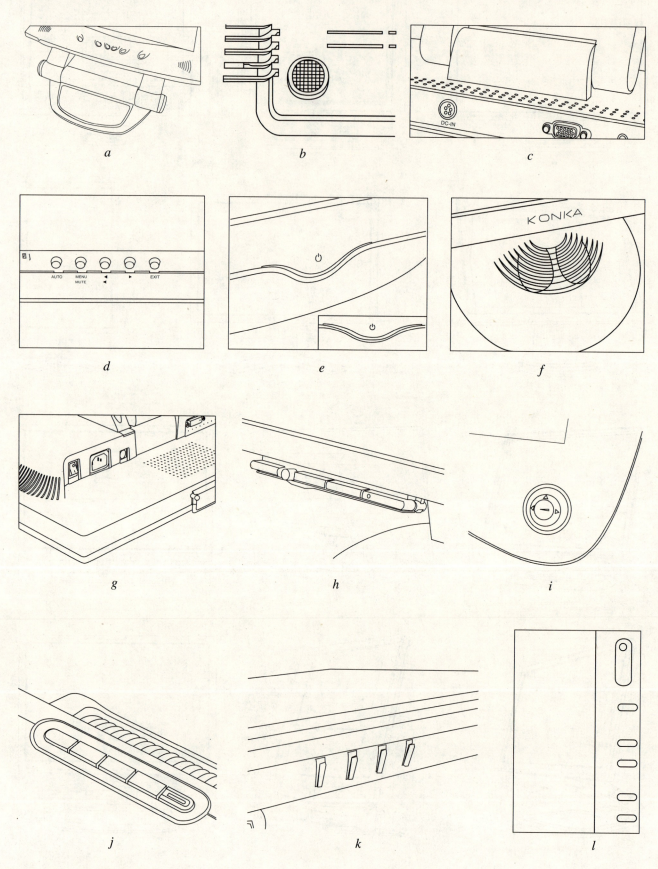

1 液晶显示器细节设计

机箱　[5] 台式计算机

机箱

机箱概述

计算机机箱一般包括外壳、支架、操作按键、指示灯等。外壳一般为薄钢板钣金件和塑料塑件；支架主要用于固定主板、电源、硬盘和各种其他器件。

机箱的作用主要有两个方面：(1) 给电源、主机板、各种扩展板卡、软驱、光驱、硬盘等设备提供足够的安装空间，形成一个集约型的整体；(2) 机箱能防压、防冲击、防尘，可以保护内部元器件，同时还能起到屏蔽电磁辐射、防电磁干扰的作用。

机箱的分类

按外形差异，机箱可以分为立式机箱和卧式机箱。卧式机箱在计算机发展的早期阶段运用广泛，现在基本都使用立式机箱，因为立式机箱高度限制小，理论上可以提供更多的驱动器槽，可扩展性好，而且更利于内部散热。

按结构差异，机箱可以分为 AT、ATX、Micro ATX，以及最新的 BTX 型号。AT 机箱只在早期的机器中运用；ATX 机箱是目前最常见的机箱，支持绝大部分类型的主板；Micro ATX 机箱是在 ATX 机箱的基础上设计的，比 ATX 机箱体积小，节省了桌面空间。

BTX 机箱是 Intel 定义并引导的桌面计算平台新规范，可支持下一代电脑系统设计的新外形，能在散热管理、系统尺寸、形状、以及噪声方面实现最佳平衡。其新架构特点是：支持窄板设计，系统结构更加紧凑；针对散热和气流的运动，对主板的线路布局进行了优化设计；主板的安装将更加简便，机械性能也将经过最优化设计。

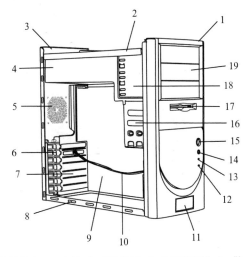

1—塑料前外壳；2—支架；3—钣金外壳；4—电源安装处；5—散热孔；6—扩展槽紧固件；7—扩展槽预留孔；8—外壳安装定位槽；9—主板安装位；10—声卡前接线；11—USB、麦克风接口仓；12—运行指示灯；13—电源指示灯；14—重启键；15—电源开关；16—驱动器、硬盘安装仓；17—软驱；18、19—各种光驱设施安装仓

1 机箱内部结构示意图

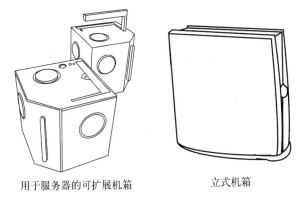

用于服务器的可扩展机箱　　　　立式机箱

机箱的造型设计

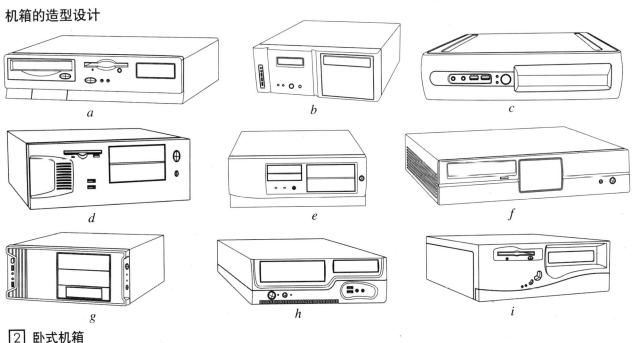

2 卧式机箱

台式计算机 [5]　机箱

a　　　　　b　　　　　c　　　　　d

e　　　　　f　　　　　g　　　　　h

i　　　　　j　　　　　k　　　　　l

1　立式机箱

机箱 [5] 台式计算机

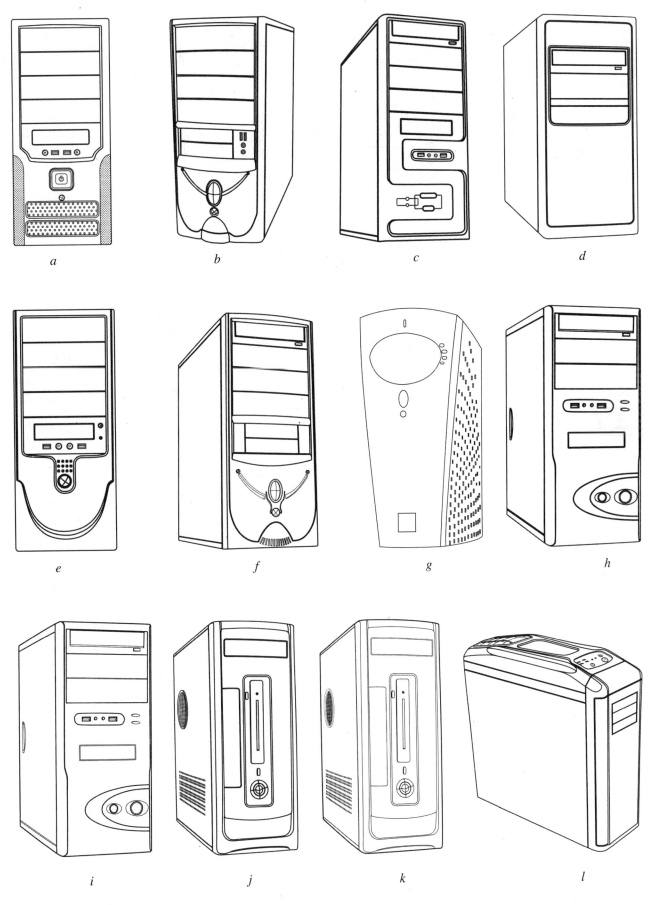

1 立式机箱

台式计算机 [5] 机箱

a　b　c　d
e　f　g　h
i　j　k　l

① 立式机箱

机箱 [5] 台式计算机

1 立式机箱

台式计算机 [5] 机箱·键盘

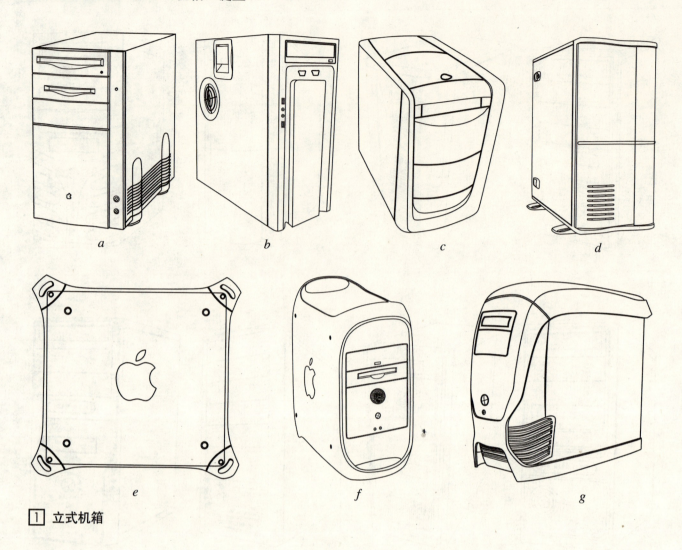

① 立式机箱

键盘

键盘概述

键盘是计算机系统的重要输入设备，通过键盘可将文字、数据、符号等输入计算机，从而向计算机发出各项操作命令。

键盘内部具有监测按键位置的键扫描电路，对被按下键生成特定代码的编码电路，将代码送入计算机的接口电路。当按下一个键时，控制电路便根据其位置，将按键对应的字符信号转换成二进制码，传给主机和显示器。如果操作人员的输入速度过快或CPU正在进行其他工作，会先将键入的内容送往内存中的键盘缓冲区，等CPU空闲时再从缓冲区中取出暂存的指令分析并执行。

最初，键盘是按照字母顺序排列的，打字速度过快时，很容易出现卡键问题，为了解决这个问题，克里斯托夫拉森授斯发明了QWERTY键盘布局。他将最常用的几个字母放在相反方向，最大限度放慢敲键速度以避免卡键，并于1868年申请专利。1936年德沃夏克设计了德沃夏克键盘，该键盘操作比较容易，可以把打字速度提高10%。但是，如果德沃夏克键盘被广泛采用，数千万人就得重新学习打字，厂家就得改装数千万台打字机，这样做所带来的各种麻烦阻碍了人们改变现有键盘设计的想法，这也是以放慢敲键速度为目的的标准键盘延续至今的原因。

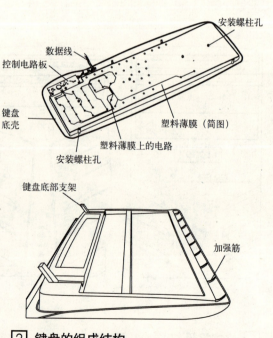

② 键盘的组成结构

键盘的分类

根据不同的构造原理，键盘大致可分为：机械式键盘、塑料薄膜式键盘、导电橡胶式键盘、电容式键盘。

1. 机械式键盘利用控制金属接触式开关的通与断来产生信号，该类键盘又分为普通触点式和干簧式两种。

2. 塑料薄膜式键盘内有三层塑料薄膜。上下两层薄膜布满导电橡胶，并在按键对应的位置有触点，上下薄膜层也叫作触点层。中间为隔离层，该层薄膜没有任何导线，但在按键对应位置有通透的圆孔。按键下压时，上下两层对应的触点会通过中间层的孔接触，从而输出编码信号。

3. 导电橡胶式键盘内部也有两层或三层薄膜。薄膜上的触点上下相对，组成一个没有连通的"圆圈"，当有导体将两者连通后，就能产生按键信号。这种导体就是具备导电功能的橡胶垫。

4. 电容式键盘利用电容式开关的原理，通过按键改变电极间的距离而产生电容量的变化来形成信号。

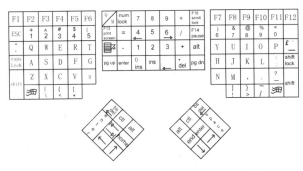

理连·莫特（Lillian Malt）1977年发明的malt键盘比德沃夏克键盘更先进，其按键布置首次考虑了人体工学。

标准键盘布局

德沃夏克键盘布局

[1] **键盘的布局**

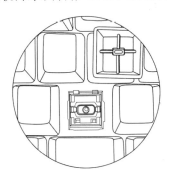

机械式键盘的按键及键帽外观

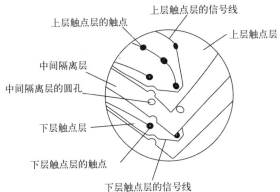

塑料薄膜式键盘的三层塑料薄膜示意图

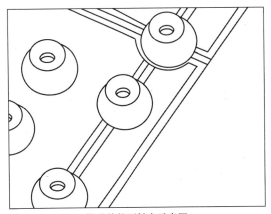

橡胶垫挤压触点示意图

橡胶垫外观，按下键帽时，橡胶垫发生弯曲，迫使内部突出块挤压触点层上的触点，接通电路

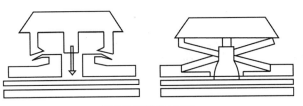

键盘按键剖面示意图

[2] **各类键盘的结构及原理**

台式计算机 [5] 键盘

键盘的造型设计

1. 可折叠键盘

由于采用特殊的制造材料,例如采用高强度高弹性的高分子纯硅胶材料,就能生产出柔性电脑键盘。

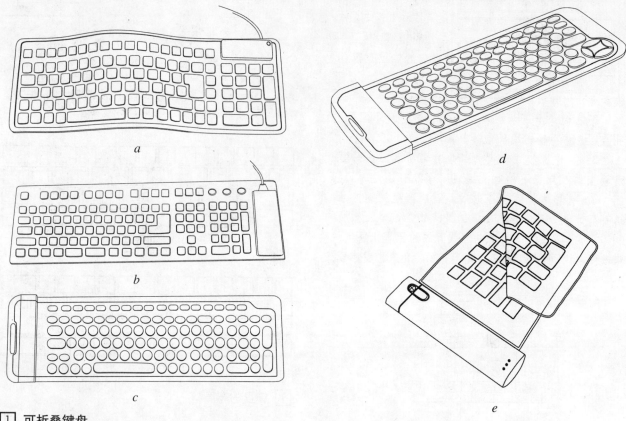

1 可折叠键盘

2. 游戏键盘

游戏键盘主要针对游戏玩家开发设计,键盘增加了游戏过程中经常要使用各种快捷按键和各种功能键。游戏键盘分为游戏专用键盘和游戏与普通功能结合的键盘。

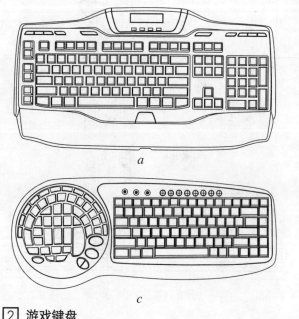

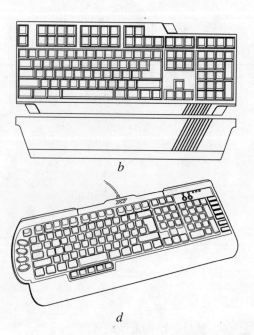

2 游戏键盘

键盘 [5] 台式计算机

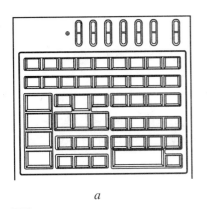
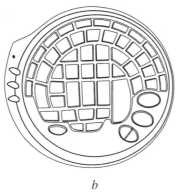
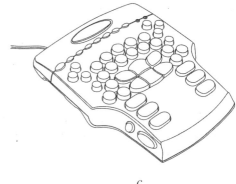

1 游戏键盘

3. 人体工学键盘

人体工程学键盘是在标准键盘基础上将指法规定的左手键区和右手键区左右分开，并形成一定角度，使操作者不必有意识地夹紧双臂，保持一种比较自然的形态，这种键盘被微软公司命名为自然键盘（Natural Keyboard），同时还可以有效减少左右手键区的误击率，如字母 G 和 H。其他，如在键盘的下部增加护手托板，给悬空手腕以支撑点，减少手腕长期悬空导致的疲劳等，都可以视为人性化的设计。

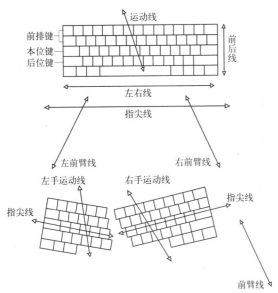

2 键盘操作人体工学分析

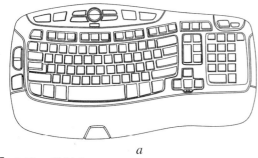

3 人体工学键盘

93

台式计算机 [5] 鼠标

鼠标

鼠标概述

鼠标全名为鼠标器，是一种手动式计算机输入装置，因形如老鼠而得名。鼠标的基本工作原理是——当移动鼠标器时，其轨迹可以转换成 x、y 方向的坐标增量值并输入计算机。常用于显示器屏幕坐标的定位和计算机图形输入。鼠标内核主要由纵、横脉冲发生器，按键输入电路和编码、控制电路三部分组成。鼠标将本身的移动分解为纵、横两个方向，分别记录移动的速度和距离，并通过对应的脉冲发生器产生脉冲，按键电路通过多个开关的通、断来发出相应的脉冲信号，控制电路将脉冲发生器和按键电路产生的脉冲信号进行混合编码，通过数据端口向计算机发送，并被系统还原成图形化显示所必需的坐标位置和命令状况。

鼠标按工作原理的不同，可分为机械鼠标和光电鼠标。

机械鼠标：最初的机械式鼠标采用滚球带动金属导电片，滚动时的摩擦产生脉冲信号并通过译码器编译成计算机可识别的信息，这种鼠标寿命短、精度低、灵活性差。目前常用的机械鼠标其实是"光机鼠标"，它采用滚球带动 X、Y 两条滚轴，滚轴上有光栅轮，一组发光二极管和一个相应的光感应译码器位于光栅轮的两侧，栅轮的旋转不断阻隔二极管发出的光线，从而使感应器可以产生信号脉冲。光机鼠标避免了直接摩擦，大大提高了寿命，也提高了精度。但由于其定位机制仍是采用滚球方式，因此长时间使用后，会出现光标移动缓慢、定位不准等现象。

光电鼠标：是目前发展非常迅速、使用非常广泛的一种鼠标类型。第一代光电鼠标必须使用专用的光电板作为鼠标垫，鼠标底下的滚球被发光二极管和光敏管所代替，通过光电板的反射信号来确定鼠标移动的轨迹。第二代光电鼠标不再需要特殊鼠标垫，可以在透明和光滑表面以外的任意地方使用。光电鼠标采用了"神经网络类比模糊"定位技术。在光电鼠标内部有个发光二极管，通过它发出的光线照亮光电鼠标底部表面，鼠标底部表面反射回的光线经过一组光学透镜，传输到一个光感应器件（微成像器）内成像，当光电鼠标移动时，其移动轨迹便会被记录为一组高速拍摄的连贯图像。最后利用光电鼠标内部的一块专用图像分析芯片（DSP，即数字微处理器）对移动轨迹上摄取的一系列图像进行分析处理，通过对这些图像上特征点位置的变化进行分析，来判断鼠标的移动方向和移动距离，从而完成光标的定位。

按数据传输方式，还可将鼠标分为有线鼠标和无线鼠标。有线鼠标和无线鼠标在造型上基本没有差异，只是无线鼠标增加了一个电池仓。

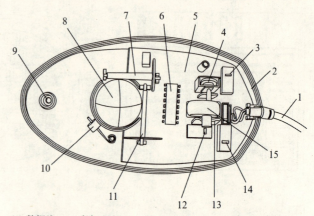

1—数据线；2—鼠标底壳；3—左键轻触开关；4—滚轮感应器；5—电路板；6—控制芯片；7、11—光栅轮；8—轨迹球；9—固定螺柱孔；10—压紧轮；12—滚轮轻触开关；13—滚轮支架；14—右键轻触开关；15—滚轮

1 机械鼠标结构示意图

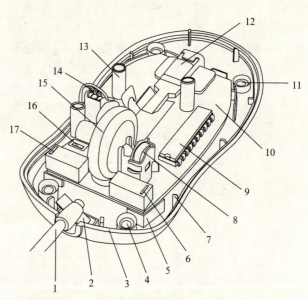

1—数据线；2—数据线固定装置；3—鼠标底壳；4—安装孔；5—电路板支架；6—左键轻触开关；7—加强筋；8—滚轮感应器；9—控制芯片；10—电路板；11—安装孔；12—塑料遮光罩，内装发光二极管；13、14—电子元件；15—滚轮；16—滚轮轻触开关；17—右键轻触开关

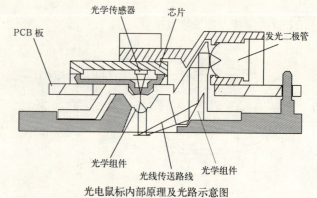

光电鼠标内部原理及光路示意图

2 光电鼠标结构示意图

鼠标 [5] 台式计算机

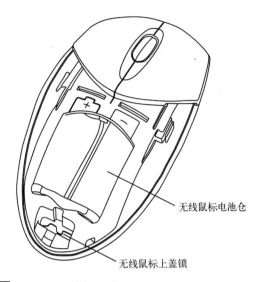

① 无线鼠标结构示意图

鼠标的发展历史

1968年12月9日 Engilehbart 博士在 IEEE 会议上展示了世界上第一个鼠标，这款鼠标与今天的鼠标结构大不相同，需要外置电源供电才能正常工作。

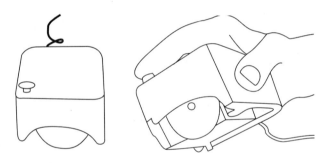

1980年，鼠标第一次成为计算机标准配置。

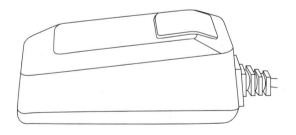

1982年，罗技公司发明了世界第一款光机鼠标，至此，鼠标的结构设计基本成熟。

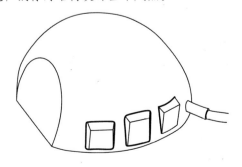

1983年，苹果公司在当年推出的 Lisa 电脑上第一次使用了鼠标作为其 GUI 操作界面的操作工具。

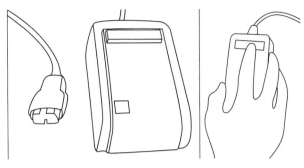

1984年，罗技研制成功第一款无线鼠标，依靠红外线作为信号的载体。1985年，该公司推出了世界上第一个无需外置电源的鼠标。

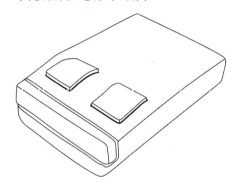

1985年，罗技推出了世界上第一款无需外置电源的鼠标。

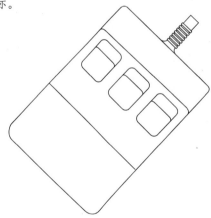

1996年，微软发明鼠标滚轮，目前，滚轮已成为鼠标的标配。

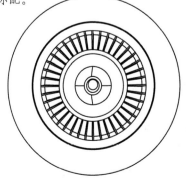

台式计算机 [5]　鼠标

　　1999年，微软与安捷伦公司合作，推出了Intellimouse Explorer鼠标，揭开了光学成像鼠标时代的序幕。其中Intellieye定位引擎是世界上第一个光学成像式鼠标引擎，它具有高适应能力和不需清洁的优点，被评为1999年最杰出的科技产品之一。2001年底微软独立推出了第二代Intellieye引擎。

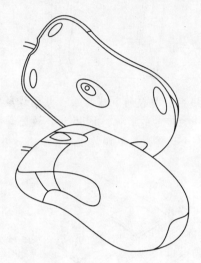

　　2003年9月，微软推出了全新系列的鼠标产品。它们全部采用"Tilt Wheel"滚轮，这种滚轮最大的特点是通过左右倾斜可以实现对水平方向移动的控制。

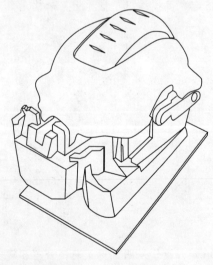

[1] 鼠标的发展历史

鼠标的人机工程学分析

　　符合人机工程学设计的鼠标是要让鼠标适应使用者的手形和持握习惯，所以鼠标的形态和大小必须要针对人的手形进行设计。目前，鼠标的人机工程学设计主要体现在两个方面：一、使用户手指在自然放松时，手掌能够自然紧贴鼠标的表面；二、采用立式设计，使手腕在运用鼠标时更加轻松自如。

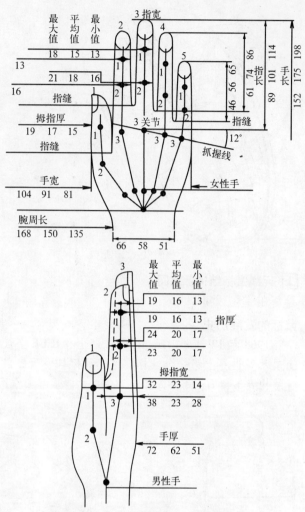

德雷夫斯的人体尺度数据卡　手部数据尺寸

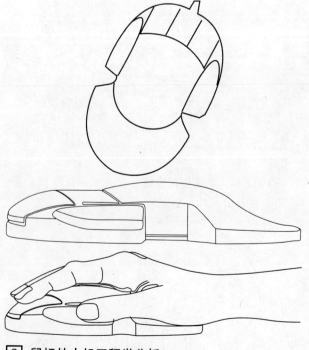

[2] 鼠标的人机工程学分析

鼠标 [5] 台式计算机

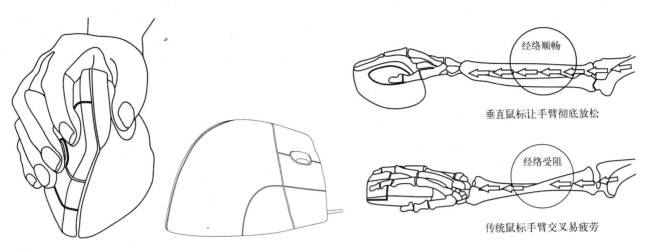

1 鼠标的人机工程学分析

鼠标的造型设计

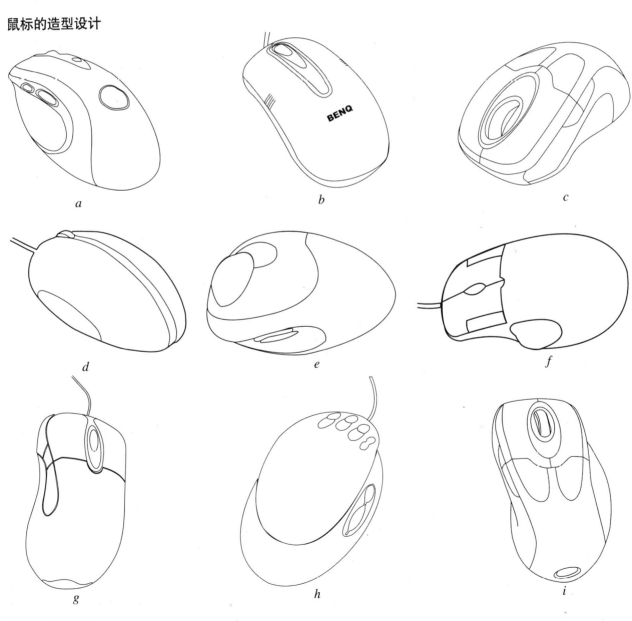

2 鼠标造型

台式计算机 [5]　鼠标

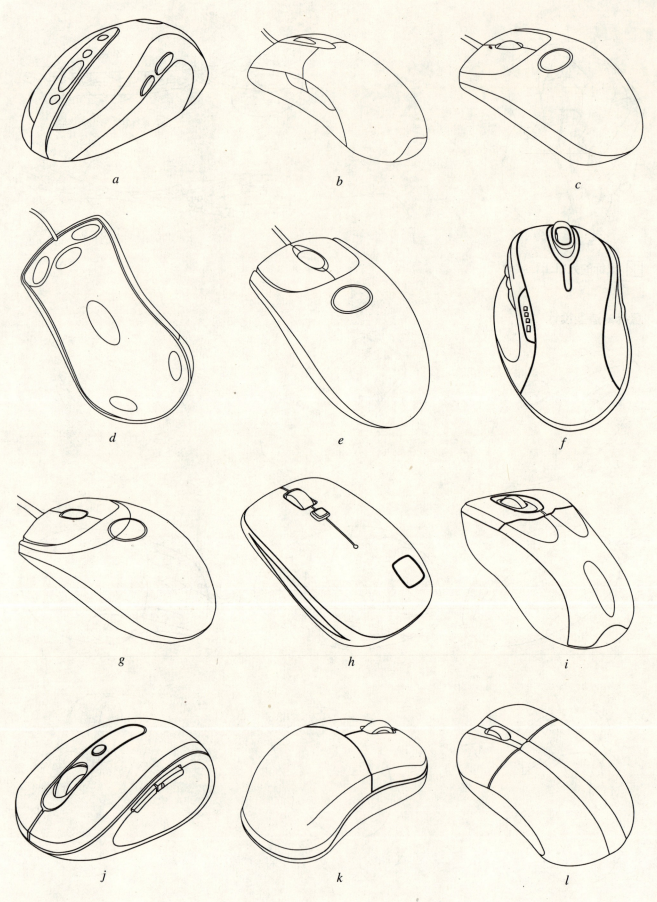

a　　b　　c　　d　　e　　f　　g　　h　　i　　j　　k　　l

1 鼠标造型

绘图板概述

绘图板又叫数位板，同键盘、鼠标等一样都是计算机输入设备，是一种专门针对电脑绘图而设计的输入设备，主要面向美工、设计师或者绘图工作者、美术爱好者等用户。绘图板通常是由图板和压感笔组成。

绘图板作为一种硬件输入工具，必须要有相关软件的支持，如 Painter、Photoshop 等绘图软件，结合这些软件可以创作出各种风格的作品。绘图板最大的特色就是具备压力感测功能，可让软件根据使用者下笔的轻重作出适当的反应，例如笔画的粗细、颜色的浓淡。绘图板的另一个优势是影像合成应用，在这类工作当中常要将数张图利用淡入淡出的效果贴合在一起，有了压力感测的功能，只要适当控制下笔的轻重，就可以做出平顺的淡入淡出效果，而不用频频切换其他工具。

绘图板最重要的参数是压感级数和分辨率。压感级数可以衡量绘图板对压力的感应灵敏度，如果绘图板标称压感级数为 512 级，则压感笔笔尖从接触绘图板到下压 100 克力，在约 5mm 之间的微细电磁变化中区分 512 个级数，压感笔将这些信息反馈给计算机，从而形成粗细不同的笔触效果。

分辨率指图像水平或垂直方向上每英寸的网线数，即挂网网线数（之所以称为网线数是因为最早的印刷品网点有线状）。挂网线数的单位是 Line/Inch（线／英寸），简称 Lpi，例如 3200Lpi 是指每英寸有 3200 条网线。

绘图板造型

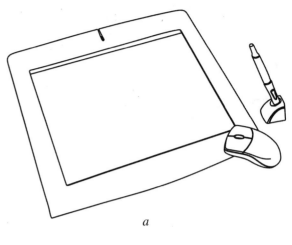

a

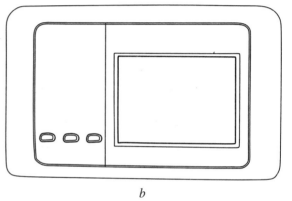

b

c　　　　*d*　　　　*e*

f　　　　*g*　　　　*h*

1 绘图板造型

绘图板 [6]　绘图板造型

1　绘图板造型

摄像头概述

摄像头又称为电脑相机，作为一种视频输入设备，被广泛地运用于视频会议、远程医疗及实时监控等方面。近年来，随着互联网技术的发展、网络速度的不断提高，再加上感光成像器件技术的成熟并大量用于摄像头的制造上，使其价格大幅下降，已成为大众通过网络进行影像、声音交流的主要工具。

摄像头的工作原理为：景物通过镜头（LENS）生成的光学图像投射到图像传感器，然后转为电信号，经过 A/D（模数转换）转换后变为数字图像信号，送到数字信号处理芯片（DSP）中加工处理，再通过 USB 接口传输给电脑作相应处理，就可以通过显示器看到图像。

根据采集型号的方式，电脑摄像头分为模拟摄像头和数字摄像头两大类。

模拟摄像头捕捉到的视频信号必须经过特定的视频捕捉卡将模拟信号转换成数字模式，并加以压缩后才可以转换到计算机上运用。

数字摄像头可以直接捕捉影像，然后通过串、并接口或 USB 接口传给计算机。数字摄像头是目前市场的主流产品。

根据摄像头的形态，可以分为桌面底座式、高杆式及液晶挂式三大类型。

摄像头造型

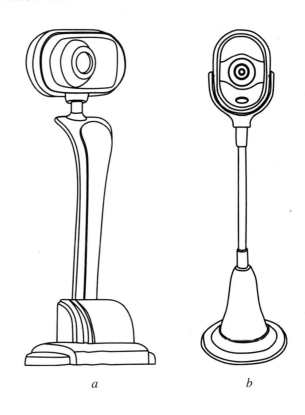

a *b*

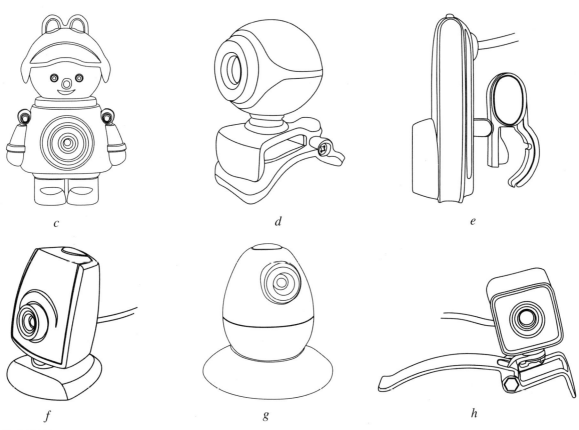

c *d* *e*

f *g* *h*

1 摄像头造型

摄像头 [7] 摄像头造型

1 摄像头造型

移动硬盘概述

移动硬盘（Mobile Hard Disk）顾名思义是以硬盘为存储介质，计算机之间交换大容量数据，强调便携性的存储产品。移动硬盘多是以标准笔记本硬盘（2.5英寸）为基础，只有很少部分的是微型硬盘（1.8英寸硬盘等）。因为采用硬盘为存储介制，因此移动硬盘在数据的读写模式与标准IDE硬盘是相同的。移动硬盘多采用USB、IEEE1394等传输速度较快的接口，可以较高的速度与系统进行数据传输。

移动硬盘外部结构、尺寸分析

如图所示，移动硬盘的外部结构通常包括4部分：

（1）外壳：分为上部、下部，材料一般为ABS+PC或不锈钢材料。连接方式通常为卡勾+螺丝的连接方式。

（2）指示灯：一般为红色或蓝色的LED灯，用于显示硬盘内部工作状态。

（3）USB接口：通过焊接固定在印刷（制）电路板上，外壳的上部或下部为其留孔。

（4）电源线接口：同样是通过焊接固定在印刷（制）电路板上，在外壳的上部或者下部为其留孔。电源线接口只出现在容量较大的移动硬盘上。

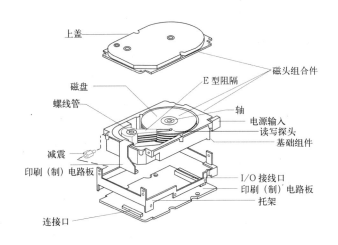

[2] 硬盘内部结构

移动硬盘的基本尺寸

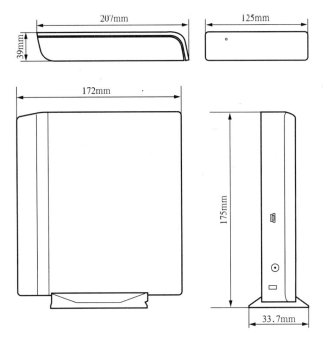

[3] 移动硬盘尺寸图

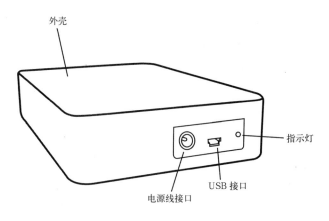

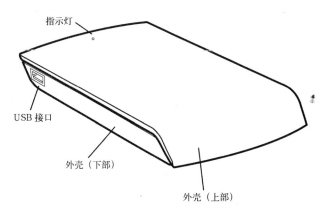

[1] 移动硬盘外部结构

移动硬盘设计要点

移动硬盘的设计同样也是以造型为主，同时需要在内部结构设计时注意减震，以保护磁盘。因为移动硬盘均需要通过USB数据线才能与电脑相连接，USB接口的位置也需要注意，因此需要考虑USB接口与移动硬盘本身在使用时所摆放的位置的关系尽可能地减少移动硬盘受到碰撞的可能。

移动存储器 [8]　移动硬盘的分类

移动硬盘的分类

目前市场上的移动硬盘，决定其外观的一个主要因素是容量，以 T 为单位。

大容量移动硬盘：当移动硬盘容量大于 1T（即 1000G）时，因采用的机芯为 3.5 英寸磁盘，而且该类硬盘所需供电量较大，因此通常都单独配有电源，外观通常较大，并配有底座使其安放在桌上时更稳。

常规容量硬盘：通常指 200～500G 左右的移动硬盘，采用 2.5 英寸磁盘机芯，体积小巧，在外观设计上有更多的选择和灵活性。常规容量的硬盘中，商家为了增加产品本身的时尚感，针对一部分常规容量的移动硬盘也采用了底座结构。以希捷的 FreeAgent Go 系列 Replica 系列为代表。

加密硬盘：增加了指纹识别器，增加了数据保护的安全系数。

主题移动硬盘：为了某些特殊节日、活动的纪念或者商业宣传而做的特殊外观或装饰的移动硬盘。代表机型为联想的 NBA 主题系列。

大容量移动硬盘

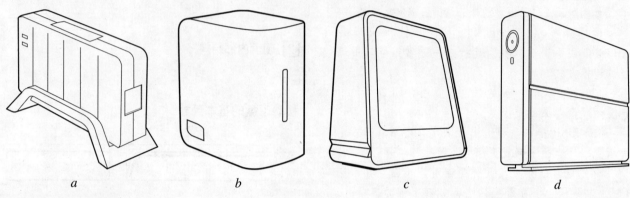

1　大容量移动硬盘

常规容量移动硬盘

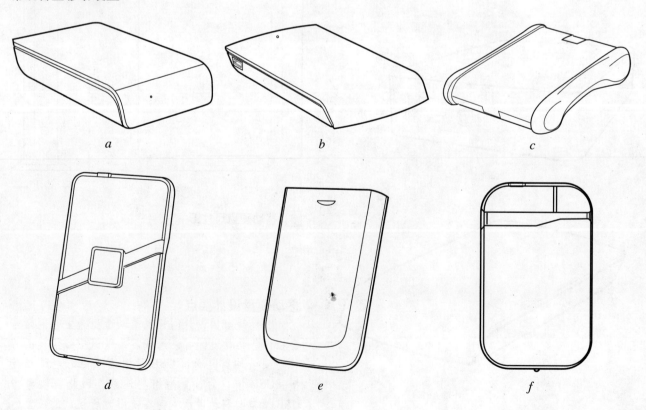

2　常规容量移动硬盘

移动硬盘的分类　[8] 移动存储器

a　　　b　　　c

d　　　e　　　f

g　　　h　　　i

[1] 常规容量移动硬盘

带底座的常规容量移动硬盘

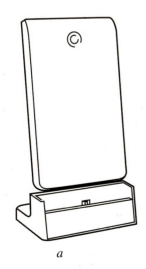
a

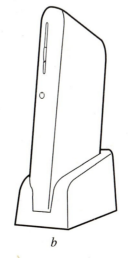
b

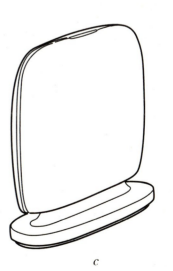
c

[2] 带底座的常规容量移动硬盘

移动存储器 [8]　　移动硬盘的分类·U盘概述·U盘设计要点·U盘结构分析

加密型移动硬盘

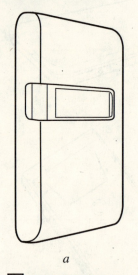
a

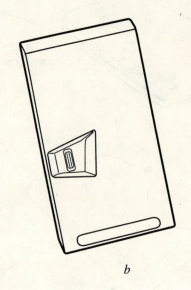
b

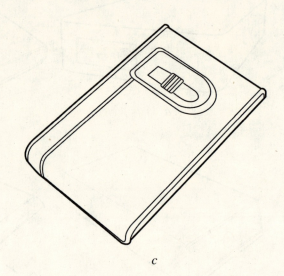
c

1　加密型移动硬盘

U盘概述

USB闪存盘，英文名为USB flash disk，又称优盘、U盘、记忆棒，是一个以快闪存储器（flash memory）作为存储技术，以USB为接口的无需物理驱动器的微型高容量移动存储产品，可以通过USB接口与电脑连接，实现即插即用。

U盘的发展时间相对较短，虽然与移动硬盘都属于便携式存储设备，但是在存储技术上却截然不同。与移动硬盘相比较U盘虽然容量较小，但便携性更好，对读写环境的要求也没有移动硬盘苛刻。U盘从最初单一的存储工具逐渐开发出了更多的附加功能，使得U盘已经成为某种流行现象。

U盘设计要点

U盘的设计主要以造型为主，U盘的开启方式是U盘设计的重要部分。每一种开启方式都有各自的优缺点，盖帽式U盘对USB接口保护最好，但是使用最麻烦，经常会造成帽丢失的尴尬情况；折叠式占用空间最小，携带方便，但是开启相对麻烦，对USB接口的保护较弱；伸缩式U盘开启方便，便于插拔，但是对于USB接口的保护不好并且易积灰。

与移动硬盘不同，U盘的插拔直接与手相作用而并非USB数据线，因此，U盘的造型设计需要注意便于手的握取，确保操作成功率。

U盘结构分析

U盘内部结构分析

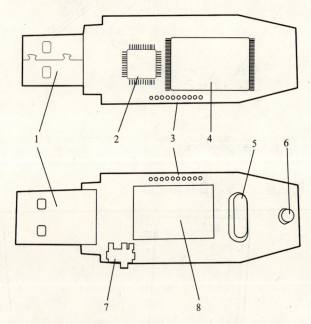

1—Type—A USB插头
2—USB大量储存设备控制器
3—测试接点
4—闪存芯片
5—石英振荡器
6—发光二极管（LED）
7—写入保护开关
8—预留给第二颗存储器芯片的空间

2　U盘的内部结构分析

U盘结构分析·U盘的分类　[8] 移动存储器

U盘外部结构分析

（1）外壳：材料通常为ABS或者不锈钢质材料，采用卡勾的连接方式。折叠式U盘在外壳会给轴留孔，伸缩式U盘则在外壳给滑块留有滑轨。

（2）USB接口：通过焊接固定在电路板上，外壳需要给USB接口留孔。

（3）U盘帽：材料为ABS或不锈钢。作用于USB接口的保护。

（4）轴：只见于折叠式U盘，材料与外壳相同。

（5）滑块：只见于伸缩式U盘，材料与外壳相同。

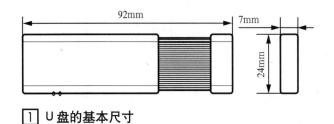

[1] U盘的基本尺寸

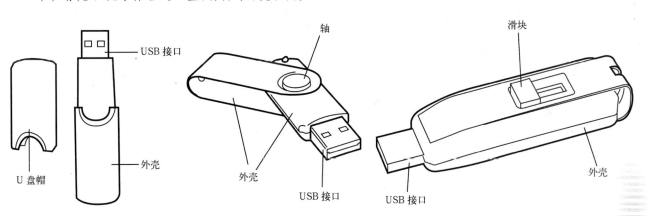

[2] U盘的外部结构分析

U盘的分类

从U盘的造型外观进行分类可分为：常规型、折叠型、伸缩型、迷你型和主题及特殊造型类。

常规型U盘

常规型优盘是U盘中最为常见的造型，基本型为长条形，通常会有一些简单的造型变化，如增加棱线的圆角或者流线型的轮廓。USB接口通常用一个帽覆盖住以达到保护接口的目的。

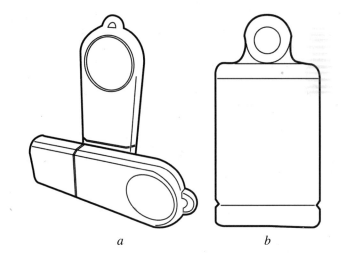

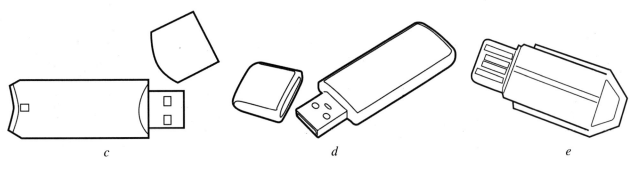

[3] 常规型U盘

移动存储器 [8]　U盘的分类

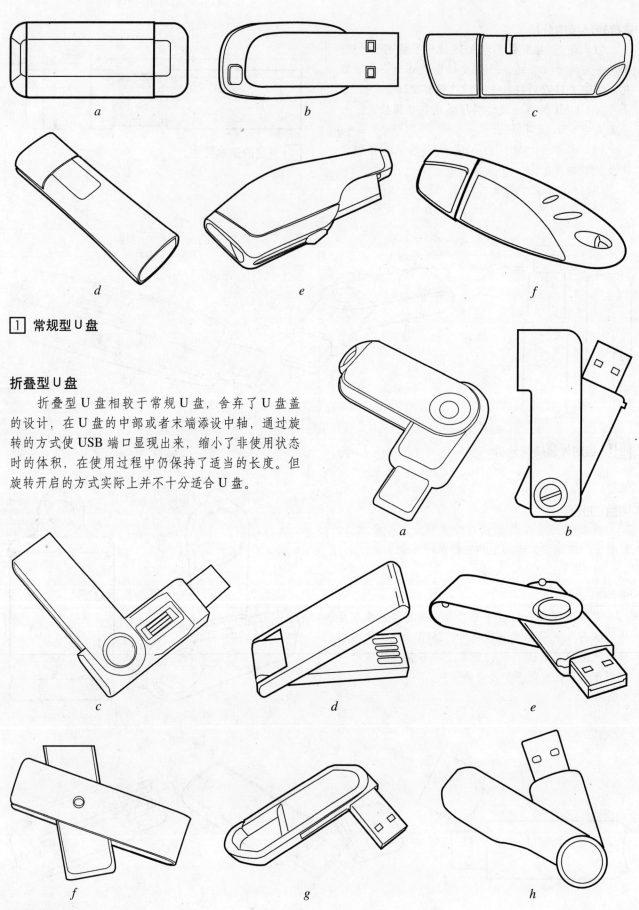

① 常规型U盘

折叠型U盘

折叠型U盘相较于常规U盘，舍弃了U盘盖的设计，在U盘的中部或者末端添设中轴，通过旋转的方式使USB端口显现出来，缩小了非使用状态时的体积，在使用过程中仍保持了适当的长度。但旋转开启的方式实际上并不十分适合U盘。

② 折叠型U盘

U盘的分类　[8] 移动存储器

伸缩型U盘

　　同样是舍弃了U盘盖的设计，平时将USB插口没于U盘内部，使用时将插口推出，开启方式简单方便，比折叠开启方式更适合U盘设计，缺点是USB进出口处易堆积灰尘。

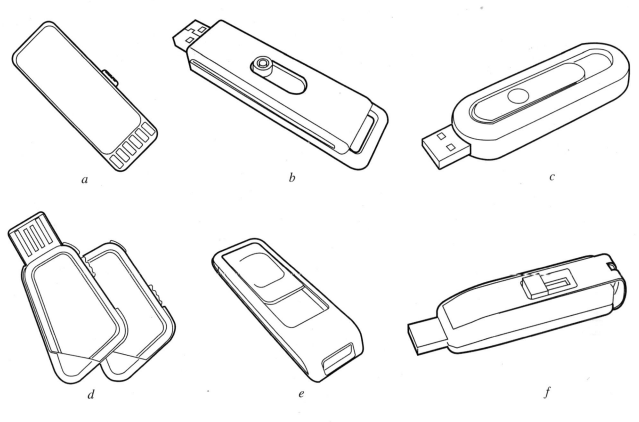

1 伸缩型U盘

迷你型U盘

　　体积约为常规U盘的一半大小，一部分迷你U盘舍弃了常规USB插口的外部金属保护减小厚度，还有一部分迷你U盘则是通过精简内部空间达到减小体积的目的。迷你U盘在使用人数上以女性居多，因为体积小巧，因此在一些狭小的空间插拔U盘时十分方便，但是在携带上比较容易丢失。

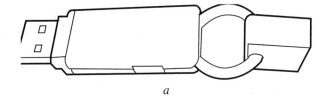

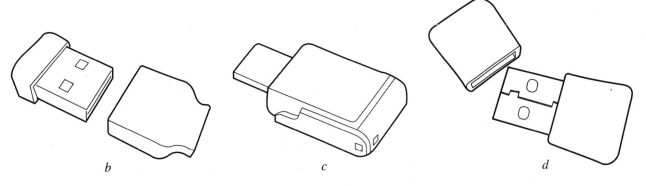

2 迷你型U盘

109

移动存储器 [8]　U盘的分类

加密型U盘

　　加密型U盘增加了指纹识别器,增加了数据保护的安全系数。

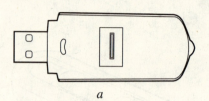

a

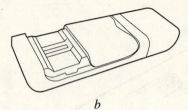

b

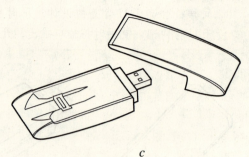

c

[1] 加密型U盘

主题及特殊造型类U盘

　　为了某些特殊节日、活动的纪念或者商业宣传而做的特殊外观或装饰的U盘。此类U盘往往通过特殊造型和外部装饰点缀突出某一主题。如爱国者的情人节主题U盘,迪士尼限量主题U盘等等。

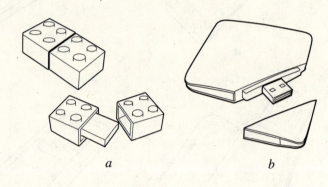

a　　　　　　*b*

c

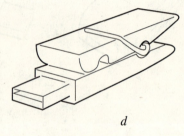

d

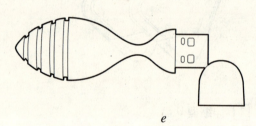

e

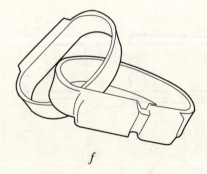

f

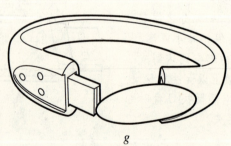

g

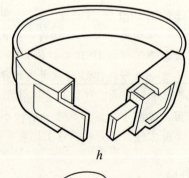

h

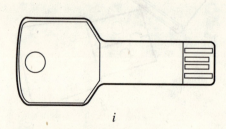

i

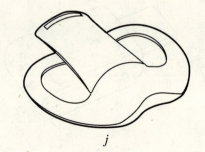

j

k

[2] 主题及特殊造型类U盘

打印机概述

打印机（Printer）是电子计算机的主要输出设备之一，是用于将计算机内储存的数据以文字或图形的方式转化到纸张或者透明胶片等相关介质上的仪器。

打印机的种类很多，按打印元件动作，分击打式打印机与非击打式打印机。按打印字符结构，分全形字打印机和点阵字符打印机。按一行字在纸上形成的方式，分串式打印机与行式打印机。按所采用的技术，分柱形、球形、喷墨式、热敏式、激光式、静电式、磁式、发光二极管式等打印机。

通常评价打印机的指标有三项：打印分辨率、打印速度和噪声。未来打印机正向轻、薄、短、小、低功耗、高速度和智能化方向发展。

纵观打印机技术的发展，从1968年推出的第一台针式打印机到1976年IBM研制的第一台喷墨打印机IBM-4740，之后又由施乐公司研制出世界第一台激光打印机并于1977年投放市场，直至现在最新技术的热升华打印机，已历经几十个年头。

尽管不同原理的打印机是在不同时间发明的，但在之后的日子里，各种类型的打印机都因为各自的特点，彼此和平共处欣欣向荣地发展着。

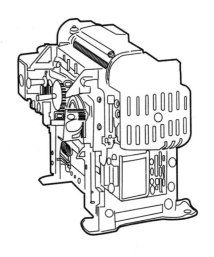
第一款商品化的针式打印机 EP-101

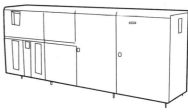
世界上第一台激光计算机打印机

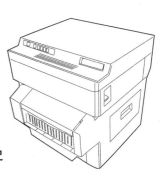
第一台双纸盒桌面激光打印机 HP LaserJet 500 plu

1 打印机的发展历史

打印机的发展历史

1968年9月，由日本精工株式会社推出第一款商品化的针式打印机EP-101。

1971年，"激光打印机之父"盖瑞斯塔克伟泽研制出了世界上第一台激光计算机打印机。

1976年，欧洲瑞典路德工业技术学院的教授Hertz和他的同僚所开发的连续式喷墨技术被IBM采用，称之为IBM4640，第一台喷墨打印机问世。

1977年，施乐公司的9700型激光打印机投放市场，紧随其后激光打印机不断的发展，各项新的技术也在消费者的期盼中不断问世。

1984年，惠普推出全球第一台桌面激光打印机。

1986年，推出世界上第一台双纸盒桌面激光打印机 HP LaserJet 500 plu。

1991年，HP公司推出世界上第一台局域网打印机——LaserJet Ⅲ Si。

第一台彩色喷墨打印机、大幅面打印机出现。

1993年，联想推出了中国第一台具有直接中文处理能力的激光打印机LJ3A。

1994年，微压电打印技术问世。

1996年，Lexmark利用EXCIMER氩（ARGON）/氟（FLUMRINE）激光切割技术推出全世界第一台1200×1200dpi超高分辨率彩色喷墨打印机Lexmark CJ7000。

1997年，HP LaserJet 6L亮相中国市场，宣告中国激光打印普及时代的到来。

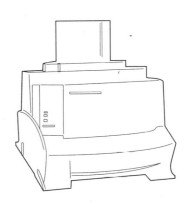

打印机 [9]   打印机的发展历史·打印机的分类

1998年，全球首款7色照片打印机Canon BJC-7100诞生。

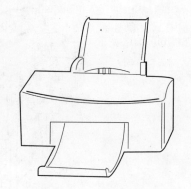

1998年，EPSON LQ-1600K推出迎来了针式打印机的辉煌时代。针式打印机开始在多种行业大行其道。

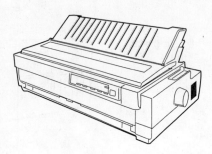

1999年，第一台不使用计算机可打A4照片的彩色喷墨打印机EpsonIP-100横空出世。

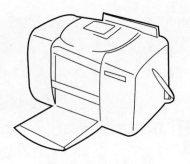

全世界第一台1200×1200dpi超高分辨率彩色喷墨打印机。

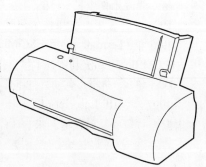

1998年，全球第一款同时具有1440dpi的最高分辨率和6色打印功能的彩色喷墨打印机EPSON Stylus Photo 700面世。

2000年，第一款支持自动双面打印的彩色喷墨打印机HP DJ970Cxi诞生。

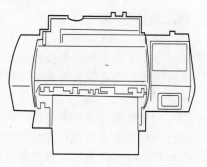

2003年，全球第一款应用八色墨水技术的数码照片打印机HP Photosmart 7960问世。

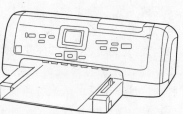

2005年，全球首款9色照片打印机HP Photosmart 8758诞生。

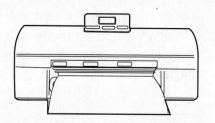

打印机的分类

按原理分类

按照打印机的工作原理，将打印机分为击打式和非击打式两大类。

串式点阵字符非击打式打印机，主要有喷墨式和热敏式打印机两种。（1）喷墨式打印机。应用最广泛的打印机。其基本原理是带电的喷墨雾点经过电极偏转后，直接在纸上形成所需字形。其优点是组成字符和图像的印点比针式点阵打印机小得多，因而字符点的分辨率高，印字质量高且清晰。可灵活方便地改变字符尺寸和字体。印刷采用普通纸，还可利用这种打字机直接在某些产品上印字。字符和图形形成过程中无机械磨损，印字能耗小。打印速度可达500字符/秒。广泛应用的有电荷控制型（高压型）和随机喷墨型（负压型）喷墨技术，近年来又出现了干式喷墨印刷技术。（2）热敏式打印机。流过印字头点电阻的脉冲电流产生的热传到热敏纸上，使其受热变色，从而印出字符和图像。主要特点是无噪声，结构轻而小，印字清晰。缺点是速度慢，字迹保存性差。

行式点阵字符非击打式打印机，主要有激光、静电、磁式和发光二极管式打印机。（1）激光打印机。激光源发出的激光束经由字符点阵信息控制的声光偏转器调制后，进入光学系统，通过多面棱镜对旋转的感光鼓进行横向扫描，于是在感光鼓的光导薄膜层上形成字符或图像的静电潜像，再经过显影、转印和定影，便在纸上得到所需的字符或图像。主要优点是打印速度快，可达20000行/分以上。印字的质量高，噪声小，可采用普通纸，可印刷字符、图形和图像。由于高速度打印，宏观上看，就像每次打印一页，故又称页式打印机。(2) 静电打印机。将脉冲电压直接加在具有一层电介质材料的特殊纸上，以便在电介质上获得静电潜像，经显影、加热定影形成字符和图像。它的特点是印刷质量高，字迹不退色，可长期保存，生成潜像的功耗小，无噪声，简单可靠。但需使用特殊纸，且成本高。(3) 磁式打印机。它是电子复印技术的应用和发展。采用磁敏介质形成字符潜像，不需要高功率激光源，其优点是对湿度和温度变化不敏感。印刷速度可达8000行/分。结构简单，成本低。(4) 发光二极管式打印机。除采用发光二极管作光源外，其工作原理与激光打印机类似。由于采用发光二极管，降低了成本，减小了功耗。

按照工作方式分类

分为点阵打印机，针式打印机，喷墨式打印机，激光打印机等。

按照工作方式分类

分为台式打印机、便携式打印机、大幅面打印机。

打印机设计要点

(1) 操作界面符合人机工程学，直观、易用，方便使用者操作。

(2) 外形简洁美观，给使用者舒服的感受。

(3) 作为电脑外设，造型元素应与电脑外观和谐。

(4) 外壳设计应考虑防尘，防噪声。

(5) 走纸通道畅通，避免卡纸，出现卡纸后也应容易排除。

(6) 纸盒要有明显的指示标记，表示盒中装纸的多少。

(7) 打印过程中应该有指示灯提示进度，最好辅以声音提示。

(8) 打印机应易于安装，尤其是便携式打印机应考虑体积、空间等因素，避免使用时不便。

(9) 打印机的设计应充分考虑使用者的安全性，防止人在使用过程中因为结构和外形的不合理而受伤。

(10) 打印机的外观设计要与内部结构相对应，方便维修、更换零件。

(11) 打印机的构造主要是由机架和外壳两部分组成，并配以接送纸的辅助机构。外壳通常采用整体注塑成型，以全封闭形式，起防尘和降低噪声的作用。

打印机的工作原理和结构分析

针式打印机

针式打印机由控制面板、控制电路、驱动电路和打印机械装置等组成，通过打印针对色带介质的击打的方式在纸上呈现出所需要的图形或文字。其特点是：结构简单、技术成熟、性价比好、耗材费用低，同时还具有其他类型打印机不可取代的功能。主要用于银行存折打印、财务发票打印、记录科学数据连续打印、条形码打印、快速跳行打印和多份拷贝制作等专用化、专业化方向应用领域。针式打印机不足：噪声较高、分辨率较低、打印针易损坏。

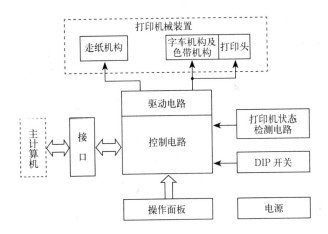

1 针式打印机结构原理

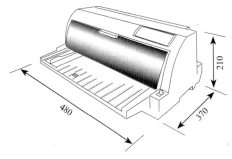

2 针式打印机尺寸

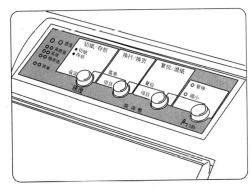

3 针式打印机人机界面

打印机 [9]　打印机的工作原理和结构分析

喷墨打印机

1. 连续喷墨打印机

连续喷墨技术以电荷调制型为代表。这种技术的喷墨打印机利用电压驱动装置对喷头中的墨水加以固定压力，使其连续喷射。为进行记录，利用振荡器的振动信号激励射流生成墨水滴，并对墨水滴大小和间距进行控制，由字符发生器、模拟控制器而来的打字信息对控制电荷进行控制，形成带电荷和不带电荷的墨水滴，再由偏转电极改变墨水滴的飞行方向，使需要打字的墨水滴"飞"到纸上，形成字符和图形，另一部分墨水滴由导管收回。

代表品牌：爱普生

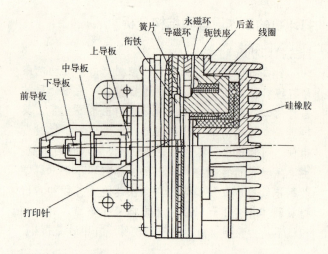

1 打印头剖面结构

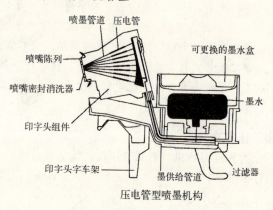

压电管型喷墨机构

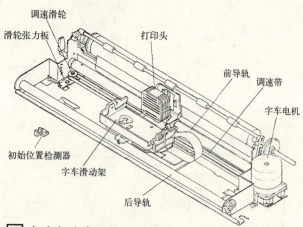

2 打印机字车机构

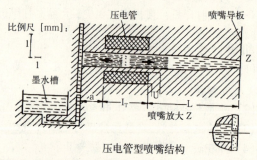

压电管型喷嘴结构

5 压电喷墨技术原理

2. 随机式喷墨打印原理

让墨水通过细喷嘴，在强电场的作用下，将喷头管道中的一部分墨汁气化，形成一个气泡，并将喷嘴处的墨水顶出喷到输出介质表面，形成图案或字符。有时又被称为气泡打印机。

代表品牌：佳能（Canon）和惠普（HP）

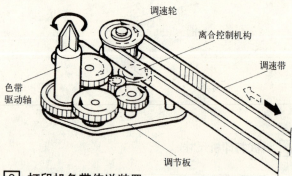

3 打印机色带传送装置

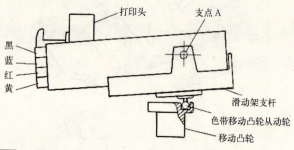

4 打印机色带转换装置

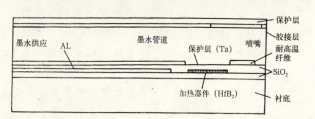

6 随机式喷墨打印头原理

打印机的工作原理和结构分析　[9] 打印机

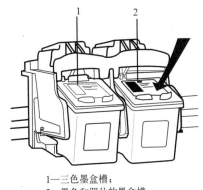

1—三色墨盒槽；
2—黑色和照片的墨盒槽

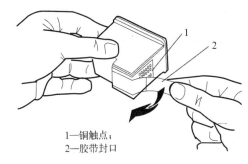

1—铜触点；
2—胶带封口

[2] 喷墨打印机墨盒典型结构

激光打印机

激光打印机是将激光扫描技术和电子显像技术相结合的非击打输出设备。

基本原理

激光打印机是由激光器、声光调制器、高频驱动、扫描器、同步器及光偏转器等组成，其作用是把接口电路送来的二进制点阵信息调制在激光束上，之后扫描到感光体上。感光体与照相机构组成电子照相转印系统，把射到感光鼓上的图文映像转印到打印纸上。

由激光器发射出的激光束，经反射镜射入声光偏转调制器，与此同时，由计算机送来的二进制图文点阵信息，形成所需字形的二进制脉冲信息，由同步器产生的信号控制9个高频振荡器，再经频率合成器及功率放大器加至声光调制器上，对由反射镜射入的激光束进行调制。调制后的光束射入多面转镜，再经广角聚焦镜把光束聚焦后射至光导鼓（硒鼓）表面上，完成整个扫描过程。

硒鼓表面先由充电极充电，使其获得一定电位，之后经载有图文映像信息的激光束的曝光，便在硒鼓的表面形成静电潜像，经过磁刷显影器显影，潜像即转变成可见的墨粉像，在经过转印区时，在转印电极的电场作用下，墨粉便转印到普通纸上，最后经预热板及高温热辊定影，即在纸上熔凝出文字及图像。

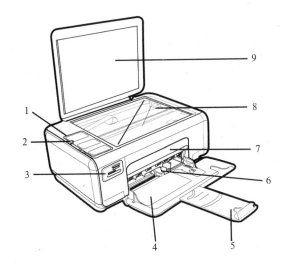

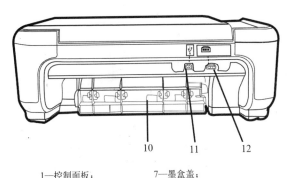

1—控制面板；　　7—墨盒盖；
2—开／关机按钮；　8—玻璃板；
3—存储卡插槽；　　9—盖子衬板；
4—进纸盒；　　　　10—后盖；
5—纸盒延长板；　　11—背面的 USB 端口；
6—纸宽导纸板；　　12—电源接口

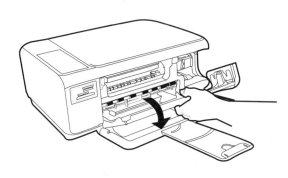

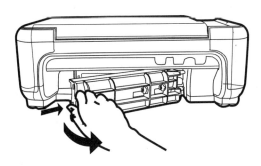

[1] 喷墨打印机典型结构

打印机 [9]　打印机的工作原理和结构分析

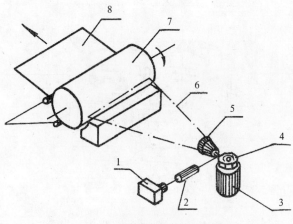

激光扫描原理图

1—半导体激光器；2—准直透镜；3—稳速电机；4—多面棱镜；5—F-Q透镜；6—激光束；7—感光鼓；8—打印纸

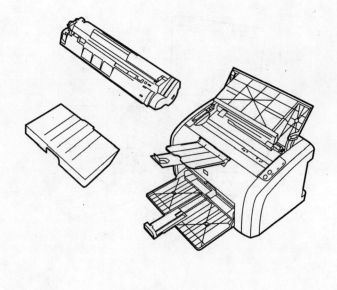

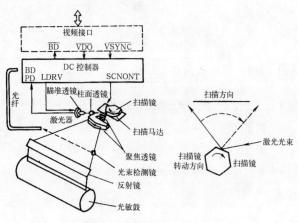

激光打印机激光扫描系统结构图

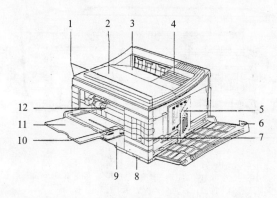

打印机的前面和右面

1—顶盖开启按钮；2—顶盖；3—输出仓；4—控制面板和显示板；5—SIMM槽通道门；6—右端出入盖（打开）；7—字库卡槽；8—电源开关 ON/OFF；9—250页纸盒；10—多用途纸盘（MP盘）纸张宽度游标；11—MP盘及拓展部分；12—纸张出入盖位置（盖已去掉）

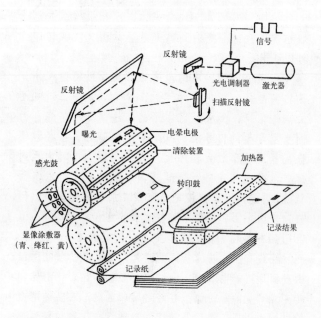

① 激光打印机原理

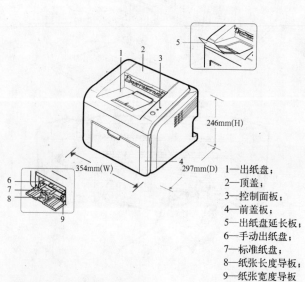

1—出纸盘；
2—顶盖；
3—控制面板；
4—前面板；
5—出纸盘延长板；
6—手动出纸盘；
7—标准纸盘；
8—纸张长度导板；
9—纸张宽度导板

② 激光打印机典型机构

打印机的工作原理和结构分析　[9] 打印机

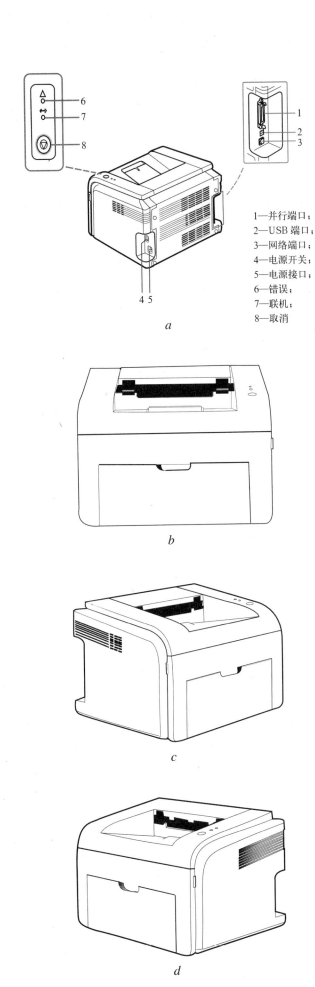

1—并行端口；
2—USB 端口；
3—网络端口；
4—电源开关；
5—电源接口；
6—错误；
7—联机；
8—取消

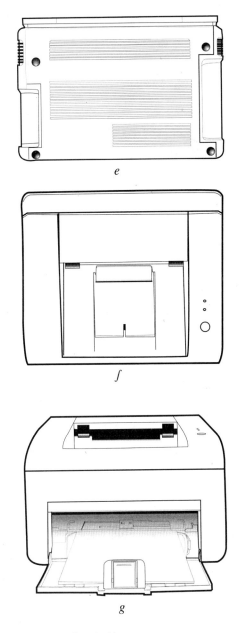

1 激光打印机典型机构

大型打印机

　　大幅面打印机一般情况下是指打印幅面大于 A3 纸宽度的打印机产品。此类产品主要应用于某些特殊、专业领域，如婚纱影楼、广告设计、AutoCAD、GIS、机械设计等。

　　根据打印原理不同，大幅面打印机可以分为喷墨型产品、喷蜡型产品、激光型产品。从打印原理上来说，大幅面打印机和普通的 A4、A3 幅面的办公型打印机并没有什么太大的差别。关键的差别就在于打印的幅面更大。

打印机 [9]　打印机的工作原理和结构分析

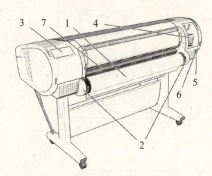

1—墨盒；
2—墨盒槽；
3—蓝色手柄；
4—窗口；
5—前面板；
6—打印头托架；
7—打印头；
8—出纸盒；
9—纸张对准线；
10—纸框

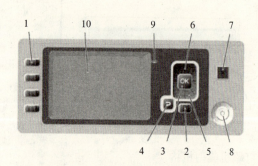

1—卷轴；
2—卷轴支架；
3—快速参考指南支架；
4—通信电缆和可选附件插槽；
5—硬电源开关；
6—电源线插孔；
7—送纸器

1 大型打印机结构

便携式打印机

便携式打印机一般用于与笔记本电脑、相机配套，具有体积小、重量轻、可用电池驱动、便于携带等特点。便携式打印机，从幅面上可以分为 A4 和 A6 两种，从技术原理上可以分为喷墨便携打印和热升华便携打印机两种。便携打印机都拥有体积小巧、携带方便、打印效果好等优点。

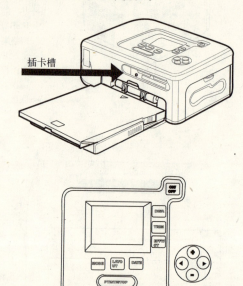

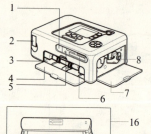

1—快捷访问键：
- 第一个键　查看墨水量
- 第二个键　查看纸张信息
- 第三个键　取出纸张
- 第四个键　进纸并剪切

2　菜单键 - 按此键可返回前面板显示屏的主菜单。如果已经位于主菜单，则将显示状态屏幕。

3　确定键 - 确认过程或交互中的操作。进入菜单中的子菜单。给出选项时选择选项值。

4　返回键 - 返回过程或交互中的上一步骤。转到上一级别或在给出选项时保留菜单中的选项。

5　向下键 - 在菜单或选项中向下移动，或减小值，例如在配置前面板显示屏对比度或 IP 地址时。

6　向上键 - 在菜单或选项中向上移动，或增大值，例如在配置前面板显示屏对比度或 IP 地址时。

7　取消键 - 中止过程或交互。

8　电源键 - 关闭或打开打印机，该键带有一个指示灯，可指示打印机的状态。如果电源键指示灯熄灭，则表示设备已关闭。如果电源键指示灯呈绿色闪烁，则表示设备正在启动。如果电源键指示灯呈绿色亮起，则表示设备已打开。如果电源键指示灯呈黄色亮起，则表示设备处于待机状态。如果电源键指示灯呈黄色闪烁，则表示设备有问题，需要注意。

9　LED 指示灯 - 指示打印机的状态。如果 LED 指示灯呈绿色亮起，则表示设备已就绪。如果 LED 指示灯呈绿色闪烁，则表示设备正忙。如果 LED 指示灯呈黄色亮起，表示存在系统错误。如果 LED 指示灯呈黄色闪烁，表示打印机有问题，需要注意。

10　前面板显示屏 - 显示错误、警告以及与使用打印机有关的信息。

2 大型打印机人机界面

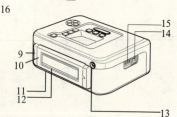

1—IrDA 传感器；2—供相机可伸缩式 USB 连接线；3—纸匣槽；4—纸匣槽盖；5—存取指示灯；6—插卡槽；7—墨盒舱盖；8—墨盒舱；9—电池盖推开柄；10—电池盖；11—出纸槽；12—散热孔；13—相机用 USB 连接口；14—计算机用 USB 连接口；15—直流电输入端子；16—墨盒

3 便携式打印机结构及人机界面

多功能一体机

多功能一体机就是将两种以上的办公输入/输出功能集成在一起，可直接地与计算机或网络相连，从而实现高品质、高效率办公的新型办公设备。与单一功能办公设备相比，多功能一体机具有许多明显的优势：第一是省钱，价格仅有多种设备的三分之一，这使得许多中小企业有能力选购。第二是省

[9] 打印机

打印机的工作原理和结构分析·打印机造型

空间，仅仅占有单一设备的空间，大大节省了办公空间的费用。第三是效率高，人们不用来回奔波就可以在很小的范围内完成各种办公。第四是易应用，操作简单。第五是易维修。据CCID数据统计，中国单一功能的桌面打印设备，将有三分之一被多功能一体机产品替代，而这种趋势还在不断的加强。目前正以每年超过100%的速度在增长。

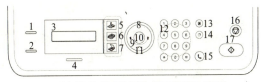

编号	名称	说明
1	ID复印	可持身份证件（如驾驶执照）的两面复印到一张纸上。
2	直接USB	用于将USB内存设备插入机器前面的USB存储器端口后，直接打印存储在其上的文件（仅限SCX-4x28 Series）
	缩小/放大	复印时缩放原件（仅限SCX-4x24 Series）
3	显示屏	在操作过程中显示当前状态和提示信息。
4	状态	显示机器的状态。
5	传真	激活传真模式。
6	复印	激活复印模式。
7	扫描/发送电子邮件	激活扫描模式。
8	菜单	进入菜单模式，在可选菜单间滚动。
9	左/右箭头	在选定菜单的可用选项间滚动，并增大或减小值。
10	OK	确认屏幕上的选择。
11	返回	返回上一级菜单。
12	数字键盘	拨号或输入字母数字字符。
13	地址簿	用于将常用的传真号码存储在内存中，或者是搜索已存的传真号码或电子邮件地址。
14	重拨/暂停	在就绪模式下，重拨上次拨打的号码，或在编辑模式下，在传真号码间插入暂停。
15	免提拨号	占用电话线路。
16	停止/消除	随时停止操作。在就绪模式中，清除/取消复印选项，如暗度、文档类型设置、复印尺寸及份数。
17	开始	开始作业。

- 根据机器的选项或型号，本用永指南中的所有图可能与您的机器不同。
- 如果一次打印份数较多，出纸盘表面可能会变得很烫。请勿触摸表面，且不要让儿童靠近。

② 多功能打印机

打印机造型

针式打印机

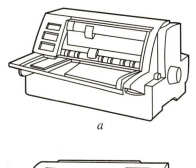

a

b

c

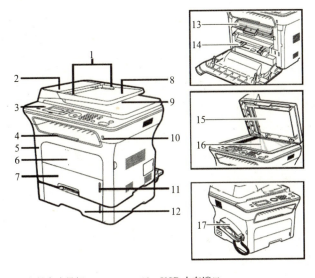

1—文档宽度导板；
2—ADF顶盖；
3—控制面板；
4—输出支架；
5—前盖；
6—手动纸盘；
7—纸盘1；
8—文档进纸盘；
9—文档出纸盘；
10—USB内存端口；
11—纸量指示器；
12—选装纸盘2；
13—墨粉盒；
14—手动纸盘纸张宽度导轨；
15—扫描仪盖；
16—扫描仪玻璃板；
17—话筒

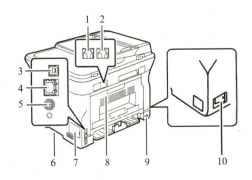

1—电话线插槽；2—电话分机插槽（EXT）；3—USB端口；4—网络端口；5—15针可选纸盘连接；6—手柄；7—控制板盖；8—后盖；9—电源插口；10—电源开关

① 多功能打印机

③ 针式打印机

打印机 [9] 打印机造型

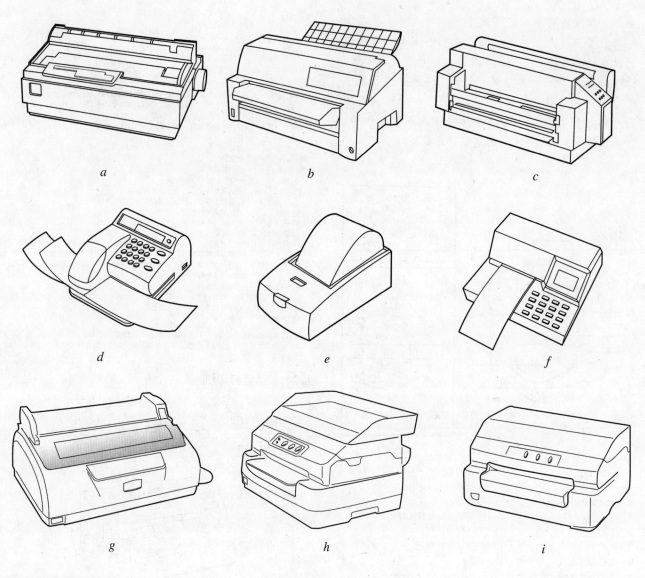

1 针式打印机

喷墨打印机

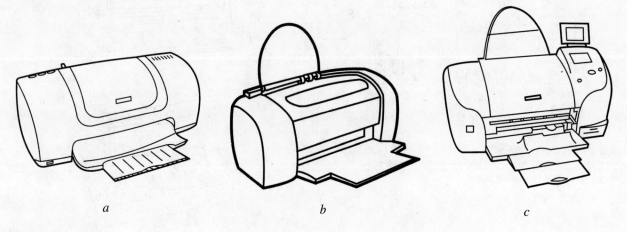

2 喷墨打印机

打印机造型　[9] 打印机

1 喷墨打印机

打印机 [9] 打印机造型

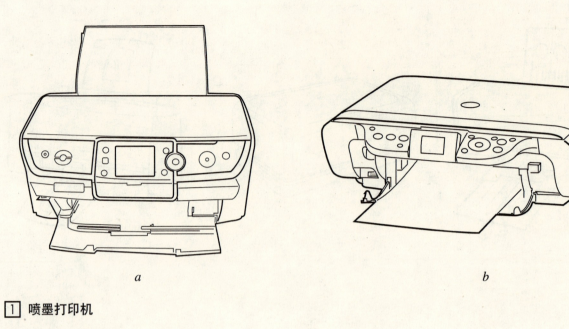

① 喷墨打印机

激光打印机

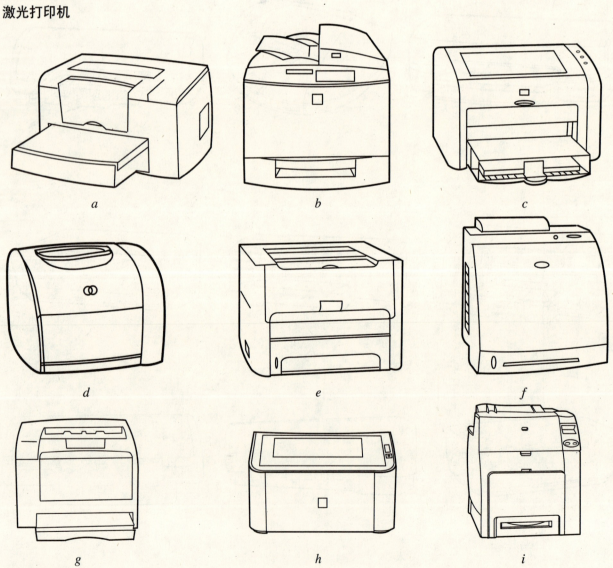

② 激光打印机

打印机造型 [9] 打印机

1 激光打印机

打印机 [9] 打印机造型

大幅面打印机

a　　b　　c　　d　　e　　f

1 大幅面打印机

打印机造型　[9] 打印机

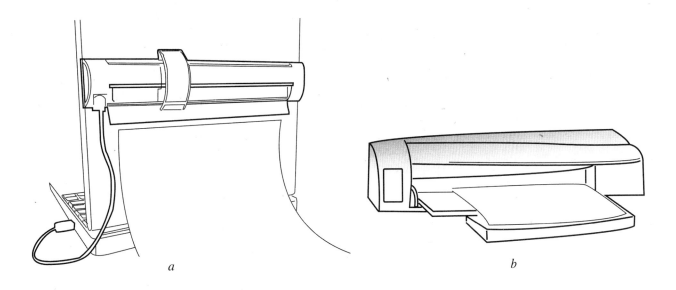

① 大幅面打印机

便携式打印机

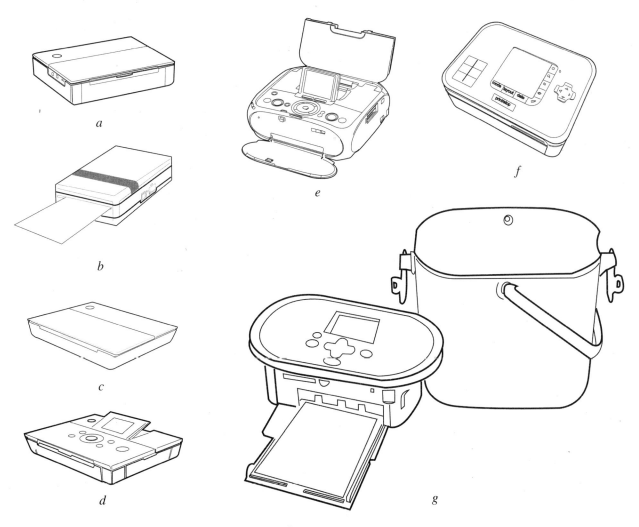

② 便携式打印机

打印机 [9]　打印机造型

多功能一体机

1 多功能一体机

照相机概述

照相机（Camera）是用于摄影的光学器械。

传统照相机一般由机身、暗箱、镜头、快门、感光片装置，以及测距器、取景器、测光系统等部分组合而成。其基本结构为一个不透光的暗箱，一端装镜头，一端装感光片，景物的光线通过镜头，在感光片上结成影像。

近年来随着数字技术的发展，数码照相机已经成为较为普及的机型。与传统照相机不同，数码照相机的成像是通过数字技术完成的。

数码相机，又名数字式相机，英文全称：Digital Still Camera（DSC），简称：Digital Camera（DC）。是一种利用电子传感器把光学影像转换成电子数据的照相机。与普通照相机在胶卷上靠溴化银的化学变化来记录图像的原理不同，数字相机的传感器是一种光感应式的电荷耦合（CCD）或互补金属氧化物半导体（CMOS）。在图像传输到计算机以前，通常会先储存在数码存储设备中。

照相机的发展历史

纵观照相机近两百年的发展历史可分为四个阶段

照相机的分类

照相机根据其成像介质的不同可以分为底片相机（胶片相机）与数码照相机两种类型。底片相机主要是指通过镜头成像并应用底片记录影像的设备；而数码照相机则是应用半导体电荷耦合元件（CCD）或互补式金氧半晶体管（CMOS）来传感光线，再以数位储存装置记录影像的摄影设备。

按使用胶卷的规格相机分类：

（1）35mm 相机；

（2）中幅相机；

（3）大幅相机；

（4）使用特种胶卷的宝丽来相机。

按取景方式分类：

（1）直视取景相机（袖珍相机即傻瓜相机、高级平视取景相机）；

（2）单反相机 SLR（自动对焦相机、手动对焦相机）

数码相机根据用途分类：

（1）卡片相机；

（2）单反相机（DSLR）；

（3）长焦相机。

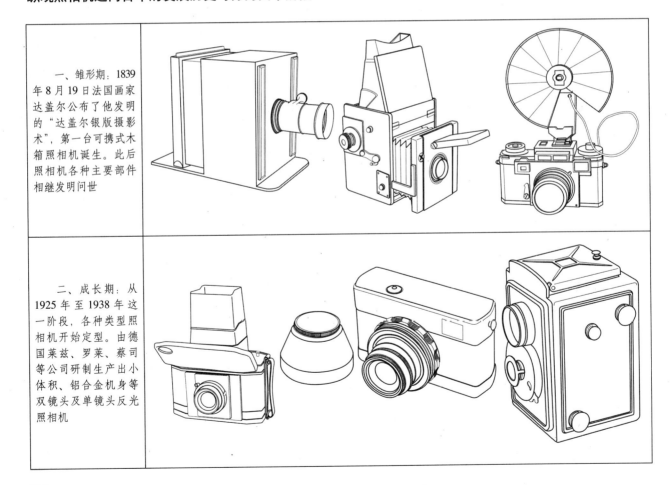

一、雏形期：1839年8月19日法国画家达盖尔公布了他发明的"达盖尔银版摄影术"，第一台可携式木箱照相机诞生。此后照相机各种主要部件相继发明问世

二、成长期：从1925年至1938年这一阶段，各种类型照相机开始定型。由德国莱兹、罗莱、蔡司等公司研制生产出小体积、铝合金机身等双镜头及单镜头反光照相机

1 照相机的发展历史

照相机 [10] 照相机的发展历史·照相机的成像原理·照相机的结构

三、完善期：从1939年到20世纪60年代为照相机发展的第三个阶段。照相机出现了计数器自动复零、反光镜自动复位、半自动和全自动收缩光圈等结构

四、成熟期：自动化、小型化、轻便化达到了前所未有的高度。伴随着高科技的发展，高品质的新型相机不断问世。同时，随着信息技术时代的来临，数码相机成为新宠

1 照相机的发展历史

照相机的成像原理

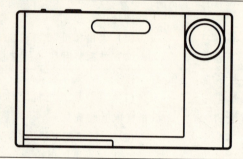 

注：被摄影物发出的光线，被照相机镜头汇聚，由摄影者调整镜头，在胶片平面处产生清晰的影像，当按下快门使胶片曝光时，就会把这个影像记录下来，通过冲洗就可以印制成照片。

2 照相机的成像原理

照相机的结构

照相机结构示意

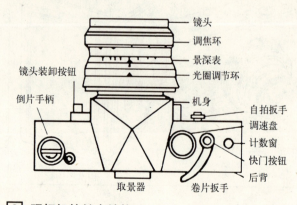

光圈：通过光孔大小的改变，控制进入镜头的光线，达到感光胶片的正确曝光。

取景器：拍照时用以观察景物，确定拍摄范围，便于构图。

输片机构：移去感光胶片，移进未感光胶片，准备下一次拍摄。

调焦装置：用以调节镜头前后位置，保证远近不同景物都能在感光胶片上清晰成像。

计数器：统计已拍摄胶片的张数。

自拍摄装置：用于自我拍摄或摄影者也加入的合影，还可用自拍启动快门以避免相机晃动。

连闪装置：连接的闪光灯正好在相机快门开启的瞬间闪光。

感光度调节钮：调整感光胶片的感光度。

3 照相机的基本结构

照相机的结构 [10] 照相机

照相机常见机械结构

　　倒片装置：用以将拍摄完的胶片倒回原暗盒中。

　　倒片钮：倒片及固定暗盒，开启机身后盖等。

　　除此之外，照相机上还设有其他装置，如镜头锁钮、快门锁钮、调焦锁钮、B门锁钮等。

a 反复运动快门机构

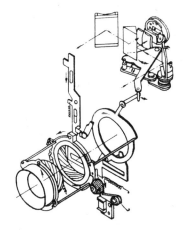

b 自动调焦机构

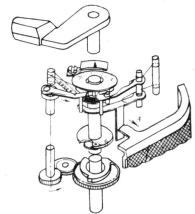

c 自动复位计数机构

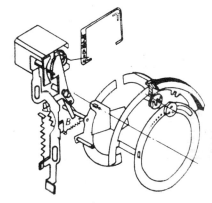

d 自动光圈机构

[1] 常见机械结构

照相机的爆炸图

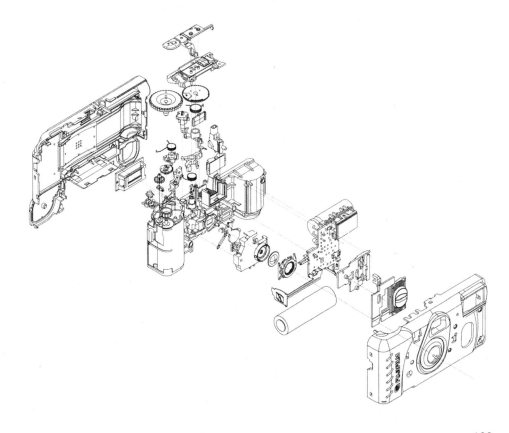

[2] 照相机的爆炸图

129

照相机 [10] 照相机的结构·传统胶片相机和数码相机的性能比较·传统相机

照相机的剖视图

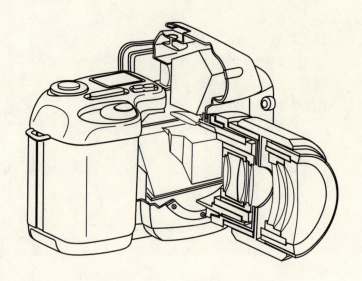

① 照相机的剖视图

传统胶片相机和数码相机的性能比较

	传统胶片相机	数码相机
光学原理	将被摄物体发射或反射的光线通过镜头在焦平面上形成物像	
具体成像时使用的介质	使用分布于胶片上基于碘化银的化学介质	采用CCD作为记录图像的光敏介质
处理信号	处理光学模拟信号	处理电子数字信号
信息存储	胶片	用数字的形式（电子文件）记录在存储卡上

传统相机

35mm 相机

特点：使用135胶卷，画幅大小为24mm×36mm，为目前使用最多的一类相机。有轻便、方便、快速、功能先进，支持庞大的定、变焦镜头系统，种类多样等特点。为新闻、旅行、风光、人像等选用。

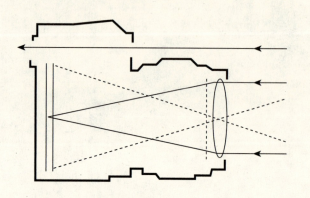

② 直视取景相机光学原理示意图

直视取景相机

特点：有视差，所用镜头的焦距范围有所限制，快门声音轻，振动小。

袖珍相机（傻瓜相机）

特点：光圈、快门不可调，镜头不可换，为全自动曝光，自动对焦，有拍摄模式可供选择。可分变焦袖珍相机和定焦袖珍相机。适合于一般家庭，旅游使用等。

高级平视取景相机

特点：为35mm相机的最早的机型。以莱卡的M系列为代表。光圈、快门可调，可换镜头，为手动或自动曝光，手动或自动对焦，有拍摄模式可供选择。可分手动对焦和自动对焦两种。

传统相机　[10] 照相机

[1] 传统胶片相机 35mm 相机

单镜头反光相机（SLR）

单镜头反光照相机是用一个镜头直接观察和聚焦影像，消除了取景视差。简单的单反相机为全手动的操作，安装胶卷、回卷、聚焦、调节光圈和设置曝光量等操作都必须由手动调节，较高档的则可通过相机内置芯片自动控制测光模式与光圈、快门曝光模式、闪光模式等，同时还具有手动功能。

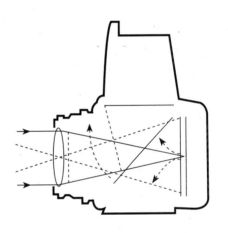

[2] 单反相机光学原理示意图

双镜头相机一般都不可更换镜头或改变镜头焦距。双镜头相机的上方取景镜后有一改变光距方向的45°角反光镜，致使取景屏中影像与实际影像呈左右反向，但聚焦的清晰度比较好。

双反相机的特点：

与单反相机（SLR）相比而言，TLR多出一个镜头用于取景，反光镜是固定的，因而相片曝光期间不影响取景（单反相机则因反光镜抬起而遮住取景屏，曝光期间看不见影像）。在毛玻璃上的成像与胶片成像大小完全一致。但是，TLR系统的构造也决定使其存在以下问题：

（1）由于取景镜头与摄影镜头是分离的，与旁轴式取景相机一样，TLR存在视差问题。在拍摄近距离物体时这个问题带来的弊端会更加明显。因此有些现代TLR相机的取景系统中内置了视差自动补偿装置。

（2）同光学取景器或测距器相比，毛玻璃上的影像不是很明亮。

（3）必须以腰平的方式向下观看前面的物体会令操作很不方便。现代TLR照相机增加了一个称作波罗（Porro）取景器的眼平取景附件，可以克服这个缺点。

（4）双镜头系统就其固有特性来说，体积较大，而且更换镜头时，需要两个镜头同时更换，这对于当今的大孔径镜头来说，的确是个问题。

（5）镜头的互换性有限。如果更换摄影镜头，必须也更换取景镜头。当今的TLR照相机通常提供可互换的双镜头装置。

单反相对双反的优势，在于其具有取景和成像视差小、体积小、可更换镜头与胶卷方便等优点。双镜头反光相机后来被单镜头反光相机所代替。

照相机 [10] 传统相机

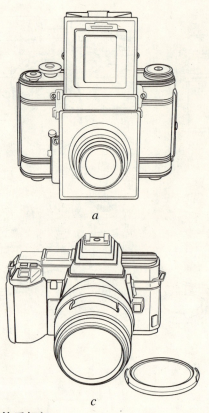
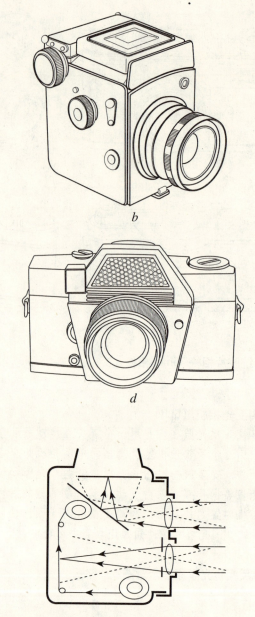

1 传统单反相机

双反相机（双镜头反光相机 TLR, Twin-Lens Reflex）

　　双镜头反光照相机具有两个镜头，上面的镜头用于取景和聚焦，下面的镜头用于拍摄。两个镜头装在同一个基板上，调焦时移动镜头板基座，两个镜头同时改变摄距。上镜头没有光圈，所以取景屏很明亮，下镜头内装有中心快门和光圈。

2 双反相机光学原理示意图

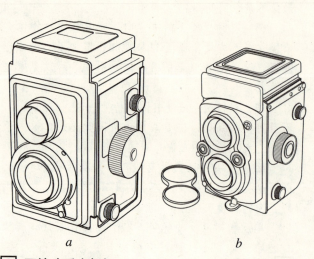

3 双镜头反光相机

大幅相机

最早的相机都是用机背取景和调焦的。该类型相机结构一般都很简单，很多连接部位都可以进行移位或倾斜，可对影像的透视、外形的比例、景深范围等进行精确的调整，以满足对影像的特殊要求。该种机型体积和重量较大，操作极不方便，取景、对焦、测光等费时费力，一般适用于摆拍和拍摄静止的物体。

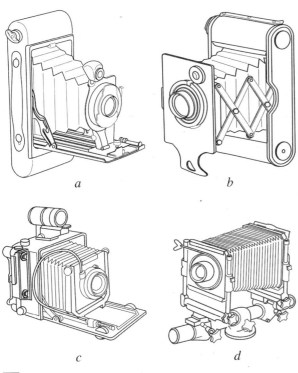

1 大幅相机

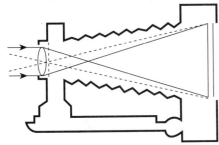

2 大幅相机光学原理示意图

数码相机

数码相机概述

数码相机，是数码照相机的简称；又名：数字式相机；英文全称：Digital Still Camera（DSC），简称：Digital Camera（DC）。它是一种利用电子传感器把光学影像转换成电子数据的照相机。与普通照相机在胶卷上靠溴化银的化学变化来记录图像的原理不同，数字相机的传感器是一种光感应式的电荷耦合（CCD）或互补金属氧化物半导体（CMOS）。在图像传输到计算机以前，通常会先储存在数码存储设备中（通常是使用闪存，软磁盘与可重复擦写光盘（CD-RW）已很少用于数字相机设备）。

数码相机是集光学、机械、电子一体化的产品。它集成了影像信息的转换、存储和传输等部件，具有数字化存取模式、与电脑交互处理和实时拍摄等特点。光线通过镜头或者镜头组进入相机，通过成像元件转化为数字信号，数字信号通过影像运算芯片储存在存储设备中。数码相机的成像元件是CCD或者CMOS，该成像元件的特点是光线通过时，能根据光线的不同转化为电子信号。数码相机最早出现在美国，20多年前，美国曾利用它通过卫星向地面传送照片，后来数码摄影转为民用并不断拓展应用范围。

数码相机的优点：(1) 拍照之后可以立即看到图像，从而能对不满意的作品重新拍摄，减少遗憾的发生。(2) 只需为那些想洗印的照片付费，而其他不需要的图像可以删除。(3) 色彩还原和色彩范围不再依赖胶卷的质量。(4) 感光度也不再因胶卷而固定。相机的光电转换芯片能提供多种感光度选择。

数码相机的缺点：(1) 由于通过成像元件和影像处理芯片的转换，成像质量相比光学相机缺乏层次感。(2) 由于各个厂家的影像处理芯片技术不同，成像照片表现的颜色与实际物体有所不同。(3) 由于中国缺乏核心技术，后期使用维修成本较高。

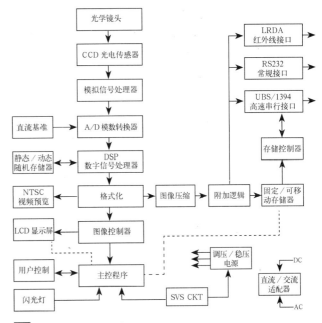

3 数码相机的工作原理

照相机 [10] 数码相机

数码相机的三视图

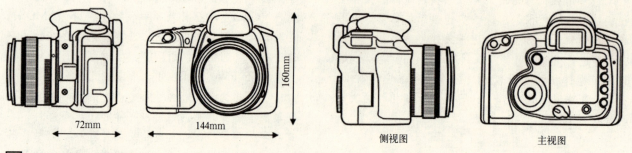

1 数码相机的三视图

数码相机的系统结构

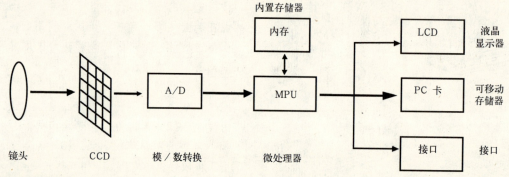

2 数码相机系统示意图

数码相机的工作过程

数码照相机基本结构由镜头、CCD（成像芯片）、A/D（模／数转换器）、MPU（微处理器）、内置存储器、LCD（液晶显示器）、PC卡（可移动存储器）和接口（计算机接口、电视机接口）等部分组成。

数码相机使用成像芯片（通常为电荷耦合器件CCD）通过电子物理方式，瞬间完成固定感光层受光后产生潜影的影像。成像芯片将光信号转化为电信号，控制电路从中读取，并将此信号放大数字化，存入数码相机所使用的存储介质中。

数码相机使用光电转换器件将景物转变为能被电脑直接处理的数字图像。因此，数码相机可以作为电脑的一个外部设备。

数码相机通过镜头拍摄人物或景物，将图像转换成数字的图像文件，是用软盘、PC卡或者数据线转送至计算机，经电脑处理后可送往打印机或者网络上。

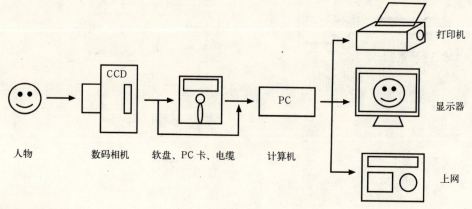

3 数码相机的工作过程

数码相机　[10] 照相机

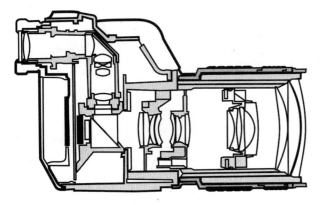

1　数码相机的光学结构剖视图

卡片数码相机（Digital Camera）

　　卡片数码相机在业界并没有明确的概念，小巧的外形，相对较轻的机身以及超薄时尚的设计是衡量此类数码相机的主要标准。

　　卡片数码相机的特点是时尚的外观、大屏幕液晶屏、小巧纤薄的机身、操作便捷、便于携带，但手动功能相对薄弱，超大的液晶显示屏耗电量较大，镜头性能较差，一般适合家庭等非专业人士使用。

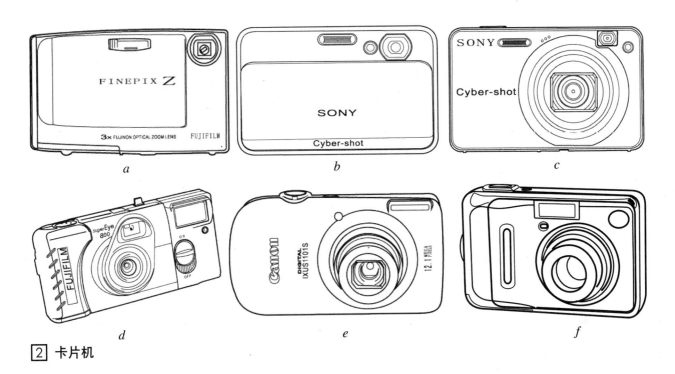

2　卡片机

数码单反相机（Digital Single Lens Reflex）

　　数码单镜头反光照相机 DSLR（Digital Single Lens Reflex），简称数码单反相机。在这种系统中，反光镜和棱镜的独到设计使得摄影者可以从取景器中直接观察到通过镜头的影像。单镜头反光照相机的构造：光线透过镜头到达反光镜后，折射到上面的对焦屏并结成影像，透过接目镜和五棱镜，可以在观景窗中看到外面的景物。

　　数码单反相机的优势：(1) 不存在视差。(2) 精确的取景和对焦，这一点对于微距和远距摄影很重要。(3) 广泛的可更换镜头。(4) 常见的单反镜头比固定镜头相机提供了更广泛的光圈范围，尤其是增加了最大光圈。

　　数码单反相机的劣势：(1) 体积大。(2) 在小光圈的情况下，取景器很暗。

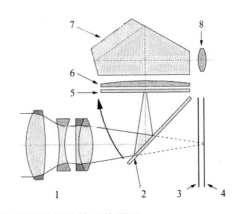

3　数码单反相机的工作原理

注：光通过透镜(1)，被反光镜(2)反射到磨砂取景屏(5)中。通过一块凸透镜(6)并在五棱镜(7)中反射，最终图像出现在取景框(8)中。当按下快门，反光镜沿箭头所示方向移动，反光镜(2)被抬起，图像被摄在CCD(4)上，与取景屏上所看到的一致。

照相机 [10] 数码相机

a

b

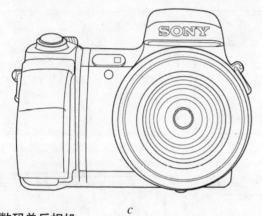
c

d

1 数码单反相机

数码单反相机的镜头

单反相机镜头根据焦距分类可分为：广角镜头、中焦镜头和长焦镜头。

广角镜头中，焦距在28～45mm之间的称为广角镜头，焦距在24mm以下或更短的，称为超广角镜头。广角镜头的特点在于其焦距短、视角大，在较短的拍摄距离范围内，能拍摄到较大面积的景物。缺点是变形较大，一般都存在一些桶形畸变。

中焦镜头（50～135mm）根据其焦距不同又可分为标准镜头（50mm）、人像镜头（85mm）、微距镜头（100mm）。中焦镜头的特点在于容易制造大光圈，适宜拍摄人像、风景。

长焦镜头（200mm以上）可分为长焦镜头（200～300mm以内）和超长焦镜头（400mm以上的"炮筒"）。其特点在于具有强烈的压缩感，可以把远处的物体拉的很近，随着焦距延长效果越明显，是体育、娱乐等记者的最爱，可以远距离轻易捕捉到目标，是拍摄鸟类等野生动物的最佳选择。

a

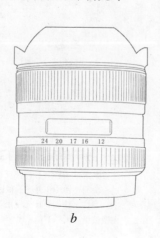
b

c

d

2 广角镜头

数码相机·照相机界面分析　　[10] 照相机

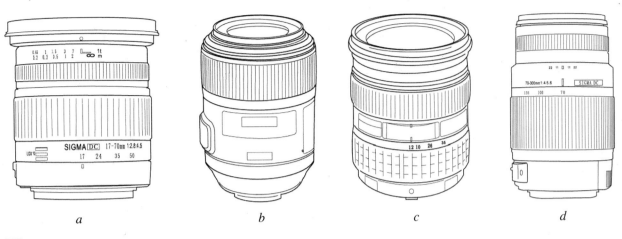

1 中焦镜头

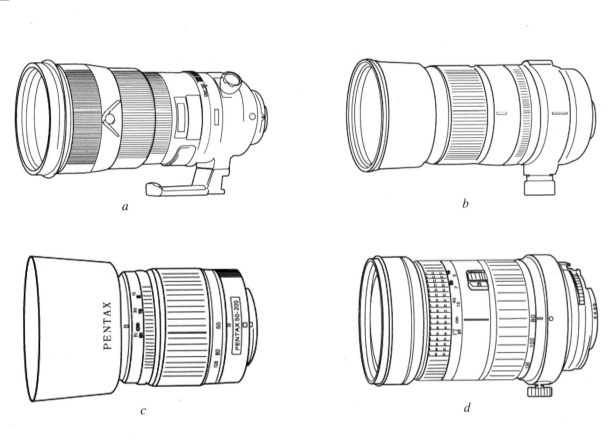

照相机界面分析

照相机发展到今天，已经是一个技术非常完备成熟的、品种齐全的产品。如何让消费者面对技术复杂的相机而能很快上手使用是在设计相机时要充分考虑的。

特别是现代相机，电子化、多功能，更要切身考虑消费者的使用目的、使用环境、使用条件等。这就要求相机设计的造型形态隐含功能表达，更要将功能图案化，使消费者的使用变得简单方便。

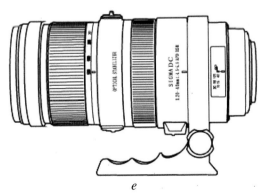

2 长焦镜头

照相机 [10] 照相机界面分析

⏲	☀	🚫⚡	🏔
👁	☾	⚡SLOW	🌷
🔋	☀☀	⚡AUTO	🏃
📶	💡	⚡+/−	🏃
±	🎥	🗂	▭

① 常见可用性图标

	简写	全称	说明
曝光模式	P	Program AE	程序自动曝光
	A	Aperture Priority	光圈优先自动曝光
	S	Shutter Priority	快门速度优先自动曝光
	M	Manual	手动曝光
测光模式	CW	Centre-Weighted Average	中央重点加权平均测光
	SP	Sport metering	点测光
	MS	Multi-Segment	多分区测光
闪光模式	A	Auto flash	自动闪光
	RE	Red-eye Reduction	防红眼闪光
	SL	Slow Syn.flash	慢速同步
	OF	OFF	关闭
	FI	Fill-in flash	填充式闪光
	RF	Rear flash sync	后帘同步
	WR	Wireless/Remote flash	无限/遥控
取景器	OVF	Optical Viewfinder	光学取景器
	EVF	Electronic Viewfind	电子取景器

② 相机规格指标

经典相机造型 [10] 照相机

经典相机造型

a b c
d e f
g h i

1 经典相机造型

139

照相机 [10]　经典相机造型

1 经典相机造型

摄像机概述

摄像机（Video Camera）是一种把光学图像信号转变为电信号，以便于存储或者传输的机器。当我们拍摄一个物体时，此物体上反射的光被摄像机镜头收集，使其聚焦在摄像器件的受光面（例如摄像管的靶面）上，再通过摄像器件把光转变为电能，即得到了"视频信号"。光电信号很微弱，需通过预放电路进行放大，再经过各种电路进行处理和调整，最后得到的标准信号可以送到录像机等记录媒介上记录下来，或通过传播系统传播或送到监视器上显示出来。

数码摄像机（Digital Video），缩写为 DV，译成中文就是"数字视频"的意思，它是由索尼（SONY）、松下（PANASONIC）、JVC（胜利）、夏普（SHARP）、东芝（TOSHIBA）和佳能（CANON）等多家著名家电巨擘联合制定的一种数码视频格式。然而，在绝大多数场合 DV 则是代表数码摄像机。

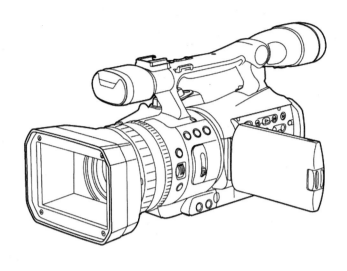

[1] 摄像机

摄像机的发展历史

世界首台摄像机	JVC 首推 VHS 摄像机
在 40 多年前，由美国安培（Ampex）公司推出世界上第一台实用性摄像机。当时是采用摄像管作为摄像元件，因寿命低、性能不稳定和高昂的制造成本等方面的致命弱点，使其使用范围一直限制在专业领域，无缘用于民用领域	1976 年，JVC 公司推出了第一台家用型的摄像机，其使用的是 JVC 独立开发的 VHS 格式，VHS 是 Video Home System 的缩写，意为家用录像系统。VHS 盒式录影带里的磁带宽 12.65 毫米。最大的改变就是在于将摄像机的操作简化，大幅降低价格，并且开始使家用摄像机的概念被人们所接受
V8 摄像机	索尼独推 Hi8 摄像机
家用摄像机小型化的脚步并未因 VHS-C 和 S-VHS-C 型带的出现而停止，紧接着，索尼（SONY）、夏普（SHARP）、佳能（Canon）公司又推出了 8mm 系列摄像机，即通常所说的 V8。因为 V8 所使用的录影带磁带宽为 8mm，全名为 Video8 制式，简称 V8，V8 磁带较 C 型带在体积上又有缩小，但水平解析度也降为 270 线。不过这种 8mm 格式的摄像带不能再用家用 VHS 录像机播放，只能使用摄像机来播放	在 V8 面市后不久，对家用摄像机市场觊觎已久的索尼单独推出了 Hi8 摄像机，Hi8 与 V8 同样使用 8mm 带宽的录影带，不过其结构更加精密，水平解析度达 400 线，将家用摄像机的性能提升到一个新水平
1995 年第一台 DV 摄像机诞生	
1995 年 7 月，索尼发布第一台 DV 摄像机 DCR-VX1000 发布，DCR-VX1000 一经推出，即被世界各地电视新闻记者、制片人广泛采用，这款产品使用 Mini-DV 格式的磁带，采用 3CCD 传感器（3 片 1/3 英寸、41 万像素 CCD），10 倍光学变焦，光学防抖系统，发布时的售价高达 4000 美元。DCR-VX1000 是影像史上一次重大变革，从此，民用数码摄像机开始步入数字时代。	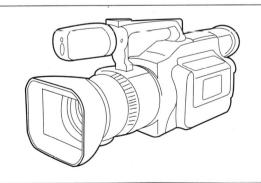

[2] 摄像机的发展历史

摄像机 [11] 摄像机的发展历史·数码摄像机的分类

2000年第一台DVD摄像机诞生
2000年8月，日立公司推出第一台DVD摄像机DZ-MV100。当时这款产品只能用DVD-RAM记录，日立第一次把DVD作为储存介质带入到数码摄像机中，使用8cm的DVD-RAM刻录盘作为存储介质，摆脱了DV磁带的种种不便，是继DV摄像机之后的一次重大革新，不过当时并没有多少人注意这款产品，DZ-MV100仅在日本本土销售，国内市场难觅踪影，DVD摄像机广泛被人认知要从3年后索尼大力推广开始

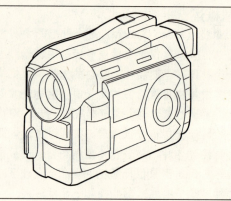

2004年第一台微硬盘摄像机诞生
2004年9月，JVC推出第一批1英寸微型硬盘摄像机MC200和MC100，硬盘开始进入消费类数码摄像机领域，两款硬盘摄像的容量为4GB，拍摄的视频影像采用MPEG-2压缩，用户可以灵活更改压缩率来延长拍摄时间，硬盘介质的采用使数码摄像机和电脑交流信息变得异常方便，MC200和MC100以及以后的几款1英寸微硬盘摄像机都可以灵活更换微硬盘。到2005年6月，JVC发布了采用1.8英寸大容量硬盘摄像机Everio G系列，最大的容量达到了30GB，而且很好地控制了体积，价格保持在同类DV摄像机的水平上

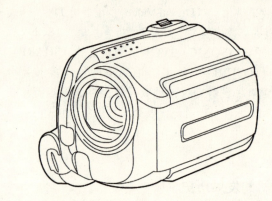

2004年第一台HDV 1080i高清摄像机诞生
2003年9月，索尼、佳能、夏普和JVC四巨头联合制定高清摄像标准HDV，2004年9月，索尼发布了第一台HDV 1080dpi高清晰摄像机HDR-FX1E，HDV的记录分辨率达到了1440×1080，水平扫描线比DVD增加了一倍，清晰度得到革命性提升，HDR-FX1E包括以后推出的HDV摄像机都沿用原来的DV磁带，而且仍然支持DV格式拍摄，向下兼容，在HDV摄像机推广初期内起了良好的过渡作用

1 数码摄像机的发展历史

数码摄像机的分类

随着数码摄像机存储技术的发展，目前市面上数码摄像机依据记录介质的不同可以分为以下几种：Mini DV（采用Mini DV带）、Digital 8 DV（采用D8带）、超迷你型DV（采用SD或MMC等扩展卡存储）、数码摄录放一体机（采用DVCAM带）、DVD摄像机（采用可刻录DVD光盘存储）、硬盘摄像机（采用微硬盘存储）和高清摄像机（HDV）。

Mini DV

以Mini DV为记录介质的数码摄像机在数码摄像机市场上占有主要的地位。DV格式是一种国际通用的数字视频标准，它最早在1994年由10多个厂家联合开发而成。它是通过1/4英寸的金属蒸镀带来记录高质量的数字视频信号。DV视频的特点是：影像清晰，水平解析度高达500线，可产生无抖动的稳定画面。DV视频的亮度取样频率为13.5MHz，与D1格式的相同，为了保证最好的画质纪录，DV使用了4：2：0（PAL）数字分量记录系统。

DV 的体积小巧，重量轻，方便携带，采用 IEEE1394 火线或是 USB 连接个人电脑。

DV 真正实现了个人影像普及化的概念，拥有 DV 的人，轻易地可以制造自己的电影和音像制品。使用火线与电脑相连，把 DV 上音视频转化为数字格式，在电脑上进行非线性编辑。DV 转录个人电脑的视频文件为 AVI 格式，未经压缩的 AVI 格式非常大，通常 10 分钟的 AVI 就会占用 2G 的空间，但是图像和声音效果十分出色，可以录制 DVD 格式，或者转录 DV 带和家庭录像机的 VHS 格式。

Digital 8 DV

Digital 8 与 DV 带一样，拥有 500 线水平解像度以上的画质，所以质量上比旧式摄像机要好。而 Digital 8 与 DV 带不同的是，它采用了 8 毫米的金属磁带，比 DV 带的磁带要粗，而且 Digital 8 兼容旧式的 8 厘米磁带，灵活性和适应性显得更高。

D8 磁带的体积只有家庭录像带的 1/5 大小，尺寸为 15mm×62.5mm×95mm。它与过往的 Hi8 和 V8 录像带通用，只不过 D8 磁带里能储存的是数字信号，所以水平清晰度能达到 500 线。

超迷你型 DV

CMOS 的英文学名为互补金属氧化半导体，CMOS 迷你型摄像机和 Mini DV 的不同之处在于 CMOS 感光器件和存储介质，采用了 CMOS 的摄像机在成像质量上比不上 CCD 感光器件。但是，它比起 CCD 感光器件拥有价钱低、节省电源的特点。存储介质方面，超迷你型摄像机主要采用存储卡，最常见的是 SD 和 MMC 卡来代表 DV 带来存储。因此，装备了 CMOS 的数码摄像机一般价钱比较便宜，体型小巧，属于低端产品，成像质量不高。因为体积小巧，所以多数没有光学变焦功能。

CMOS 迷你摄像机采用的记录介质一般为媒体卡，而记录的文件格式为压缩格式。录音系统属于双声道录音，具备静态拍摄功能。这类摄像机比起 DV 还要显得轻巧很多，所以很适合那些追求前卫，又害怕重量的人使用。

硬盘摄像机

硬盘式数码摄像机的存储介质是采用微硬盘 (Microdrive)，与刻录式光盘相同的是，微硬盘也可以重复使用。硬盘式 DV 是 2005 由 JVC 率先推出的，用微硬盘作存储介质，可以说是集各种介质优点之所成。

微硬盘体积和 CF 卡一样，卡槽可以和 CF 卡通用，大小与磁带和 DVD 光盘相比体积更小，使用时间上也是众多存储介质中最可观的。微硬盘采用比硬盘更高技术来制作，这样保证了它的使用寿命，可反复擦写 30 万次。在用法上，只需要连接电脑，就能通过 DV 或者读卡器将动态影像直接拷贝到电脑上，省去了 Mini DV 采集的麻烦，非常方便，尤其是对不会使用采集软件的网迷来说。

2003 年，由索尼、佳能、夏普、JVC 四家公司联合宣布了 HDV 标准。2004 年，索尼发布了全球第一部民用高清数码摄像机 Handycam HDR-FX1E，这是一款符合 HDV1080i 标准的高清数码摄像机，从此拉开了高清数码摄像机（HDV）向民用普及的序幕。

数码摄录放一体机

摄录放一体机又被称为 DVCAM，DVCAM 格式是由索尼公司在 1996 年开发的一种视音频储存介质，其性能和 DV 几乎一模一样，不同的是两者磁迹的宽度，DV 的磁迹宽度为 10 微米，而 DVCAM 的磁迹宽度为 15 微米。由于记录速度不同，DV 是 18.8 毫米每秒，而 DVCAM 是 28.8 毫米每秒，所以两者在记录时间上也有所差别，DV 带为 60～276 分钟的影音，而 DVCAM 带可以记录 34～184 分钟。

在视频和音频的采录方面，DV 和 DVCAM 基本相同，记录码率为 25Mbps，音频采用 48kHz 和 32kHz 两种采样模式，都可以通过 IEEE1394 火线下载到电脑上进行非编剪辑。

目前，能用 DVCAM 的机器只有索尼公司的几个型号，加上 DV 和 DVCAM 的水平解像度相同，画质无异，DVCAM 在市场上还不算普及。

DVD 摄像机

DVD 数码摄像机（光盘式 DV）的存储介质是采用 DVD-R，DVR+R，或是 DVD-RW，DVD+RW 来存储动态视频图像的。对于普通家庭用户来说，不仅需要操作简单、携带方便，拍摄中不用担心重叠拍摄，更要不用浪费时间去倒带或回放。DVD 数码摄像机拍摄后可直接通过 DVD 播放器即刻播放，省去了后期编辑的麻烦，哪怕你不太懂得 PC 相关知识也同样可以玩转 DVD 数码摄像机。鉴于 DVD 格式是目前最通用普遍的兼容格式，DVD 数码摄像机因此也被认为是未来家庭用户的首选，就是因为其全面达到了普通家庭用户的几乎所有需求。

DVD 数码摄像机最大的优点是"即拍即放"，能快速在大部分 DVD 播放机上播放，而且 DVD 介质是目前所有的介质数码摄像机中安全性、稳定性最高的。它既不像磁带 DV 那样容易损耗，也不像硬盘式 DV 那样对防振有非常苛刻的要求，一旦碰坏损失惨重。不足之处是 DVD 光盘的价格与磁带 DV 相比略微偏高了一点，而且一张 DVD 光盘可刻录的时间相对短了一些。

摄像机 [11] 数码摄像机的分类·数码摄像机的基本结构示意·摄像机的主要工作性能分析及工作原理

高清摄像机

HDV，其标准概念是要开发一种家用便携式摄像机，可以方便录制高质量、高清晰的影像。HDV标准可以和现有的DV磁带一起使用，以其作为记录介质。这样，通过使用数字便携式摄像机，可以降低开发成本，提高开发效率。高清晰度数码摄像机可以保证"原汁原味"，播放录像的时候不降低图像质量。按照该标准，可以在常用的DV带上录制高清晰画面，音质也更好。采用该标准摄像机拍摄出来的画面可以达到720线的逐行扫描方式（分辨率为1280×720），以及1080线隔行扫描方式（分辨率1440×1080）。索尼HC1E就是采用了1080线隔行扫描方式。

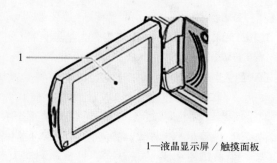

1—液晶显示屏/触摸面板

数码摄像机的基本结构示意

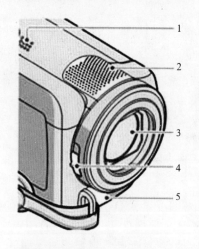

1—扬声器
2—内置麦克风
3—镜头
4—lens cover 开关
5—多功能 a/v 接口

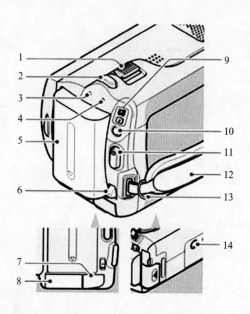

1—电动变焦控制杆　　8—Memory Stick Duo 插槽
2—photo 按钮　　　　9—动画，照片指示灯
3—充电指示灯　　　　10—MODE 按钮
4—ACCESS 指示灯（硬盘）　11—STRAT\STOP 按钮
5—电池组　　　　　　12—腕带
6—电池释放杆　　　　13—肩带挂钩
7—DC IN 插孔　　　　14—三脚架插孔

1 数码摄像机的基本结构

摄像机的主要工作性能分析及工作原理

摄像机的主要工作性能

1. 信噪比

它是视频信号电平与噪声电平之比。这个指标是衡量摄像机质量的重要指标。

信噪比越高，图像越干净，质量就越高，通常在50dB以上。

2. 最低照度

摄像机都需要在某亮度(照度)光线条件下工作，如果光线低于某一照度就无法看清图像。

最小照度（最低照度）是摄像机开到最大光圈使用最大增益时，让图像电平达到规定值所需的照度。一般在几十勒克斯（lx）。

3. 灵敏度

灵敏度是以32000K色温，2000lx照度的光线照在具有89%～90%的反射系数的灰度卡上，用摄像机拍摄，图像电平达到规定值时，所需的光圈指数F，F值越大，灵敏度越高。灵敏度越高最低照度越低，摄像机质量也越高。如果照度太低或太高时，摄像机拍摄出的图像就会变差。

摄像机的主要工作性能分析及工作原理　[11] 摄像机

4. 分解力
一般用清晰度来表示，即画面上可分辨的电视线数来表示，分为水平清晰度和垂直清晰度。并且在指标上给出的都是中心部分的清晰度。

5. 几何失真
同电视机的几何失真一样，摄像机也存在几何失真，摄像机中是由于镜头的光学系统及摄像管扫描、偏转电路造成的，对于CCD而言，若不考虑镜头失真，本身无几何失真。几何失真用失真的偏移量与屏幕高度的百分比来表示。

6. 重合误差
对于三管摄像机，三个摄像管所拍摄图像必须准确地重合在一起，才能得到高清晰度、颜色还原准确的图像。但由于摄像管不可能完全相同，且位置很难放置得非常精确，所以就会产生重合的误差。

摄像机的增值功能
（1）拍摄数码照片
（2）抓拍电视画面
（3）录制电视节目
（4）为录像带配音
（5）将模拟录像信号转换成数字信号
（6）上网
（7）放映幻灯片
（8）充当可移动磁盘

数码摄像机的工作原理
数码摄像机进行工作的基本原理简单地说就是光-电-数字信号的转变与传输。即通过感光元件将光信号转变成电流，再将模拟电信号转变成数字信号，由专门的芯片进行处理和过滤后得到的信息还原出来就是我们看到的动态画面了。

数码摄像机的感光元件能把光线转变成电荷，通过模数转换器芯片转换成数字信号，主要有两种：一种是广泛使用的CCD（电荷耦合）元件；另一种是CMOS（互补金属氧化物导体）器件。

数码摄像机的三视图

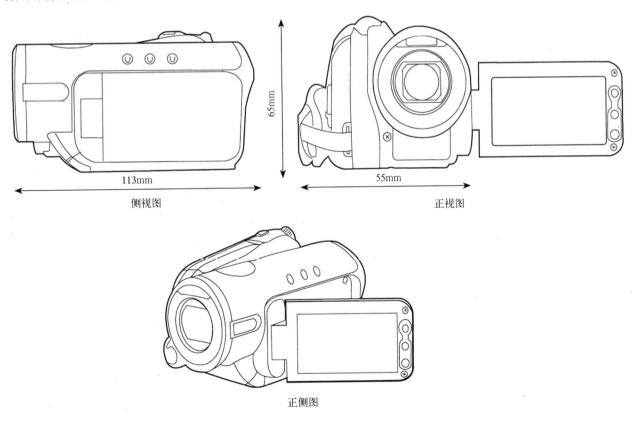

侧视图　　正视图

正侧图

1　数码摄像机的三视图

摄像机 [11] 数码摄像机造型

数码摄像机造型

Mini DV 带数码摄像机

Mini DV 带是目前消费类 DV 中最普遍的视频格式，它在几类 DV 存储介质中属于价格最低廉的耗材，体积、存储性和便捷性均表现良好，还可以反复使用。不足处在于将 DV 带中的影像录制到电脑中是相当费时的工作，且影片质量容易受磁头清洁度影响。

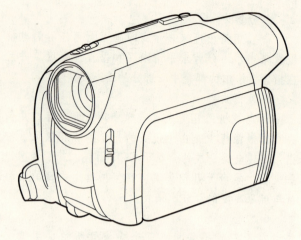

佳能 MD225 磁带数码摄像机

索尼 DCR-PC1000E 磁带数码摄像机

JVC GR-D750 磁带数码摄像机

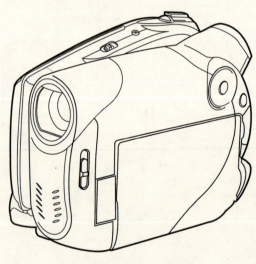

佳能 MV920 磁带数码摄像机

佳能 HV30 磁带高清数码摄像机

① Mini DV 数码摄像机造型

数码摄像机造型　[11] 摄像机

DVD 光盘数码摄像机

　　使用光盘为存储介质的 DV 操作时可随意读取，无需倒带，搜索过程基本可以在瞬间完成。它省却了上传到电脑后再刻录光盘的步骤，可直接播放，而且 DVD 的成像效果并不逊于 DV 带。但目前的问题是，现在的光盘容量较小，只能拍摄半小时左右；温度较高，比硬盘还高些。

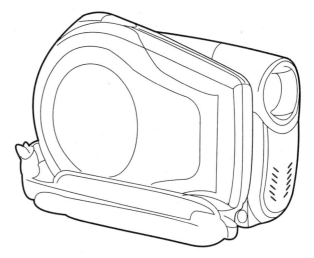

佳能 DC100 DVD 数码摄像机

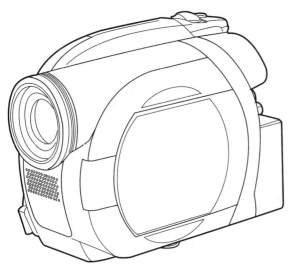

松下 D308GK DVD 数码摄像机

佳能 DC330 DVD 数码摄像机

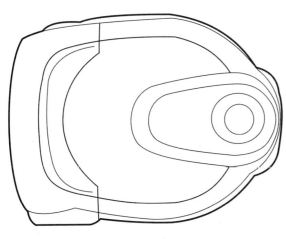

索尼 DCR-DVD7E DVD 数码摄像机

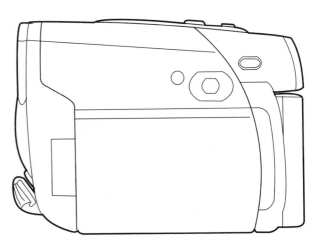

三星 DVD - DC171Wi DVD 数码摄像机

1　DVD 光盘数码摄像机造型

摄像机 [11] 数码摄像机造型

硬盘数码摄像机

采用CF接口标准的微型硬盘作为DV的存储介质，由老牌DV厂家JVC率先推出，采用比电脑硬盘更精确的技术制作，可反复抹写30万次以上。其突出特点是体积较小、容量较大，只需连接PC就能直接拷贝影片，使用方便。缺陷是价格较贵，更换成本高，而且耗电量大、发热量大。

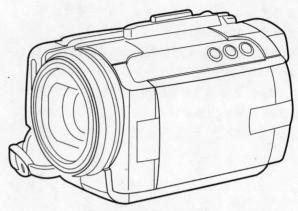

佳能HG10 硬盘数码摄像机

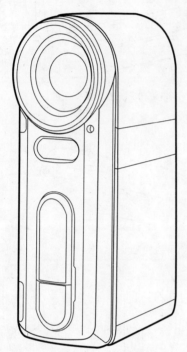

JVC GZ-MC100 硬盘数码摄像机

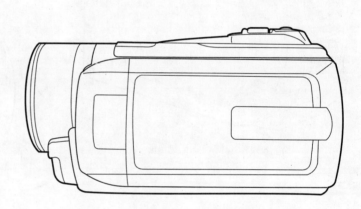

佳能HG20 硬盘数码摄像机

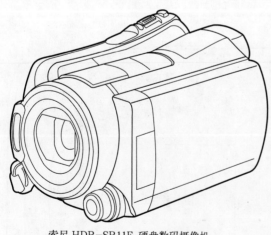

索尼HDR-SR11E 硬盘数码摄像机

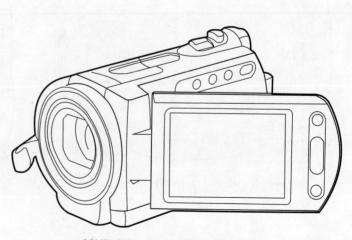

SONY DCR-SR42E 硬盘数码摄像机

1 硬盘数码摄像机造型

内存卡数码摄像机

目前许多采用磁带的 DV 都设计有存储卡接口，用于在接入的 SD/MMC 卡或记忆棒中存储拍摄的静态图片和 MPEG-1 或 MPEG-4 格式的视频短片。静态图片通常采用压缩的 JPEG 格式，而拍摄的动态短片大多只能达到网页应用的品质，适合直接通过 E-mail 和网络传送。以存储卡为主要存储介质的 DV 机型都显得小巧时尚，携带方便、传输轻松。缺点在于 Flash 卡基准价格高，容量十分有限。

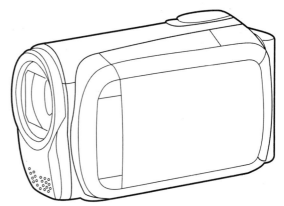

JVC GZ-MS120 内存卡数码摄像机

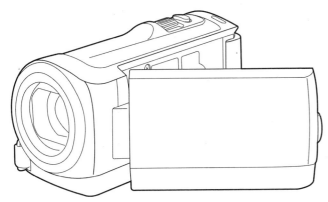

索尼 HDR-CX100E 内存卡数码摄像机

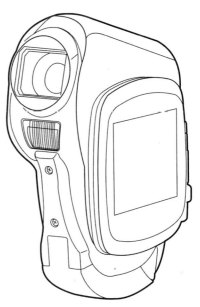

三洋 VPC-CA6 内存卡数码摄像机

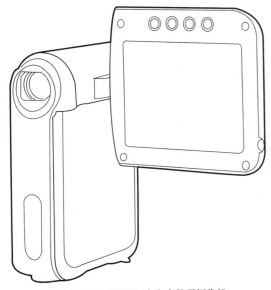

索尼 DCR-PC55E 内存卡数码摄像机

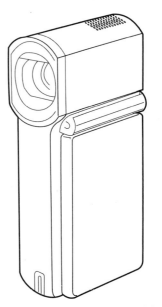

索尼 HDR-TG1 内存卡数码摄像机

① 内存卡数码摄像机造型

摄像机 [11] DV拍摄的基本姿势·经典数码摄像机

DV 拍摄的基本姿势

最常用的右手持机

1. 适用范围：家用 DV
2. 操作技巧

（1）右手握紧摄像机，注意 DV 上各个功能键的位置，以免在拍摄时按错键。

（2）为了增加拍摄的稳定性，最好使用取景屏，使右手肘部紧靠身体，此种做法还有省电的功效。

（3）右手应帮助握住 DV，使左手、右手和身体形成一个稳固的三角形支撑，这样便于保证画面的稳定性。

（4）在高角度或低角度拍摄时可以借助 LCD 取景器。

低机位式持机

1. 适用范围：小型摄像机/中型摄像机/大型摄像机
2. 操作技巧

（1）蹲下，以一只脚承受身体重量，习惯性使用左脚。

（2）左手托住摄像机底部，右手进行操作，如变焦、启动录像/暂停按钮等。

（3）打开翻盖式液晶屏，并向上方旋转45°左右。如果使用无液晶屏的大型摄像机，需将寻像器遮光罩扳起。

使用三脚架的拍摄方式

1. 适用范围：小型摄像机/中型摄像机/大型摄像机
2. 操作技巧

选用的摄像机专用三脚架最好是带有阻尼的，如果有照相机三脚架，那么就要挑选自重较重的型号，并且减少水平摇摄和俯仰摇摄的次数。在需要摇镜头时，请尽量向下用力按住摄像机。

高机位式持机

1. 适用范围：小型摄像机/中型摄像机（液晶屏型）
2. 操作技巧

（1）右手单手握机，伸过前方人群头顶。

（2）把翻盖式液晶屏打开，并向下方旋转45°左右，以便于从液晶屏上评估拍摄效果。

（3）在构图合适的情况下，即按下录像按钮开始记录。在拍摄对象被前方人挡住时，建议应用这种方式。

坐拍的持机方式

1. 适用范围：小型摄像机/中型摄像机/大型摄像机
2. 操作技巧

（1）盘腿坐在地上。

（2）左手托住摄像机底部，右手进行变焦、启动录像/暂停按钮等。

（3）打开翻盖式液晶屏，并向上方旋转45°左右。同样，如果使用无液晶屏的大型摄像机，需将寻像器遮光罩扳起。

经典数码摄像机

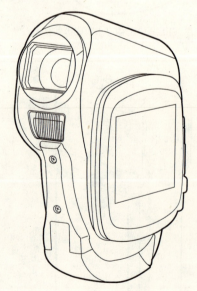

三洋 VPC-CA6 采用了 Xacti 系列所表现的垂直手感方式，最大限度地降低了因手腕压力所产生的颤抖，使单手操作成为舒适的享受。外形尺寸为 77mm×100mm×36mm，跟名片盒差不多大小。机身重 155 克，方便携带

① 经典数码摄像机

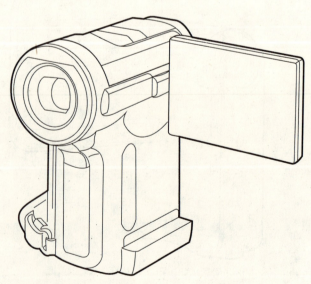

索尼 DCR-PC1000E 是全球第一款采用 3CMOS 系统的数码摄像机，作为 3CMOS 的开山之作，它集成了索尼最先进和高端的技术，代表了索尼领先的技术水平，担负了重振索尼雄风重要任务

经典数码摄像机　[11] 摄像机

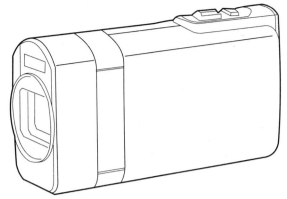

JVC GZ-X900AC 机身轮廓近似长方体，线条硬朗，握持手感不像传统 DV 那么贴手，屏幕侧边的按钮和光感触控区设计很合理，进一步提升了操控性。体积 37mm×66mm×124mm，重量只有 250g，比香烟盒大不了多少

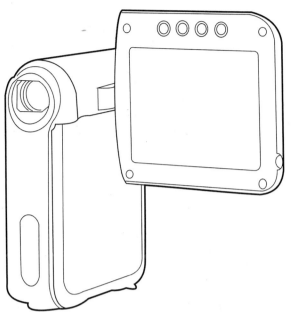

索尼的 DCR-PC55E 是目前世界上体积最小的数码摄像机，可以很方便地放入口袋。延续了索尼质量影像记录的一贯功能，10 倍光学变焦，120 倍数码变焦以及超大的 3inch 混合型液晶屏，即使在不同光线条件下，也可以令浏览分享变得更简单

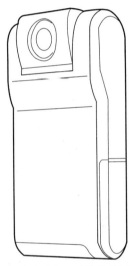

索尼 MHS-PM1 作为一款直板设计的数码摄像机，最特点体现在造型设计上，足够轻薄，体积只有 24mm×103mm×55mm，重量 120g，可以很轻松地塞在口袋里。镜头巧妙利用转轴，可 270 度旋转，配合背面那块 1.8 英寸显示屏幕

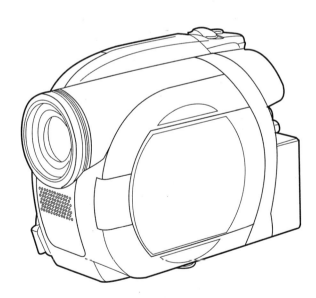

松下 VDR-D408，大光学变焦加上松下独有的 MEGA OIS 光学防抖系统，可以说是 DV 中最受欢迎的组合，这也是首台 20 倍光变的 3CC DVD 摄影机

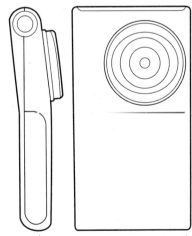

三星 HMX-U10 将机身设计成曲线状，有 7°角上扬，置于掌间，减轻疲劳，自然舒适，拍摄视线更水平，拍摄角度更佳。机身大小为 56mm×103mm×15.5mm，重量仅为 95g，可以很轻松地塞在牛仔裤口袋里面

1 经典数码摄像机

摄像机 [11] 经典数码摄像机

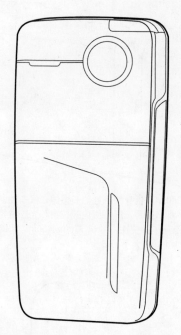

柯达ZX1，从外形来看更像是一部手机。设计师大胆创新的设计，在将便携性提升到新高度的同时，也打破传统造型风格。其体积50.1mm×107.0mm×20.0mm，重量只有90g。具有生活防水能力，按键无缝设计，周围凹槽有效防止渗水，接口处有橡胶盖保护

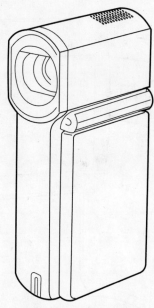

索尼HDR-TG1一款全新的高清闪存DV产品，它以63mm×32mm×119mm的体积、240g的体重、极致简约的时尚外观设计、超便携性、出色的品质和便捷的人性化功能赢的大众的喜爱

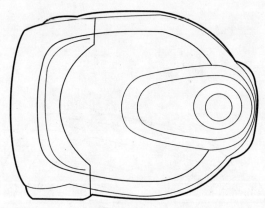

索尼DCR-DVD7E在外观设计上突破了传统设计的框架，采用了液晶屏和机身在同一平面的设计

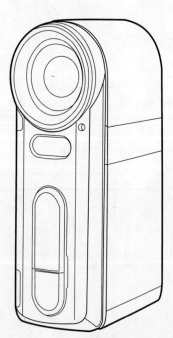

JVC GZ-MC100是JVC公司发布的2款新型4G微硬盘存储数码摄像机中的一款，采用了立式设计，在机身颜色设计上，使用银色黑色相搭配的金属机身，其外壳采用了工程塑料材质，机身厚度仅为41mm

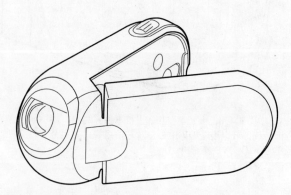

三星SMX-C10，镜头采用独特的25度角上扬设计，握机时手臂自然向上弯曲就可以获得相同视角，充分体现了设计师对人体工程学的深入研究和合理应用。造型方面，SMX-C10延续了三星一贯时尚风格，机身圆滑，体积适中，携带方便

1 经典数码摄像机

[12] 录音机/录音笔

录音机概述·录音技术及录音机的发展历史

录音机概述

录音机是利用电磁转换原理记录和重放声音的一种音响设备。录音机记录声音的方式主要有三种：机械录音（唱机），光学录音（光学胶片、电影胶片）和磁性录音（磁带录音机）。磁带录音机的特点是：所记录的信息可随时消去并再次录制，其载体能反复使用。常用的磁带录音机有盘式和盒式两种。其中盒式录音机是应用最为广泛的，具有录/放音操作简便、价格便宜、性能优良等特点。

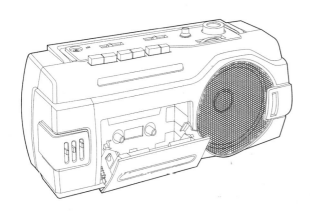

盒式收录音机目前的分类方式主要有按形式分类、按功能分类和按形状分类。

按形式分类有单录机、收录机、组合式多用机、卡式循环录音机和跟读机等；

按形态分类有落地式、便携式、台式等；

按功能分类有单声道录音机、单声道收录机、立体声录放音机、调频调幅收录机、调频调幅立体声收录机等。

录音技术及录音机的发展历史

1857年，法国发明家斯科特（Scott）发明了声波振记器，这是最早的录音机，也是留声机的鼻祖。

1877年7月18日，美国科学家爱迪生发明了一种录音装置。可以将声波变换成金属针的振动，然后将波形刻录在圆筒形的锡箔上，当针再一次沿着刻录的轨迹行进时，便可以重新发出留下的声音。爱迪生的发明成为世界录音史上的第一声。1878年1月，爱迪生成立制造留声机的公司，生产商业性的锡箔唱筒。这是世界第一代声音载体和第一台商品留声机。

1885年，美国发明家奇切斯特·贝尔和查尔斯·吞特发明Gramophone（留声机），这是采用一种涂有蜡层的圆形卡纸板来录音的装置。

1887年，旅美德国人伯利纳（Emil·Berliner）获得了一项留声机的专利，研制成功了圆片形唱片（也称蝶形唱片）和平面式留声机。

1898年，丹麦科学家波尔森（Valdemar Poulsen）发明第一台磁性录音机，这种录音机把声音录在钢丝上，其录音方式是直接录音，即无偏磁录音，音质较差。

1907年，波尔森发明钢丝式录音机，其录音方式是直接偏磁法，灵敏度和失真度有了极大改变。

1924年，马克斯菲尔德和哈里森设计成功了电气唱片刻纹头，贝尔实验室成功地进行了电气录音，录音技术得到很大提高。

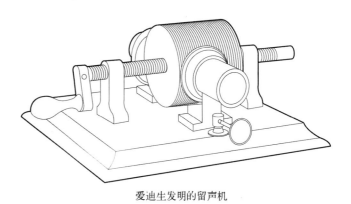

爱迪生发明的留声机

最早的留声机

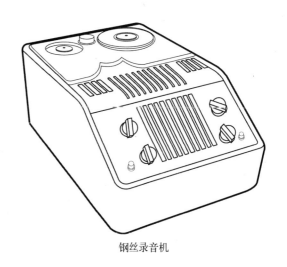

钢丝录音机

1 录音机的发展历史

录音机／录音笔 [12]　录音技术及录音机的发展历史

1925年，世界上第一架电唱机诞生。

1926年，美国的奥奈把磁粉敷在纸带上，发明了现代磁带的雏形。

1935年，德国通用电气公司制成了使用塑料带基磁带的录音机，现代磁带式录音机初露雏形。

1936年，德国的弗劳伊玛研制出了磁带录音机。与磁性录音机相比，这种录音机声音清晰、使用方便、价格便宜。

20世纪40年代初，德国研制出具有高频偏磁和良好机械传输性能的磁带录音机。

1949年，美国的马格奈可德公司（Magnecord）推出第一台立体声录音机。

1950年，日本首台磁带式录音机由"TTK"（Sony）公司生产。

1960年，盒式录音机问世。

1962年，荷兰菲利浦公司发表了标准磁带盒的标准。

1963年，荷兰生产音频盒式磁带。

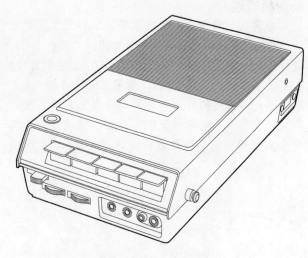

索尼生产的第一台盒式录音机 TC-100（1950年）

磁带

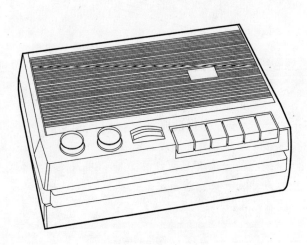

根德生产的第一台盒式录音机 C-100

索尼生产的第一台磁带录音机

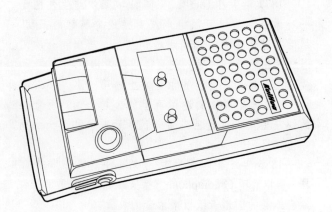

中国生产的第一台盒式录音机：葵花 HL-1 型（1973年）

1 录音机的发展历史

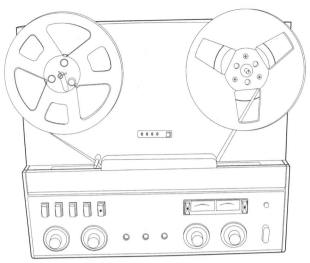

Revox（路华仕）A77 盘式录音机

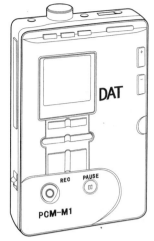

索尼 PCM-M1 DAT 数字录音机

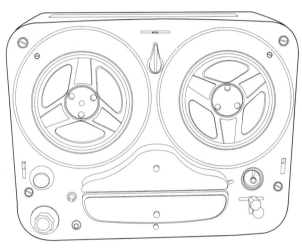

Tandberg 天宝盘式录音机

1 录音机的发展历史

20世纪70年代，四声道立体声进入研发阶段。

1972年，Denon 公司第一次推出数码录音唱片。

1979年，CD 光盘格式出现。

20世纪80年代，数码录音机进入研制阶段。

1983年，日本 Sony 公司和荷兰 Philips 公司共同正式推出数码化的唱片载体——CD（Compact Disc）。

1986年，日本正式推出 DAT（数字式磁带录音机）。

1992年，Sony 推出 MD（Mini Disc 微型唱片），Philips 正式推出 DCC（Digital Compact Cassette 数码微型盒式录音带）。

1993年，美国 Refenenc Records 公司推出高解析度的 HDCD。

1993年，DVD 高密度光盘格式出现。

中国开盘磁带录音机的发展

新中国开国大典上，录下毛泽东向全世界宣告新中国成立的声音，所使用的还是钢丝录音机。

20世纪50年代，上海公私合营产生的中国唱片厂，开始生产电子管便携式，手摇上弦走带的开盘录音机，型号301。后期组建了上海录音设备厂，开始生产钟声牌310、810开盘录音机，并开始装备各地广播电台。1960年起，陆续生产了无商标 L601、L602。它们均为电子管电路，生产时间长达25年，是社会保有量最高的型号。1969年后，上海录音机厂又陆续推出有 L202、YL321、YL212 等晶体管开盘录音机。

国产开盘机唯一能够进入广播级范畴的生产厂家，位于山西的一座小城市榆次。那里有中国唯一一家专业的录音机制造厂——中央广播事业局录音机制造厂。它的主要产品型号有635，636，637，638。1980年以前，开盘式录音机在中国主要供单位使用，使用对象主要是广播电台，在非对外实时场合时使用，还有公安、部队、外语学院、唱片公司、广播电台、电视台、电影电视剧制片厂、译制厂、其他专业音乐录音用户等很少量配备，数量是由国家计委严格控制的。

1980年起，随着国家改革开放的环境，开盘录音机生产厂家主要集中在北京、上海。这时期调频（FM）广播开始在中国普及。播出所需的双声道开盘录音机设备几乎全部依靠进口。隶属广播事业部的石家庄广播录音机厂开始与日本小谷和瑞士 Studer 厂家商谈引进合作，最终在1989年确定引进瑞士 Studer 品牌，用 SKD（组件）与 CKD（散件）方式，组装了 A 807 数百台。北京新组建的隶属于航天部的青云机械厂利用当时国内最一流的生产装备，仿制出瑞士南瓜（Nagra）III 便携式开盘机器，商标为"长城"。还仿制了能上10英寸盘架的扩充装置，型号267。是国内所生产最精致的开盘录音机。

录音机/录音笔 [12]　录音机的工作原理·录音机的基本结构

录音机的工作原理

磁带录音机的录音和放音是一个电、磁的转换过程。录音时，音频电信号经放大后送入磁头线圈，就地在磁头铁芯中产生交变的磁通，在磁头的工作缝隙处形成随音频而变化的磁场，当磁带紧贴着通过磁头缝隙时，磁力线穿过磁带上的磁性层，将它磁化，从而便留下了剩磁，随着磁带的恒速移动，就在磁带上留下极性和强弱随音频信号变化的连续性剩磁，磁迹使声信号以剩磁的形式记录下来。放音时，当录有磁迹的磁带以与录音时相同的速度通过磁头的工作缝隙时，由于磁头铁芯的磁导率比空气高得多，磁带上的剩磁场的磁力线将通过磁头铁芯而成闭合磁路。

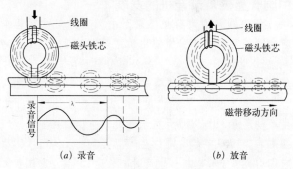

录音机的工作原理

录音机的基本结构

录音机一般由磁头、机械传动（称为"机芯"）和电路三部分组成。录音机的磁头分为录音磁头、放音磁头和抹音磁头三种，普及型录音机常把录音磁头和放音磁头并成一个录放磁头。机械传动部分由驱动机构、制动机构和各种功能操作机构组成。电路部分由录、放放大器、超音频振荡器和一些特殊功能电路组成。录音机最基本的组成如下图：

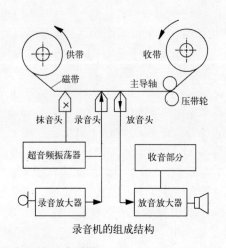

录音机的组成结构

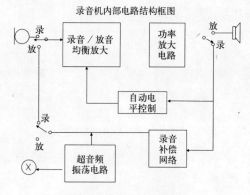

录音机的内部电路结构框图

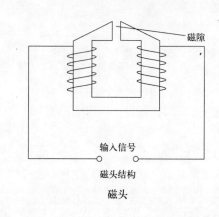

磁头

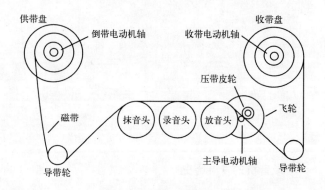

录音机的机械系统1

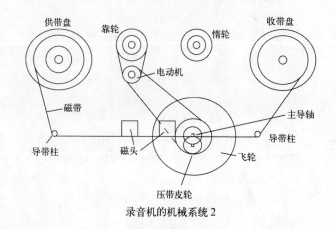

录音机的机械系统2

[1] 录音机的基本结构

录音机的表面材料

材料是产品的物质基础,也是新技术革命的一个物质基础。它决定产品的内部构造和外观形式,并且使产品具有不同的风格和特点。最早的录音机是把人造革贴在木的外壳上,样子很笨重,体积也比较大。后来塑料和注塑技术的出现,使录音机的外壳变得绚丽多彩。再到后来随着铝合金的开发和应用,录音机的外壳也显得更加简洁、明快和富有现代气息。

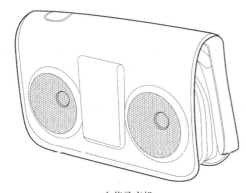

皮革录音机

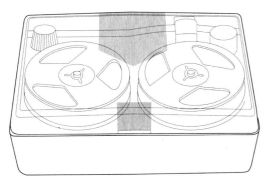

塑料录音机

铝合金录音机

1 录音机的表面材料

录音机的人机工程学

常用听觉设备的性能指标

(1) 频率响应:录音机在录、放音时能通过的信号频率范围。一般机型的频率响应在125～6300Hz之间,好的收录机在30～1600Hz之间。频率响应范围越宽,高、低音就越丰富。

(2) 抖晃率:走带速度的瞬时波情况,以百分之零点几(0.4%左右)计,此值越小越好。

(3) 信噪比:有用信号和和噪声之比,比值越大,放音时的噪声越小,一般在30dB以上。

(4) 失真度:反映经录音和放音后,对原声音的逼真程度。失真度越小越好。

人的听觉生理

1. 人耳的听觉特性

声音是客观存在的,而人耳的听觉是一种主观感觉,两者之间既有着密切的联系,又存在一定的区别。人的听觉是一个复杂的物理—生理—心理过程,常用响度、音调、音色三种量来描述,这三种量是人对声音的主观感觉的要素。正常人的听觉器官所能听到的声音频率是16～20000Hz(听域)。响度特性(Loudness):人们设计响度控制器,以在音量减小时提升高、低频电平,从而获得高低音平衡、音质优美的效果。音调是人耳对声音调子高低的主观感受,人耳的音调感觉与声音的频率相对应,频率高,音调高,声音听起来"尖";频率低,音调低,声音听起来"沉"。音色是人耳听觉的一种感受特性,代表人耳区别相同响度和音调的两类不同声音的主观感觉。

2. 听觉的方位感和立体声

立体声是指具有空间感的声音,立体声技术是利用听觉的方位感,在放音时重现各种声源的方向及相对位置的技术。

(1) 双耳效应:人们是用两只耳朵同时听声音的,当某一声源至两只耳朵的距离不同时,此时两只耳朵虽然听到的是同一声波,但却存在着时间差(相位差)和强度差(声级差),它们成为听觉系统判断低频声源方向的重要客观依据。由于到达两耳处的声波状态的不同,造成了听觉的方位感和深度感。

(2) 立体声系统:双声道的立体声系统是最基本的能给人的双耳造成立体声像的系统。在便携式立体声装置中,由于两扬声器距离较近,影响立体声效果,此时可利用界外立体声原理加入立体声展宽电路,将左、右两个声道的信号各取出一部分,通过一定的相移和延时后,再相互交叉地输入到另一声道,这样就获得了比两扬声器距离更为宽阔的声音感觉效果。录音机上立体声展扩开关(Stereo Wide),就是供人们根据需要来控制展宽电路的开与关。

录音机／录音笔 [12] 录音机的分类

录音机的分类
手提式录音机

1 手提式录音机造型

录音机的分类　[12] 录音机/录音笔

台式录音机

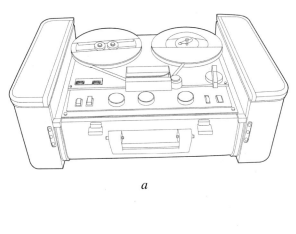
a

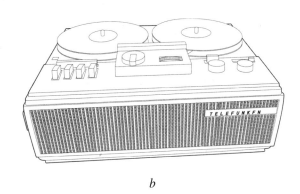
b

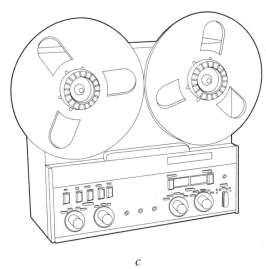
c

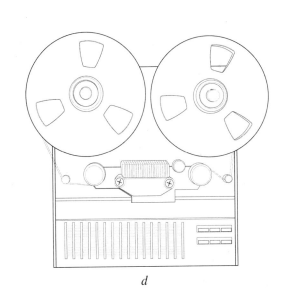
d

[1] 台式录音机造型

袖珍式录音机

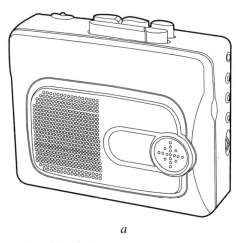
a

b

[2] 袖珍式录音机造型

159

录音机／录音笔 [12] 录音机的分类

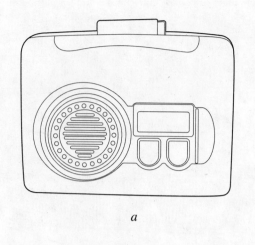
a

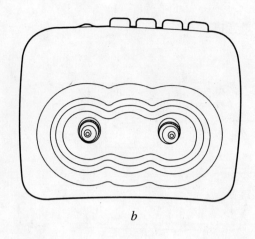
b

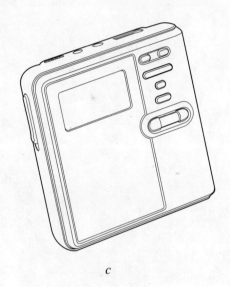
c

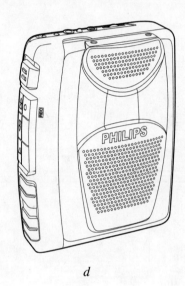
d

e

1 袖珍式录音机造型

便携式跟读录音机

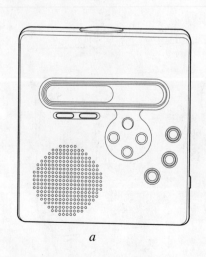
a

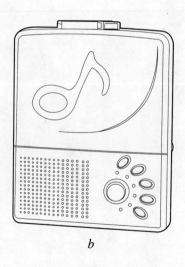
b

c

2 便携式跟读录音机造型

录音机的分类　[12] 录音机/录音笔

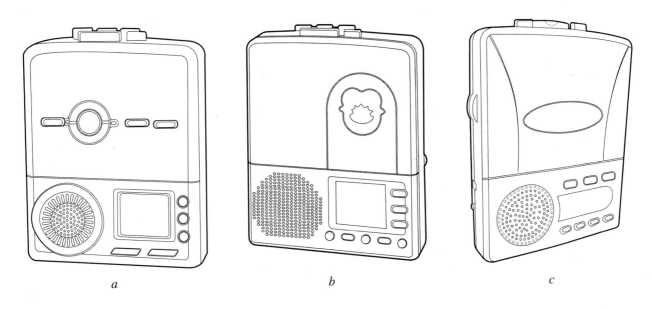

1 便携式跟读录音机造型

电话录音机

2 电话录音机造型

录音机／录音笔 [12]　录音机的分类·录音机部件示意图

1 电话录音机造型

录音机部件示意图

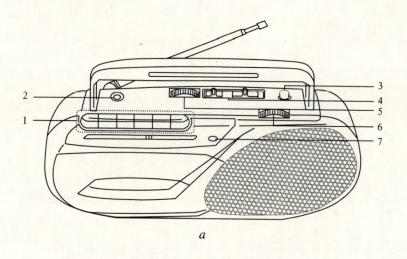

1— 磁带控制键
　　PAUSE（暂停）按键
　　STOP/EJECT（停止／弹出）按键
　　FF（快进）按键
　　REW（倒带）按键
　　PLAY（放音）按键
　　RECORD（录音）按键
2— 耳机插孔
3— TONE（微调）控制器
4— FUNCTION（功能）选择开关、磁带／收音机(TAPE/RADIO)
5— VOLUME（音量）控制器
6— TURNING（调谐）控制器
7— MIC（电容式麦克风）
8— 伸缩式天线
9— ACIN（交流电输入）插孔
10—电压选择开关
11—电池匣

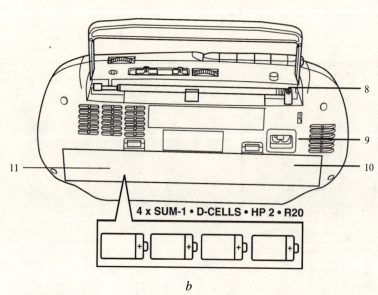

2 录音机部件

录音机的操作方式　[12] 录音机／录音笔

录音机的操作方式

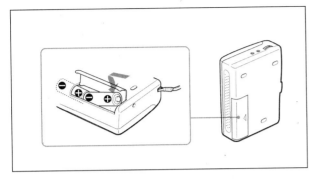

a

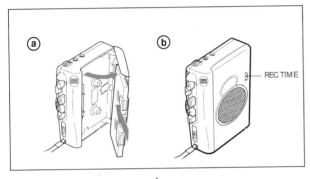

b

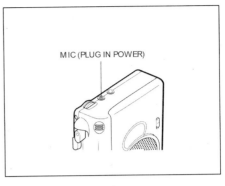

c

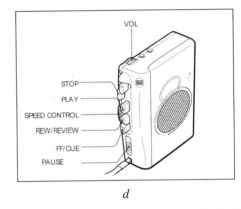

d

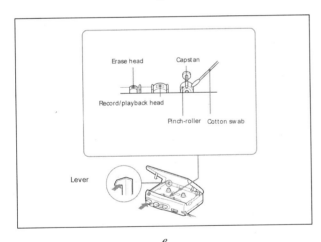

e

1 录音机操作方式

操作说明．

A 准备电源（干电池）

1. 打开电池室盖。
2. 装入两个 R6（五号，AA）电池，注意装对电极，然后关上盖子。

B 录音

利用内装单声道麦克风，可以立即录音。确认 MIC（麦克风）插孔是否没有连接着任何东西。

1. 装入标准（TYPE 1）磁带让开始录音的一面朝磁带架方向。
2. 将 RECTIME（录音时间）设定成希望的模式。
3. 按下 REC。同时按下 PLAY 以开始录音。

C 从各种不同声源录音

使用外部 MIC 录音

将附带的立体声麦克风连接至 MIC 插孔。MIC 插孔附近的凸起用于与二级插孔区别。当使用插入式电源系统麦克风时，给麦克风的电源是由本机提供的。

从其他设备录音

请用 RK-G128HG 连接导线（无附带）将其他设备接插到 MIC 插孔。

D 播放磁带

1. 装入卡式磁带让要播放面朝磁带架方向。
2. 将 REC TIME 设定与录音时用的相同位置。
3. 按下 PLAY，然后调整音量。在 VOL 旁有一升高的符号，用于表示转低音量的方向。
4. 调整磁带播放速度。将 SPEED CONTROL 设定为：

SLOW（慢），用慢速播放。中央位置，用标准速度播放。FAST（快），用快速播放。

E 维护

要清洁磁头和磁带通道时按着控制杆，同时按下 REC。

每经使用 10 小时后，请用棉棒蘸湿酒精擦拭录音机磁头，张紧主动轮。

163

录音机/录音笔 [12]　录音笔概述·录音笔的工作原理·录音笔造型

录音笔概述

数码录音笔是数字录音器的一种,携带方便,同时拥有多种功能,如激光笔功能、MP3 播放等。与传统录音机相比,数码录音笔是通过数字存储的方式来记录音频的。

录音笔的分类:录音笔按其造型可分为笔式录音笔和非笔式录音笔。

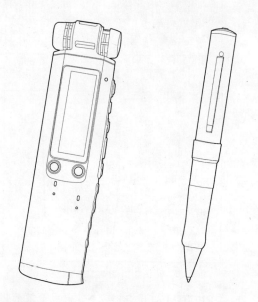

1 录音笔

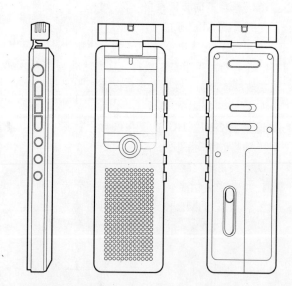

2 录音笔视图

录音笔的工作原理

数码录音笔通过对模拟信号的采样、编码将模拟信号通过数模转换器转换为数字信号,并进行一定的压缩后进行存储。而数字信号即使经过多次复制,声音信息也不会受到损失,保持原样不变。

录音笔造型

笔式录音笔

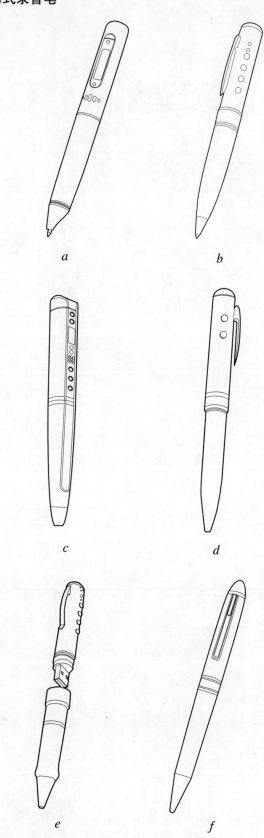

3 笔式录音笔造型

录音笔造型　[12] 录音机/录音笔

非笔式录音笔

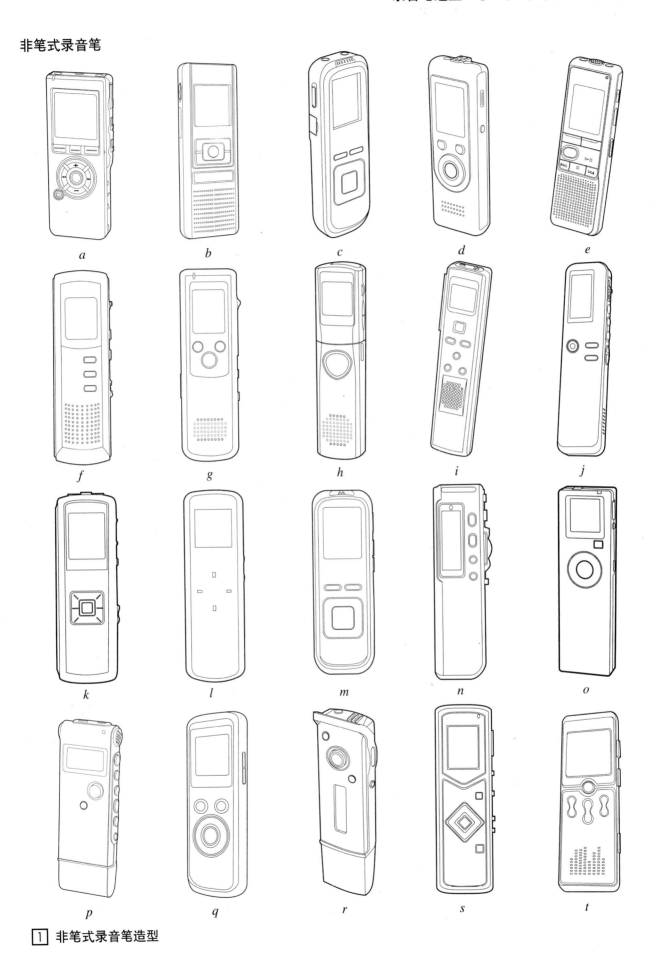

1　非笔式录音笔造型

录音机/录音笔 [12] 录音笔造型

a　　　*b*　　　*c*　　　*d*　　　*e*

f　　　*g*　　　*h*　　　*i*　　　*j*

k　　　*l*　　　*m*　　　*n*　　　*o*

1 非笔式录音笔造型

录音笔造型・录音笔的组成结构　[12] 录音机／录音笔

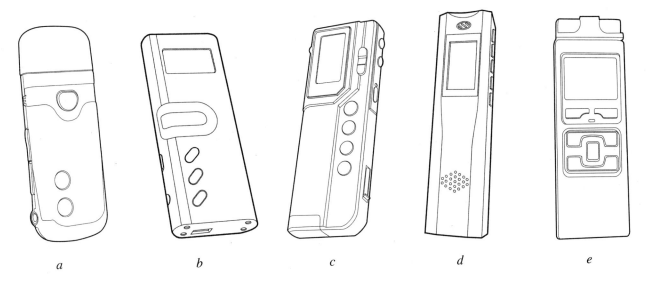

1 非笔式录音笔造型

录音笔的组成结构

数码录音笔通过对模拟信号的采样、编码将模拟信号通过数模转换器转换为数字信号，并进行一定的压缩后进行存储。而数字信号即使经过多次复制，声音信息也不会受到损失，保持原样不变。

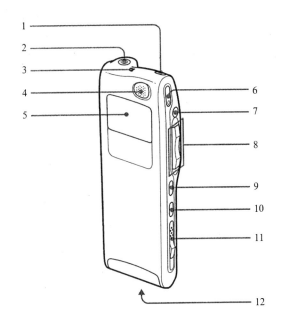
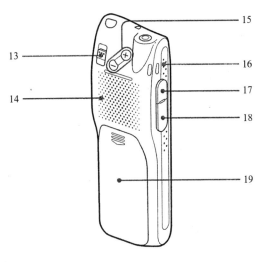

1—ERASE（擦除）按钮（25）
2—EAR（耳机）插孔（19，22）
3—OPR（操作）指示器（17，22）
4—内置麦克风（17，31）
5—显示窗口（93）
6—●REC（录音）/REC PAUSE（录音暂停）按钮（17，31）
7—●STOP（停止）按钮（17，22，27）
8—摇杆
9—INDEX/BOOKMARK（索引／书签）按钮（29，33）
10—A-B REPEAT/PR1ORITY（A-B 重放／优先）按钮（30，40）
11—EJECT（弹出）杆（15）
12—Memory Stick 插槽（14）
13—HOLD（保持）开关（52）
14—扬声器
15—VOL（音量）+/- 按钮（22）
16—附带腕带的开口
17—MIC（PLUG IN POWER（插入电源式））插孔（20）
18—USB 连接器（70）
19—电池舱（10）

2 录音笔的组成结构

167

录音机/录音笔 [12] 录音笔的使用方式

录音笔的使用方式

1. 安装电池

(1) 滑动并升起电池舱盖。

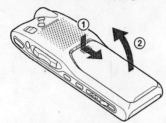

(2) 按正确极性插入两节 LR03 碱性电池，关上舱盖。

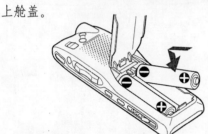

2. 设置时间

您需要设置时钟以使用报警功能或录制日期和时间。
当第一次插入电池，或本机已有一段时间未装电池时插入电池，时钟设置显示出现。此时执行步骤 4

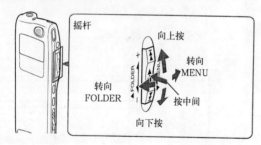

(1) 把摇杆转向 MENU。
菜单模式显示在显示窗口中。

(2) 向上按 4 次摇杆以选择 DATE & TME。

(3) 按摇杆
显示日期和时间设置窗口。年份数字闪烁。

(4) 设置日期和时间。
① 向上或向下按摇杆（▶▶l/l◀◀）以选择年份数字。
② 按摇杆（■·▶）。月份数字闪烁。
③ 按顺序设置月、日和时间，然后按摇杆（■·▶）。
再次显示菜单模式。

(5) 把摇杆转向 MENU。
显示窗口返回正常显示。

[1] 录音笔的使用方式

3. 把 Memory Stick 插入录音机

把 Memory Stick 插入 Memory Stick 插槽，端子面朝上，如下所示。

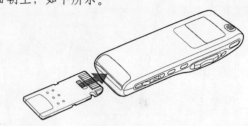

注：
• 确保牢固插入 Memory Stick
• 不要把 Memory Stick 插错方向。这可能导致本机产生故障。

4. 录音

(1) 选择文件夹

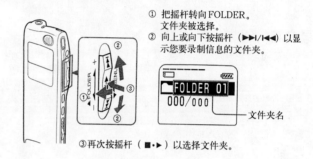

① 把摇杆转向 FOLDER。
文件夹被选择。
② 向上或向下按摇杆（▶▶l/l◀◀）以显示您要录制信息的文件夹。

③ 再次按摇杆（■·▶）以选择文件夹。

(2) 开始录音

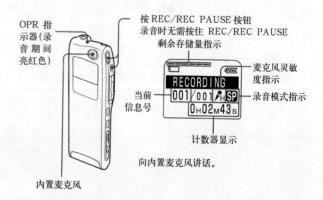

向内置麦克风讲话。

(3) 停止录音

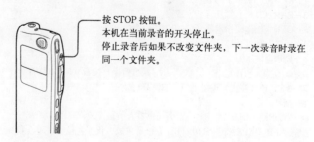

按 STOP 按钮。
本机在当前录音的开头停止。
停止录音后如果不改变文件夹，下一次录音时录在同一个文件夹。

扫描仪概述

扫描仪（Scanner）是一种高精度的光电一体化的高科技产品，它是将各种形式的图像信息输入计算机的重要工具，是继键盘和鼠标之后的第三代计算机输入设备。它是功能极强的一种输入设备。人们通常将扫描仪用于计算机图像的输入，而图像这种信息形式是一种信息量最大的形式。从最直接的图片、照片、胶片到各类图纸图形，以及各类文稿资料都可以用扫描仪输入到计算机中，进而实现对这些图像形式的信息的处理、管理、使用、存贮、输出等。

扫描仪属于计算机辅助设计（CAD）中的输入系统，通过计算机软件和计算机、输出设备（激光打印机、激光绘图机）接口，组成网印前计算机处理系统，而适用于办公自动化（OA），广泛应用在标牌面板、印制板、印刷行业等。

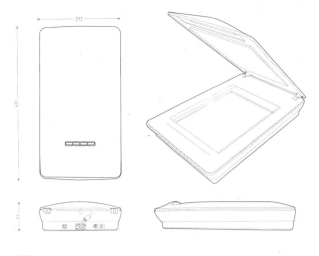

1 平板扫描仪尺寸图

扫描仪的发展历史

扫描仪是19世纪80年代中期才出现的光机电一体化产品，它由扫描头、控制电路和机械部件组成。采取逐行扫描，得到的数字信号以点阵的形式保存，再使用文件编辑软件将它编辑成标准格式的文本储存在磁盘上。从诞生至今，扫描仪的品种多种多样，并在不断地发展着。

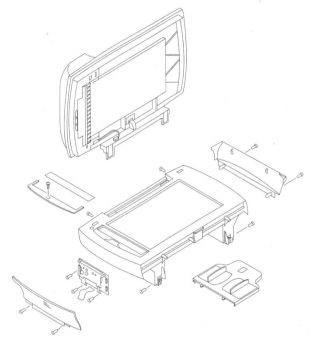

2 平板扫描仪爆炸图

手持式扫描仪	诞生于1987年，当时使用比较广泛，手持式扫描仪扫描幅面窄，难于操作和捕获精确图像，扫描效果也差。1996年后，各扫描仪厂家相继停产，从此手持式扫描仪销声匿迹	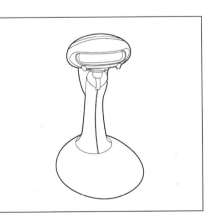

3 扫描仪的发展历史

扫描仪 [13] 扫描仪的发展历史

馈纸式扫描仪	诞生于20世纪90年代初，随着平板式扫描仪价格的下降，这类产品也于1997年后退出了历史舞台	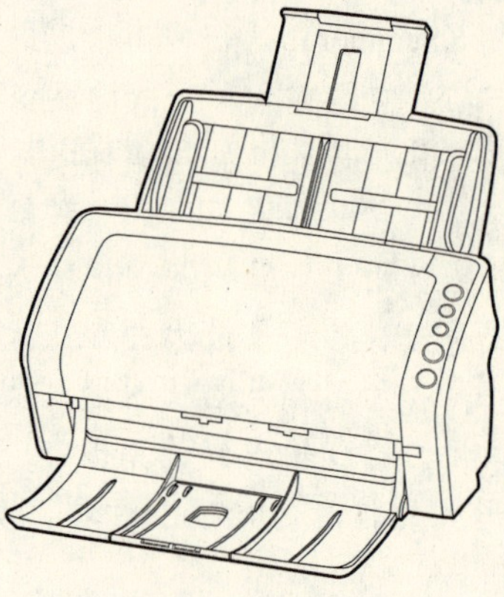
鼓式扫描仪	又称为滚筒式扫描仪，鼓式扫描仪是专业印刷排版领域应用最广泛的产品，它使用的感光器件是光电倍增管。这种电子管，性能远远高于CCD类扫描仪	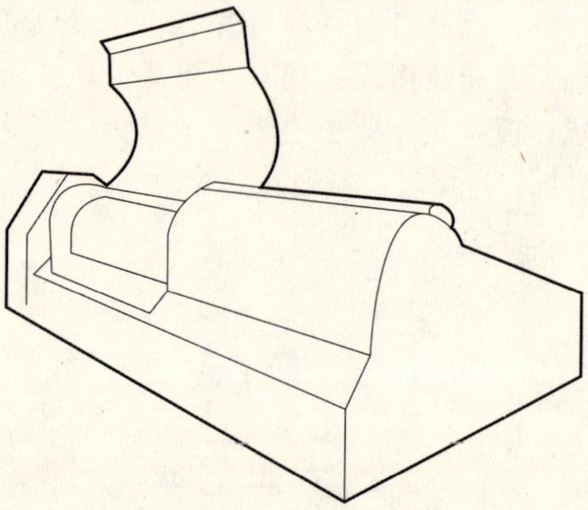
平板式扫描仪	又称平台式扫描仪、台式扫描仪，这种扫描仪诞生于1984年，是目前办公用扫描仪的主流产品。扫描幅面一般为A4	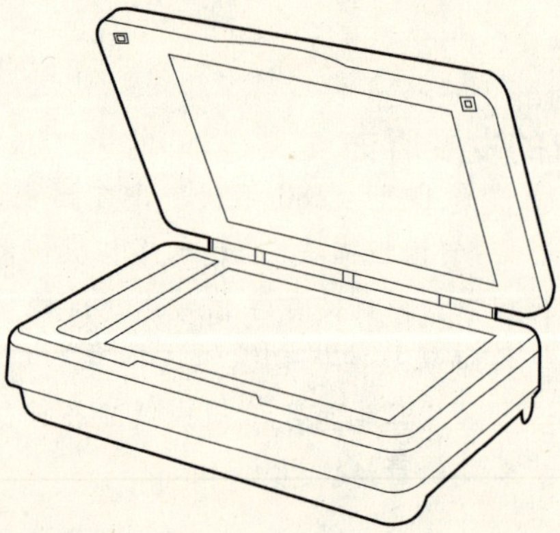
大幅面扫描仪	一般指扫描幅面为A1、A0、A3幅面的扫描仪，又称工程图纸扫描仪	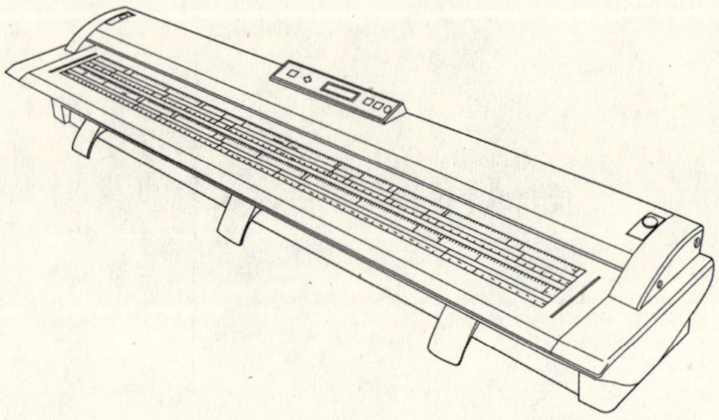

1 扫描仪的发展历史

扫描仪的发展历史 [13] 扫描仪

笔式扫描仪	又称为扫描笔，是2000年左右出现的产品，市场上很少见到。该扫描仪外形与一支笔相似，扫描宽度大约与四号汉字相同，使用时，贴在纸上一行一行地扫描，主要用于文字识别	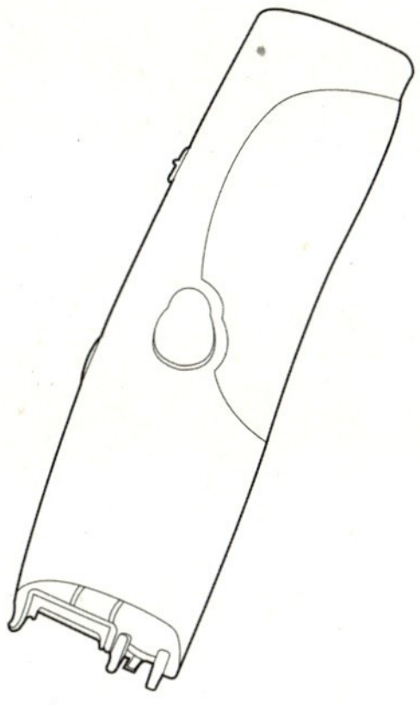
条码扫描仪	又称为条码阅读器。有很多类型，与早期的手持式扫描仪外形相似，主要用于条码的扫描识别，不能用来扫描文字和图像	
胶卷扫描仪	又称胶片扫描仪，光学分辨率一般可以达到2700dpi的水平	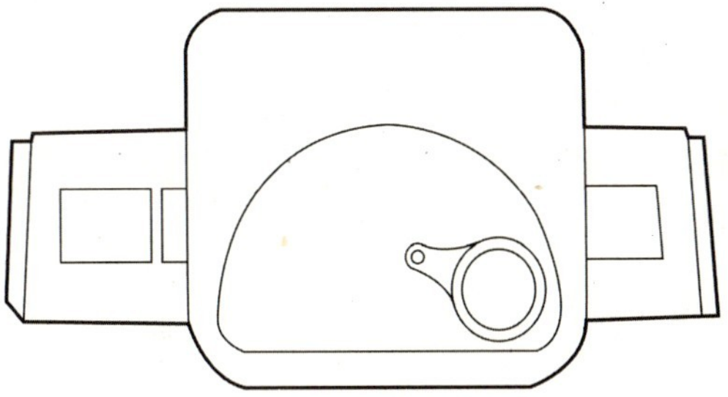
3D扫描仪	结构原理也与传统的扫描仪完全不同，生成的文件能够精确描述物体三维结构的一系列坐标数据，输入3DMAX中即可完整地还原出物体的3D模型，无彩色和黑白之分	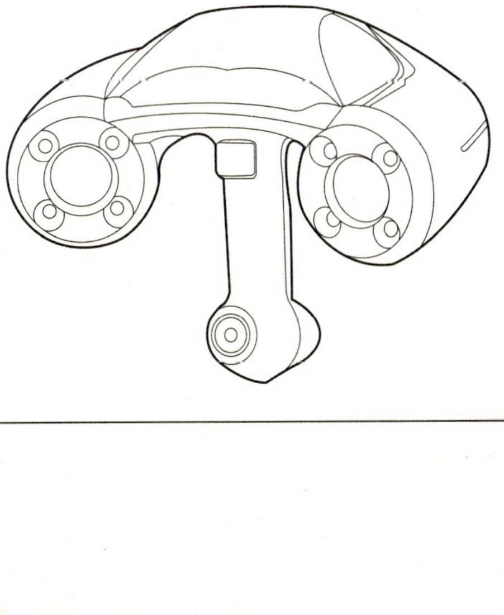

1 扫描仪的发展历史

扫描仪 [13] 扫描仪的分类

扫描仪的分类

（1）按照扫描仪的使用环境，可分为桌上型扫描仪、落地式扫描仪，以及手持式扫描仪。

（2）根据扫描原稿与扫描传动方式的不同，桌上型扫描仪大体可以分为馈纸式扫描仪、平台式扫描仪和透明胶卷扫描仪。

（3）按照扫描仪采用的光电转换器件划分，可分为平台式（CCD——Charge Coupled Device——电荷耦合器件）扫描仪、滚筒式（PMT——Photo Multiplier Tube——光电倍增管）扫描仪、CIS（Contact Image Sensor——接触式图像传感器）扫描仪。

（4）按照扫描仪的接口方式来划分，可分为SCSI（Small Computer System Interface——小型计算机系统接口）接口的扫描仪、EPP（Enhanced Parallel Port——增强型的并行口）接口的扫描仪、USB（Universal Serial Bus——通用串行总线）和IEEE 1394接口的扫描仪。

（5）按照扫描仪的市场划分，可分为家用扫描仪和办公用扫描仪、商用扫描仪、专业级扫描仪。

（6）按照扫描仪所能扫描的最大尺寸范围划分，可分为A4幅面扫描仪、A4加长幅面扫描仪、A3幅面扫描仪和A3加长幅面扫描仪，以及大幅面扫描仪。

此外还有实物扫描仪、名片扫描仪、条码型扫描仪、笔式扫描仪等。

平板式扫描仪

1 平板式扫描仪造型

扫描仪的分类 [13] 扫描仪

平板式扫描仪

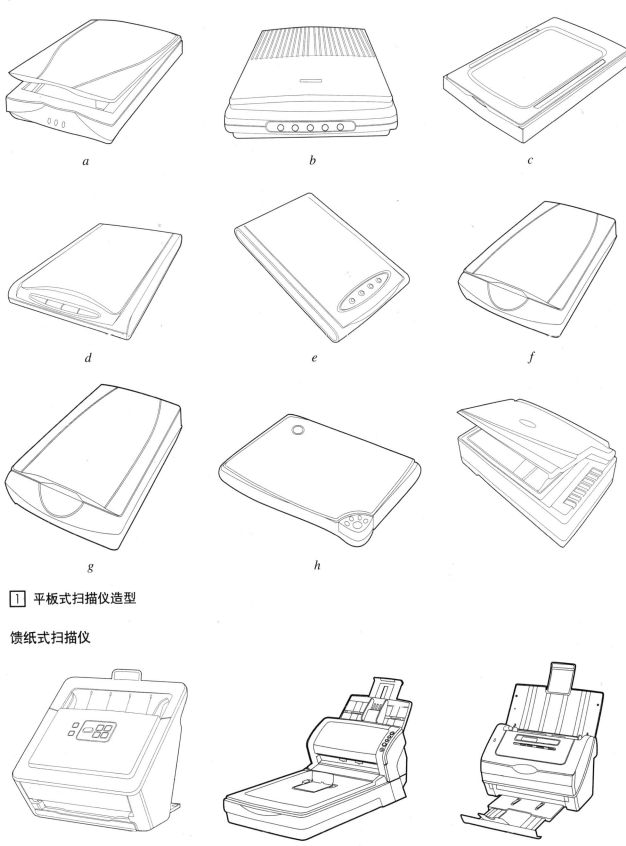

1 平板式扫描仪造型

馈纸式扫描仪

2 馈纸式扫描仪造型

扫描仪 [13] 扫描仪的分类

便携式扫描仪

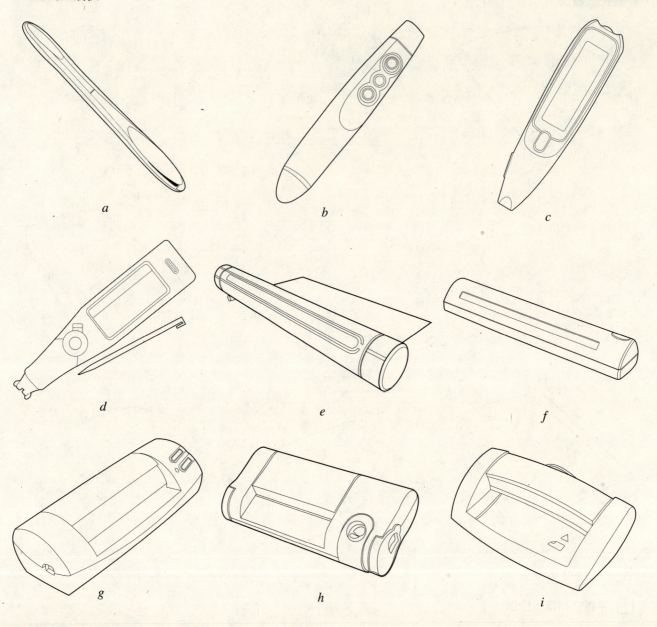

1 便携式扫描仪造型

大幅面扫描仪

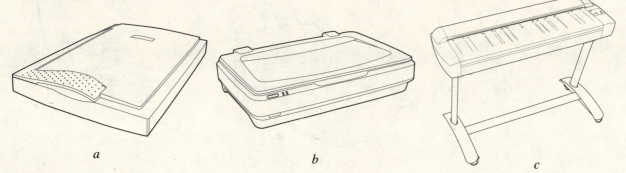

2 大幅面扫描仪造型

胶卷扫描仪

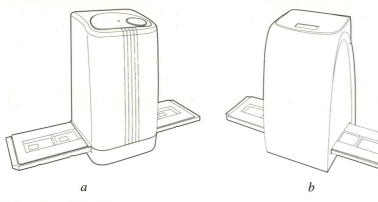
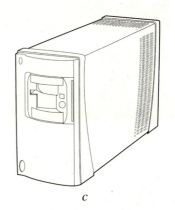

① 胶卷扫描仪造型

条码扫描仪

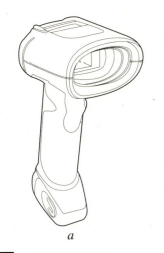

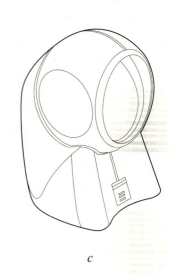

② 条码扫描仪造型

扫描仪的基本工作原理

虽然扫描仪的种类很多，但扫描仪的基本原理是一样的。其原理是：当扫描仪工作时，首先由扫描仪光源将光线照在要输入的原稿图像上，产生表示图像特征的反射光（反射稿或透射稿），光学系统采集这些光线，然后将其聚焦在光电转换器上，由光电转化器件将光信号转化为电信号，再由电路部分的模拟/数字转换器（A/D）进行模拟/数字转换及处理，产生相应的数字信号，通过接口传输到计算机。扫描仪的机械传动机构在控制电路的控制下，带动装有光学系统和光电转换器件组成的扫描头对原稿进行逐行扫描，当将原稿图像全部扫描一遍，一幅完整的图像就输入到计算机中了。

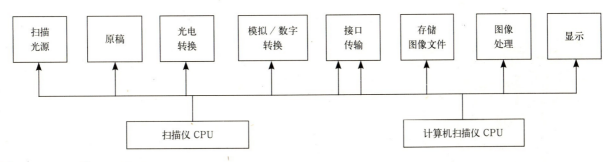

③ 扫描仪的基本工作原理

扫描仪 [13] 扫描仪的基本工作原理·扫描仪的组成、性能指标及使用方式

由于不同结构的扫描仪所采用的核心部件——光电转换器件是不同的，其结构不同，工作原理会有一定的差别，现在以平台式扫描仪（Flatbed scanner）为例，详细说明扫描仪的工作原理。

平板式扫描仪工作原理

平台式扫描仪类似于复印机的原理，它是由传动装置驱动扫描组件（光源、CCD）来完成扫描。其原理图如图所示。

平台式扫描仪具有一个透明的扫描平台，将原稿放在扫描平台上，当扫描反射稿时，扫描仪自身携带的光源照射到准备扫描的图像上。扫描光源提供线状的照片，每次照亮原稿的一行，原稿图像上较暗的部分反射较少的光，较亮的部分反射较多的光。光源经过光学成像系统最终到达称之为电荷耦合器件（CCD）的感光敏元件上，CCD可以检测图像上不同部分反射的不同强度的光，并将每个采样点的光波转换成光电脉冲，由于采用RGB三线彩色CCD芯片，即将光线转换成RGB模拟信号，经过模拟/数字转换器将电压脉冲转换成计算机数字化信息，即图像的数字化。经过数字化处理后，所获取的图像均为数字化图像，可供控制扫描仪操作的扫描驱动程序都认这些数据，并重新组织成计算机图像文件，通过接口电路将数字信号送入计算机，供计算机存储、显示、编辑、输出用。

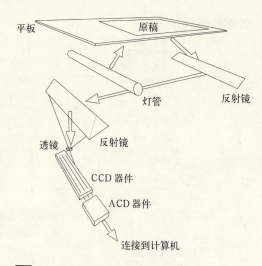

[1] 平板式扫描仪的工作原理图

扫描仪的组成、性能指标及使用方式

1. 扫描仪的组成

扫描仪主要由光学、光电转换部件、电子系统、机械系统部分组成。这几个部分互相配合，将图像特征的光信号转换成计算机可接收的电信号。

扫描仪的光学系统主要由光源、反射镜、透射镜，以及平板玻璃台组成，是扫描仪扫描图像的重要组成部分。光电转换器件是平台式扫描仪的核心部件，它不仅对扫描仪的性能起着至关重要的作用，扫描仪的机械系统主要由步进电机、传动齿轮、导轨和传动皮带等组成。

2. 扫描仪的性能指标

扫描仪主要性能指标，主要是由扫描仪的技术指标决定的，而扫描仪的技术指标主要包括扫描仪光学分辨率、色彩位数、动态范围、缩放倍率、最大幅面、扫描原稿类型、扫描速度等。

光学分辨率直接决定了扫描仪扫描图像的清晰程度。扫描仪的分辨率通常用dpi来表示。扫描仪的色彩位数也叫色彩深度，即扫描仪采用色彩深度来表达所能捕获图像的色彩。动态范围也叫密度范围或浓度值，是扫描仪所能记录的色调范围，通常是指接近纯白到纯黑的范围。

3. 扫描仪的使用方式（扫描底片使用说明）

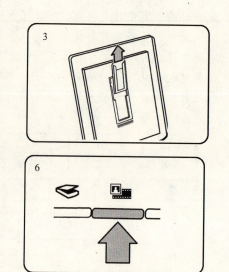

[2] 扫描仪的使用方式

收音机概述·收音机的发展历史　**[14] 收音机**

收音机概述

收音机英文名称为 Radio，是由机械、电子、磁铁等构造而成，用电能将电波信号转换为声音，收听广播电台发射的电波信号的机器。又名无线电、广播等。

收音机按照大小分可分为：台式收音机、便携式收音机、口袋式收音机、袖珍型收音机、微型收音机，以及内置收音机；按照元器件分类可分为矿石收音机、真空管收音机、半导体收音机和集成电路收音机；从波段上可以基本分为调频与中波二波段收音机、短波与调频二波段收音机、短波与中波二波段收音机、3～4多波段收音机(调频I中波I1～2短波)、5～14多波段收音机（调频I中波I3～12个短波)、全波段。目前市场上单波段、二波段收音机较少，融调频、中波与短波为一体的多波段收音机为多。从功能上收音机又可以基本分为传统机械指针式收音机、非存储模拟调谐数显收音机、能存储电台频率的 PLL 合成、DSP 电子数调机。

收音机的发展历史

1895年，意大利的 Guglielmo Marconi 第一个成功地收发了远程无线电信号。1902年，Marconi 发表了一篇关于"谐振无线电报"的演讲。演讲中指出，他已能区别由两台不同的发射机发出的互相干扰的信号。

1902年，美国人巴纳特·史特波斐德在肯塔基州穆雷市成功进行了第一次无线电广播，他所用的设备正是矿石收音机的雏形。1910年，美国的邓伍迪和皮卡特终于发明了世界上第一台矿石收音机。矿石收音机依靠靠天线接收电波，机内装有简单的调谐电路，可将接收到的电波按所需的波长选择出来输送给矿石检波器并从电波中分检出记载音频信号的电流，然后通过耳机将电流转换成声音。矿石收音机无需电池，结构简单。但由于当时这种收音机并不灵敏，且不能很好区别不同波长的广播，因此，通常只能用来接收当地的广播。

美国费里斯特、阿姆斯特朗与费森顿分别于1912年、1918年、1921年发明了再生式、外差式与超外差式电路，为现代接收机奠定了重要基础。在20世纪20年代以前，短波被认为是没用的。直到1921年12月，无线电业余爱好者最先进行短波无线电广播。美国电路工程师阿姆斯特朗在此基础上发明了调频收音机。1925年，他发明了使载波的瞬时频率随传播信号的变化规律而变化的调制方法，即调频方法。这种调制方式要求工作波长极短，必须使用特制的收音机，但由于它不怕余波干扰、不串台，所以具有极好的接收性能。1933年，阿姆斯特朗发现宽带调频原理，首次进行调频制广播。1927年，美国布莱克发明反馈电路，5年后普遍应用于收音机。

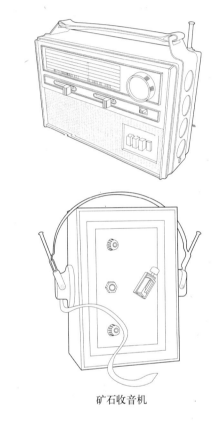

矿石收音机

矿石收音机工作原理图

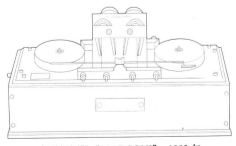

电磁探测器 "MARCONI"，1903年

TELEFUNKEN 收音机，中波，铜制的反应电路被封闭，电池供电，1926

收音机 [14]   收音机的发展历史

20世纪20年代末、30年代初是收音机的繁荣期，出现了数千家收音机生产厂家。到1934年收音机已成为普通家庭的必备品。所以，收音机的外观所用材料变得越来越重要。那时大多数收音机使用的是木制外壳。1933年，美国阿姆斯特朗发明了短波(FM)收音机。1935年，收音机上开始出现阴极射线调谐指示器——电眼。为了使司机注意路面，芝加哥的高尔文制造公司甚至推出一种不用旋钮调台的直流电收音机，装在汽车上。取名摩托罗拉（汽车收音机，MOTOR：汽车发动机、ROLA：悦耳的声音，移动之声）。这是世界上第一台汽车收音机。该公司在1947年正式更名为摩托罗拉公司。

1947年12月，美国贝尔实验室的科学家发明晶体管，因其制造困难且成本高，晶体管的实际应用显得相对缓慢。

晶体管的出现为制造小型化的收音机提供了可能。到1953年，TEXAS INSTRUMENTS 公司有了自己的晶体管生产线。公司总裁 P.E.Haggerty 认为生产晶体管收音机的时机已成熟，他们很快设计了制造收音机的晶体管，并开始寻找生产这种收音机的厂家。最终，TEXAS INSTRUMENTS 公司与 I.D.E.A 公司开始合作。1954年10月18日，美国得克萨斯仪器公司 I.D.E.A 研制出第一台晶体声收音机 REGENCY TR-1，虽然是第一台，但它销量并不好，几年后就慢慢消失了。紧接着，1955年2月 Raytheon，另一家公司推出了他们的晶体管收音机 8TP-1，它比 REGENCY TR-1 大，音响效果好。

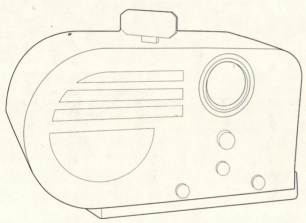

Philco（飞歌） deco-style 收音机，1937年

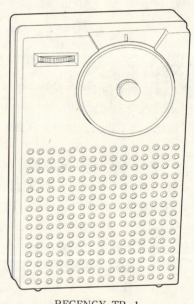

REGENCY TR-1

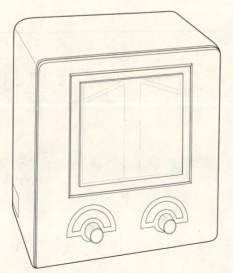

意大利流行的收音机 Radiobalilla，1937年，中波波段，反馈电路，3根电子管，这种收音机已由工厂批量生产

8TR-1

收音机的发展历史　　[14] 收音机

　　20世纪50年代初，日本战后重建。当时的东京通信工程公司（即后来的SONY公司）为开拓国际市场，在1953年从WESTERN ELECTRIC取得了生产晶体管的执照，并且是贝尔实验室的专利。1954年，第一个晶体管面世。1955年，他们生产出第一台晶体管收音机，TR-55型。1957年3月，生产出第一台袋装式收音机TR-63型，是当时世界上最小的收音机，它把日本传统器物所特有的精致融入设计中，人们都很喜欢。TR-63型收音机取得了世界性的成功。这是一场革命，开创了技术与艺术结合的道路。

　　1957年出现了Esaki diode（二极管）。1958发明了硅晶体管。

　　Harman Kardon公司于1954年开发了世界上第一台高保真收音机。1958年又开发出世界上第一台立体声收音机（见下面两张图）。这种广播放出来的音乐声给人们以方向感和空间感，就像坐在剧场里欣赏音乐节目一样，有身临其境的感觉。50年代末，美国工程师赖纳德·康最先研制出立体声广播系统。1960年，蒙特利尔广播站首次应用赖纳德·康的系统进行立体声广播。

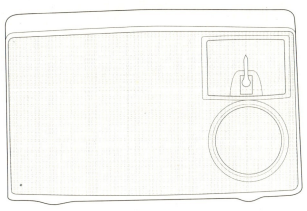
TR-55

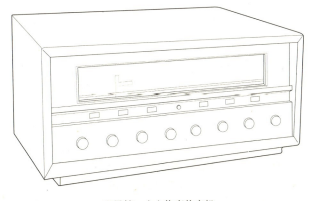
世界第一台高保真收音机

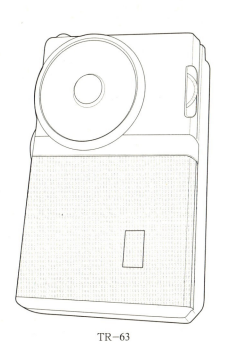
TR-63

世界第一台立体声收音机

1 收音机的发展历史

收音机 [14] 收音机的发展历史

在 TR-63 取得巨大成功后，SONY 推出更小的袋装式收音机 TR-610，这是晶体管收音机最典型的代表。这款收音机当时出售了将近 50 万台，以至于美国的收音机制造商不得不开始担心起自己的命运。

从 60 年代开始，日本通过缩小零件尺寸和重新设计电路，使他们的收音机越来越小。第三股日本风是随着迷你收音机的出现而来的。SONY 在 60 年代初推出 ICR-120，这款收音机采用合并电路，将晶体管和其他零件组合在一起，采用集成电路。1963 年，它已畅销全世界。继 ICR-120 之后，SONY 的世界第一台成功商品化 IC 收音机（ICR-100）于 1966 年面世。

ICR-100

1980 年代，电调谐收音机开始大行其道。机械式调谐容易造成频率漂移、信号干扰，而电调谐收音机可锁定 20 个中、短波频率，大大提高收音的真切度。

1980 年代中期，微处理器进入收音机，形成电脑全自动化。这类收音机普遍带有液晶数字化频率的显示电脑控制，只需 7 秒钟就可以完成全频率的搜索选台。在整个搜索过程中，电脑会把该电台频率所对应的分频数码送入随机的存储器中，一旦发现某一频率有电台播音时，就会自动锁住，使收音机进入收音状态。

TR-610

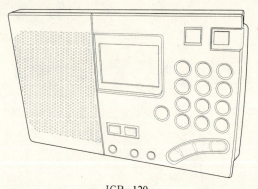

ICR-120

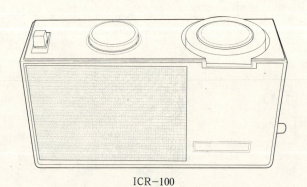

ICR-100

1980 年代末，荷兰菲利浦公司研制出一只图钉大小的硅芯片调频收音机，它包含了除输入天线和扬声器外的收音机的全部电路元件。这种微型收音机可以装在怀表、打火机、眼镜、钢笔，以及其他随身携带的用品中，可满足人们快节奏地接收信息量的需要。

1970 年代，多波段收音机开始流行于市场。如 10 波段以上的收音机频率范围宽，收听短波效果好，深受消费者的偏爱。到 1977 年，美国已出售 2 亿台 FM 调频收音机。那时还出现收音、录音两用的收录机。

1990 年代初，美国庄逊电子公司研制成功一种永久电源收音机，只要在收音机顶端的圆孔内注入少量盐水，便可继续收听使用，电池寿命为 1 万小时，特殊情况也可用啤酒、苏打水、天然水等液体来代替盐水。因此，这种收音机在任何情况下都不必担心缺乏电源供应。

1 收音机的发展历史

1990年6月，加拿大生产出一种采用L-band板的数字收音机。这种收音机不像AM、FM那样易被干扰。1992年，世界收音机管理会议指定用L-band板在世界范围内生产数字收音机。1995年，第一台商业L-band板数字收音机出现于市场，收音机开始了由晶体管时代向数字时代的转变。

1999年10月26日，XM人造卫星无线电通信公司与三菱电气自动化公司签署一项协议来共同设计、发展、生产和销售能接收人造卫星发射信息的收音机。用这种收音机，只要一根小天线，听众无论何地，都能准确地收听到来自世界各地的节目。2000年，Sonicbox公司的ImBand Remote Tuner成为世界上第一台互联网收音机，它还可以与你的电脑之间通信，通信频率是900MHz，当它通过电脑在互联网找到一家电台后，遥控配置有ImBand的接收机，这样你的立体声设备就会播放出该电台的音乐或者是新闻了。

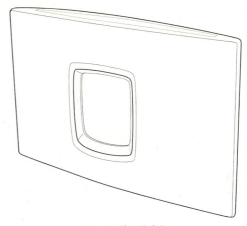

爱立信无线因特网收音机 H100

2 收音机的发展历史

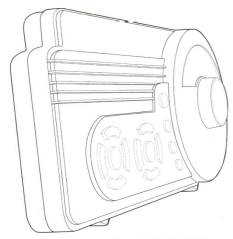

ImBand Remote Tuner 互联网收音机

1 收音机的发展历史

2001年，爱立信公司推出世界上首部无线因特网收音机H100，这部收音机不需要计算机的帮助，就能够把因特网上的音频内容送入千家万户。

据爱立信公司介绍，这种收音机使用蓝牙TM技术，能够访问因特网上数千个广播电台。收音机设有快捷键，用户可以借此浏览、选择广播电台，并保存自己喜欢的电台。用户还能创建自己的音乐档案，然后从因特网或计算机上访问声音文件。收音机内置立体声扬声器，不过也可以用耳机或家里的立体声系统播放。

这种收音机用电池供电，只要在距离"蓝牙"访问点100米以内范围，都可以收到信号。蓝牙访问点同宽带因特网连接。因特网收音机通过以太网缆也可以直接连接宽带调制解调器。

收音机的组成结构及使用方式

最简单的收音机（能够收听某一电台节目）的组成：天线+调谐电容+带磁棒的线圈+二极管+灵敏耳机。当然，现在很少会有人再去购买使用这样的收音机了。如果当做发烧友日常工作之外的兴趣手工劳动成果拿出来或许还值得炫耀一番。我们今天最常见到得收音机其实是口袋式全波段的，足够敏感而又快捷。我们以德生（TECSUN）BCL3000为例给大家介绍收音机的基本组成和操作方式：

德生（TECSUN）BCL3000使用微处理器（MCU）控制，可显示电台频率、时间、电池容量、广播信号的强度，并可控制收音机自动开机、智能式睡眠自动关机。内芯采用6片功能独立的优秀集成电路，组成性能优异的收音机电路。调频波段采用独立的三连调谐高放电路，以保证有足够高的灵敏度与选择性。接收方面设置了调频75Ω天线插口，可连接调频室外天线，也可以连接本地调频有线广播网（CABLE FM）。输出端设置了短波低通滤波器（30MHz LPF），可抑制强信号的调频电台及VHF甚高频通信信号对短波接收的干扰。独特的快/慢速调谐机构，方便用户快速、准确地选台。选用4寸优质喇叭和BTL音频放大集成电路，设置独立的高、低音调节旋钮。用耳机可听调频立体声。用户也可根据收听情况，关闭调频立体声，以获得更高的信噪比。设置左/右声道线路输出插口，这样就可把本机作为调谐器，连接音响放大器，取得更好的收听效果。显示屏采用橙色背光照明，可手动选择两种照明方式。在选台过程中，收音机会自动点亮显示屏照明灯。可使用外接交流电源/外接直流电源/4节R20（大号）电池三种方式供电。

收音机 [14] 收音机的组成结构及使用方式

收音机主要构成部件示意

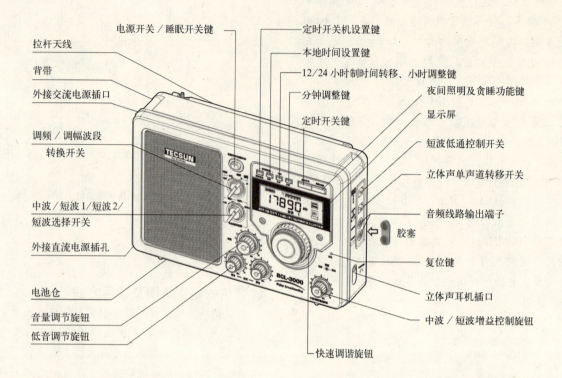

电源开关/睡眠开关键
拉杆天线
背带
外接交流电源插口
调频/调幅波段转换开关
中波/短波1/短波2/短波选择开关
外接直流电源插孔
电池仓
音量调节旋钮
低音调节旋钮

定时开关机设置键
本地时间设置键
12/24小时制时间转移、小时调整键
分钟调整键
定时开关键
夜间照明及贪睡功能键
显示屏
短波低通控制开关
立体声单声道转移开关
音频线路输出端子
胶塞
复位键
立体声耳机插口
中波/短波增益控制旋钮
快速调谐旋钮

① 收音机主要构成部件

收音机使用方式介绍

使用电池：
1. 本机具有电池容量显示及电池电压不足自动关机保护功能。装入新电池后，显示屏上会显示电池容量符号。
2. 如果电池容量符号显示为空白并不断闪烁时，表示电池电量即将耗尽。稍后，收音机将自动关机。这时，请您及时更换新电池。
3. 更换新电池后，显示屏上的空白电池符号还会继续闪烁，直到再次开机后，才会转为满格符号显示

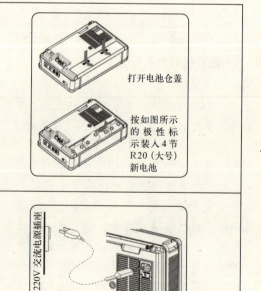

打开电池仓盖

按如图所示的极性标示装入4节R20（大号）新电池

使用交流电源：当使用交流电源供电时，本机将自动切断机内电池供电。若遇到停电，或电源插座上的插头松脱，机内电池将自动给时钟供电，但不能开机。此时您需要重新接好外接电源，或把外接电源线两端插头分别拔出，才可以重新开机

220V交流电源插座

② 收音机使用方式介绍

收音机的组成结构及使用方式　[14] 收音机

使用外接直流电源（非本机附件）：本机也可使用外接直流电源，当使用外接直流电源时，本机将自动切断机内电池供电。

请选购输出电压为6V、输出电流 ≥ 500mA、插头极性中心为负的外接直流电源。否则，可能引起收音机损坏或外接直流电源损毁，甚至会引起严重的意外事故

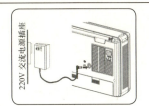

开、关收音机：

长开机：按住 [电源开关 & 睡眠开关键]，直到显示屏上的时间显示转为电台频率显示后松手。

睡眠定时自动关机：按一下 [电源开关 & 睡眠开关键]，显示屏上会显示数字90和自动关机符号。表示90分钟后，收音机会自动关机。若想改变睡眠定时自动关机时间，请在显示屏显示显示数字90和自动关机符号的时候内，连续按 [电源开关 & 睡眠开关键]，显示屏上的数字就会改变，一直调整到您想要关机的时间为止。

关机：开机状态下，按住 [电源开关 & 睡眠开关键]，直到显示屏上的电台频率显示转为时间显示即可

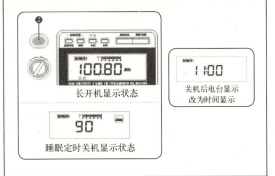

长开机显示状态　关机后电台显示改为时间显示

睡眠定时关机显示状态

选择调频波段：一般情况下，将 [调频 / 调幅波段转换开关] 旋到调频自动频率控制"开"的位置。当您想接收远距离调频弱台（FM DX）时，将 [调频 / 调幅波段转换开关] 旋到调频自动频率控制"关"的位置，可有效防止调频强台干扰和邻频电台干扰。1. 开启调频自动频率控制功能，接收本地调频电台更方便。2. 关闭调频自动频率控制功能，接收远距离调频弱台效果更好。

选择调幅波段：一般情况下，先将 [调频 / 调幅波段转换开关] 旋到调幅"窄带"位置。再旋转 [中波 / 短波选择开关]，选择您想收听的中波、短波1、短波2或短波3。若您感觉电台声音比较清晰，可将 [调频 / 调幅波段转换开关] 旋到调幅"宽带"位置，可获得更好的音质。1. 设置调幅"窄带"，接收调幅广播语音更清晰。2. 设置调幅"宽带"，接收调幅广播音质更好

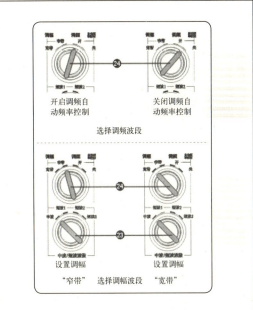

开启调频自动频率控制　关闭调频自动频率控制

选择调频波段

设置调幅"窄带"　选择调幅波段　设置调幅"宽带"

搜寻电台及中短波频率锁定功能：

1. 搜寻电台收听调频或中波广播时，使用 [快速调谐旋钮] 直接搜寻您想收听的电台。收听短波广播时，先使用 [快速调谐旋钮]，并观察显示屏上的电台频率，快速搜寻到您想收听的电台频率附近。然后微调 [慢速调谐旋钮]，精确地选择电台频率。您可以根据显示屏上电台信号强度指示，或根据您所知道的准确频率，或根据实际听感来确定最佳调谐效果。

2. 中短波频率锁定功能，本机独具中 / 短波自动频率锁定功能，克服了传统模拟式收音机的频率漂移现象。在搜台过程中，显示屏上的"kHz"符号会不断地闪烁。当您搜到想收听的电台频率，停止旋转 [快 (慢) 速调谐旋钮] 几秒后，"kHz"符号会停止闪烁，表明已自动锁定频率，防止频率漂移

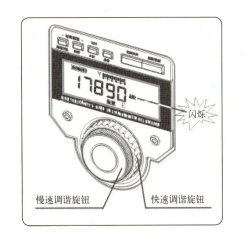

慢速调谐旋钮　快速调谐旋钮

① 收音机使用方式介绍

收音机 [14] 收音机的组成结构及使用方式

调节音量和音调：
1. 调节音量
使用 [音量调节旋钮]，改变收音机的音量大小。
2. 调节高、低音调
使用 [高音调节旋钮] 或 [低音调节旋钮] 调节高、低音调，获得您喜欢的音质

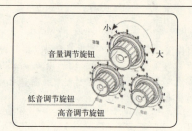

调整中波/短波增益控制：
接收中短波电台，通常把 [中波/短波增益控制旋钮] 调到"最大"的位置。这种接收状态下，收音机的灵敏度最高。但如果所接收的电台信号很强，可能会造成信号过载、声音失真，这时，请按逆时针方向调节 [中波/短波增益控制旋钮]，即可消除过载失真现象。若您所在的接收环境存在严重的电磁干扰,适当地调整 [中波/短波增益控制旋钮]（方法如上），故意降低收音机的灵敏度，以减轻电磁干扰

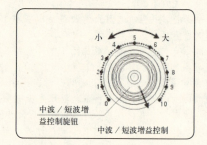

短波低通滤波器的功能与操作：
本机设置 [短波低通滤波器控制开关]，专门用来克服调频电台及VHF频率信号对中短波电台的干扰。一般情况下，请将 [短波低通滤波器控制开关] 拨到"关"的位置。若遇到强信号调频电台、VHF电视、BP传呼机及甚高频通讯信号干扰，才将 [短波低通滤波器控制开关] 拨到"开"的位置，结合调整 [中波/短波增益控制旋钮]，可有效抑制这种干扰

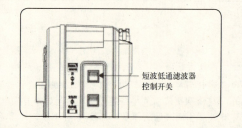

音频线路输出：
本机设置左右两路 [音频线路输出端口]，方便您连接立体声功率放大器。具体连接方法，请参照该功率放大器的使用说明书。接收调频立体声广播节目时，要把 [立体声/单声道转换开关] 拨到"立体声"的位置，这时，显示屏上显示立体声符号。若接收到的电台信号太弱或接收到的电台不是立体声广播，显示屏上不显示立体声符号。进行调频远距离接收时，将 [立体声/单声道转换开关] 拨到"单声道"的位置，可以获得更高的信噪比。使用音频线路输出，不影响收音机喇叭发声，请根据需要调节音量大小

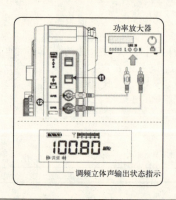

调整本地时间和定时开机时间：
调整本地时间：1. 按住 [时钟键]，直到显示屏上的时间闪烁时松手。2. 分别按 [小时键] 和 [分钟键] 来调整时间。3. 调整好时间后，再按一下 [时钟键] 确认，或者等待3秒钟后，系统自动确认。
调整定时开机时间：1. 按住 [定时开机键]，直到显示屏上的定时开机时间和开机符号闪烁时松手。2. 分别按 [小时键] 和 [分钟键] 来调整时间。3. 调整好定时开机时间后，再按一下 [定时开机] 键确认，或者等待3秒钟后，系统自动确认。
12/24小时制式转换：在关机状态下，按住 [小时键] 约1秒钟，显示屏上显示闪烁的时间制式符号，稍后，本机会自动转换到相应的时间制式

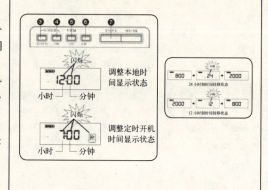

1 收音机使用方式介绍

收音机的组成结构及使用方式·收音机的分类　　[14] 收音机

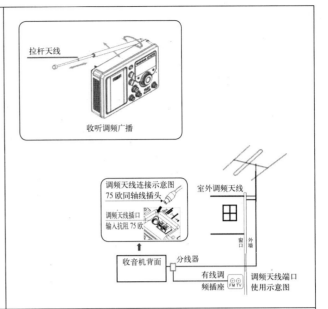

使用天线：
收听调频广播：
收音机采用拉杆天线接收调频广播，收听时，应拉出 [拉杆天线]，并改变其长短和方向，以获得最佳接收效果。需要注意的是，在强台密集的情况下，请适当缩短拉杆天线，减少强台间的互相干扰，以获得最佳接收效果。若受到很强的电台干扰造成串台时，可将 [调频/调幅波段转换开关] 旋到调频自动频率控制"关"的位置，关闭自动频率控制功能，以提高调频波段的选择性。

利用外接调频天线：
本机设置调频 75Ω 天线插口，可连接调频室外天线，进行调频远距离接收（FM DX），也可以连接本地调频有线广播（CABLE FM）

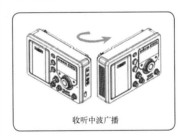

收听中波广播：
本机采用机内的磁性天线接收中波广播，具有较强的方向性。建议您在收听时，旋转机身方向，以获得最佳接收效果。

收听短波广播：
收听短波电台时，要拉出拉杆天线，并保持天线垂直，以获得最佳效果

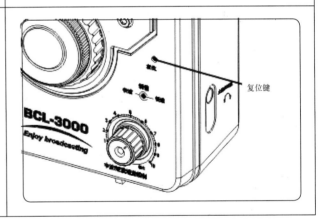

使用复位键：
本机采用了微电脑控制芯片，当遇到强烈的意外干扰时，机内的微电脑芯片可能会进入内部死循环状态，不接受外部指令，这样，就出现了"死机"现象。主要表现为：显示屏没有显示，按 [电源开关&睡眠开关] 不能正常开机；或开机后，可以正常收听电台节目，但显示屏显示混乱，按键不起作用。

为使本机恢复正常，可以断开外接电源并取出机内电池，用牙签等尖锐物体插入面板小孔，按一下 [复位键]，再装入四节大号电池或连接好电源即可

[1] 收音机使用方式介绍

收音机的分类

按照大小分类：
台式收音机。
便携式收音机。
口袋型收音机。
袖珍式收音机。
微型收音机。

内置收音机。作为电子设备例如手机、MP3 播放器、CD 播放机、卫星接收器、机顶盒等的功能组成部分。全数字化操作。所有部件由一块集成芯片完成。

按元器件分类：
真空管收音机、矿石收音机、半导体收音机、集成电路收音机。

按解调方式和波长分类：调幅收音机、长波收音机、中波收音机、短波收音机、调频收音机。

收音机 [14]　收音机的分类

台式收音机

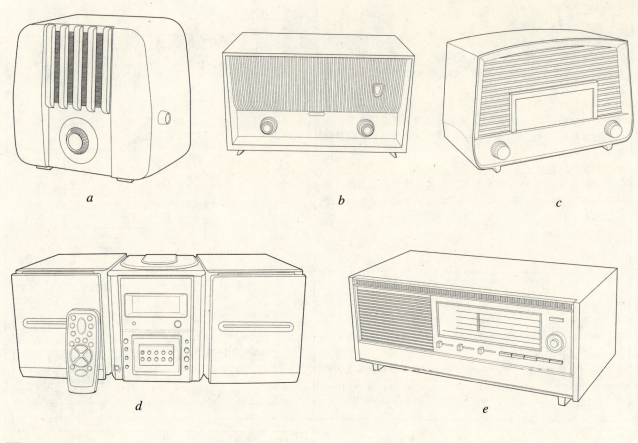

① 台式收音机

手提便携式收音机

② 手提便携式收音机

收音机的分类　[14] 收音机

1 手提便携式收音机

口袋式收音机

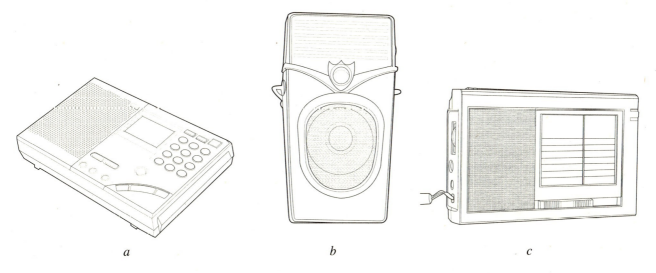

2 口袋式收音机

收音机 [14] 收音机的分类

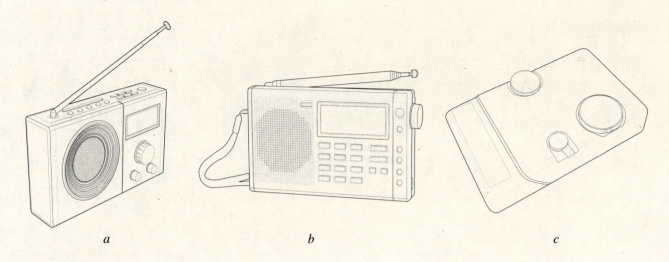

a   *b*   *c*

1️⃣ 口袋式收音机

袖珍收音机

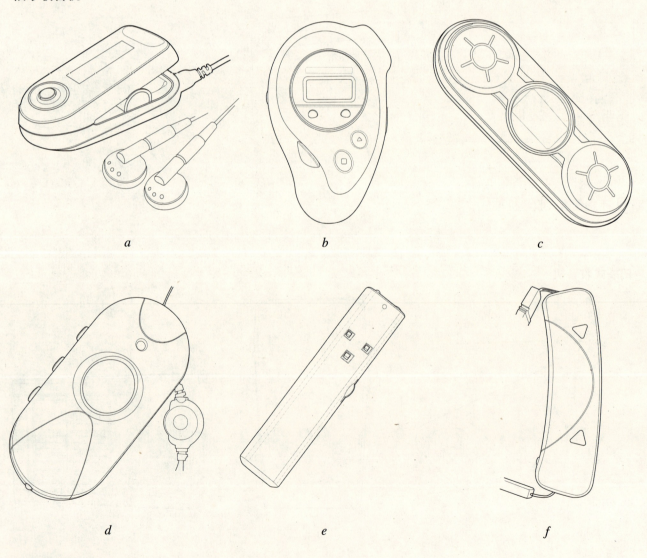

2️⃣ 袖珍收音机

卡带随身听概述

Walkman——随身听。其名称来源于作为世界上第一台随身听的生产厂商索尼的概念推广：1979年7月，历史上第一台随身听——索尼TPS-L2正式上市。这台体积为88mm×1335mm×29mm的随身听总质量只有390g。当时索尼公司的名誉会长井深大先生还与当时任索尼董事长的盛田昭夫创造了"Walkman"的概念，并逐步向全球推广。磁带随身听是一种体积小巧的以磁带为声源载体介质的便携式音乐播放机，可以让使用者边走或边做事的时候也同时享受音乐或听语言录音等。磁带随身听又叫作卡带随身听。当然，随身听发展至今，除了播放音乐之外，还具有收音、录音等等功能。

按照体积来分，卡带随身听可以分为普通型随身听和超薄型随身听。随身听诞生初期的体积虽然比当时单纯的录放机小，但依然还是体积较大，还不便于携带。发展到后来，超薄型的随身听厚度仅16.9mm。一般说来，随身听的外壳一般分为ABS工程塑料、耐热聚酯、碳纤维、铝合金、镁金属、不锈钢等，甚至有采用钛合金制造的。用工程塑料或聚酯材料制造的外壳的机器往往在外层还有一层涂料。

卡带随身听的发展历史

1877年爱迪生发明了留声机，创造了人类历史上的奇迹，使声音可以储存和再现。1888年，一位名叫史密斯的科学家提出了改进留声机的设想——让电流的变化转化成磁力的变化并储存在钢丝上，

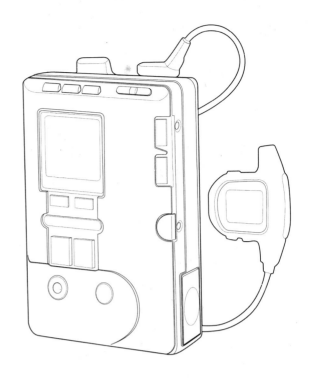

当时将声波的变化转化成电流的变化已经取得成功。1936年，德国法尔本和无线电信两家公司使这一发明发扬光大，工程师们使用带氧化铁涂层的塑料带制造出了磁带录音带。1963年，荷兰飞利浦（PHILIPS）公司研制成功了世界上第一台盒式录音机，同时也生产盒式磁带。

1979年7月：历史上第一台随身听——索尼TPS-L2正式诞生。

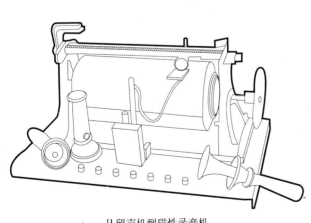

从留声机到磁性录音机

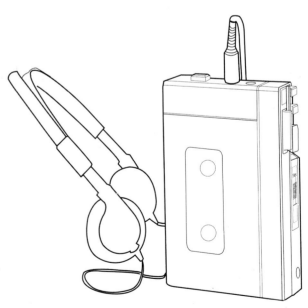

史上首台随身听——索尼TPS-L2。

1 卡带随身听的发展历史

卡带随身听 [15]　卡带随身听的发展历史

磁带随身听的发展历程与几个著名厂商的产品发展密不可分，诸如索尼、爱华等产品就是磁带随身听发展进程的缩影。这些厂商也是致力于推动随身听播放机的普及、技术的更新进步，以及随身听设计的原动力。通过对这些经典代表随身听的回顾，随身听的发展脉络及其设计的轨迹也就明晰起来，这也几乎能看到所有消费类电子产品的发展进程的影子，对于当前主流的电子产品设计有着现实的借鉴意义。
1981～1983年磁带随身听经历了功能扩大期。

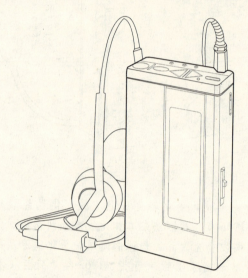

1981年前后的索尼随身听，索尼的WM-R2、WM-7、WM-5、WM-F2. 图中所示的为WM-7

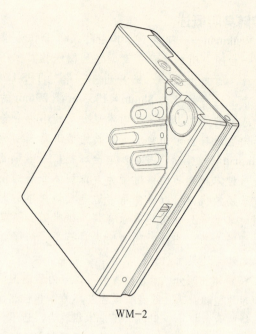

WM-2

1985～1987：新电源时期。续航时间是随身听产品发展到一定程度时必然要面对的事情，而索尼在这次竞争中赢得了先机。

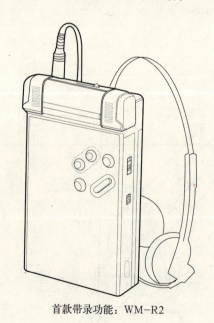

首款带录功能：WM-R2

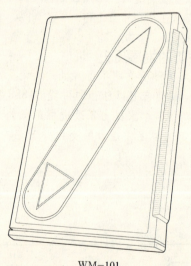

WM-101

1987～1989：音质改进期。由于CD、MD播放机的竞争，音质的改善是磁带随身听发展的必然趋势。1990年SONY公司推出了EX系列Walkman的开山之作WM－EX80，第一次在其Walkman上采用了液晶线控、AB面自动识别等先进技术，这也使Walkman的发展进入了一个比较完善的新的时代。
1989～1991：技术变革期。1991～1993：轻薄趋势开始。1993～1995：节电技术成长期。1995年：Walkman累计产量达到1.5亿台。这是一个具有里程碑意义的事件。

1983～1985：理念的张缩。这个时期全球Walkman产量累计达到1000万台，正式步入鼎盛时期。

1　卡带随身听的发展历史

卡带随身听的发展历史·卡带随身听的材料与工艺　　[15] 卡带随身听

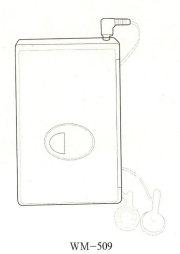

WM-509

WM-EX606

　　1997～1999：技术成熟期。同时，Walkman 危机也开始呈现。任何产品都有它的服务寿命，当技术渐渐跟不上科技的发展和消费者的需要时，式微与衰退也是必然。Sony 于 2000 年 10 月 1 日在中国推出全新的 Walkman 标志，为 Walkman 这个举世知名的名字带来全新的精彩形象。全新的 Walkman 标志，将 Walkman 的概念发挥得淋漓尽致。它象征着 Sony 在设计及革新上的创意，同时亦让顾客感受未来的数码音乐。

WM-EX777

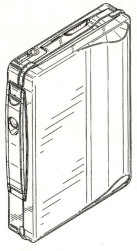

1998 年推出的 WM-EX9 正式推出，其持续播放时间延长到了 100 小时

　　磁带机的远去是历史的必然，科学技术在进步，也许哪天 MP3 这种热火的东西也会被更先进的消费品代替，电子产品的更新换代实在是不足为奇，但 Walkman 这个概念已经深深植入人心了。

1 卡带随身听的发展历史

卡带随身听的材料与工艺

　　一般说来，随身听的外壳材质主要分金属和非金属材质。金属外壳强度高、质感好，但是其一旦划伤则非常难看，且一般产品都为金属本身的颜色，较为单一。而非金属材质颜色种类繁多、成本较低，但是很容易磨损。

　　如果对材质作详细的划分，可以分为几个小类：ABS 工程塑料材质、金属合金、碳纤合金、纳米工艺的金刚玻璃材质。金属合金又可以分为：镁合金、铝合金、钛合金，都属于轻工程金属材料，相比其他金属，它们都有"一轻一高三好"的特点：比重轻、强度高，阻尼性及切削加工性好、导热性好、减振性好。

　　1.ABS 工程塑料

　　这种材质的通病是，使用时间一长，四角处的颜料漆就会磨秃，露出塑料颜色后显得陈旧丑陋。

　　优点：便宜。

　　缺点：很容易磨损。

　　2. 镁、铝合金

　　目前大多数中高端随身听产品用得最多的是镁铝合金。相对于工程塑料而言，采用镁铝合金材料的随身听来说主要优点是轻薄，并且机械强度、耐磨性得到了极大的提升，缺点是使用时间长了，表面的颜色仍然会磨掉，露出其暗灰色的本来面目，

191

如果不小心划伤的话,那道刻痕也会非常的显眼。镁合金较铝合金轻,强度更高,价格更高。采用镁合金的产品已经成为市场主流。

优点:硬度高。

缺点:时间长了也容易磨损。

3. 钛合金

金属钛是太空时代的产物,耐磨性能非常好,采用钛合金的产品可以说非常的少,价格一般都非常高。高强度、低重量的钛铝合金外壳解决了耐磨的问题,并且具有独特的金属质感,魅力无穷。钛合金材质的产品真可以说是随身听中的贵族!

优点:抗磨损性很强。

缺点:价格昂贵。

4. 碳纤维合金

目前只有少量高端随身听产品开始采用了掺入碳纤维的合金材料,强度是镁铝合金的1.2倍,耐腐蚀、耐压,手感舒适细腻。由于碳纤维合金的外面都采用了电镀工艺,所以颜色和外层处理也拥有了多种选择,耐磨,色彩历久弥新。碳纤合金使重量变得非常的轻。碳纤合金的清洁性也较好,在碳纤合金这种材质上,污迹都能轻松抹掉。

优点:轻巧,防污。

缺点:价格也较高。

5. 纳米工艺的金刚玻璃材质

纳米工艺的金刚玻璃材料,就像镜面一样晶莹剔透,极具金属质感,典雅大方,手感非常舒适。产品表面质地坚硬,抗磨损性能优异,不会掉漆,完全避免了普通产品表面容易刮花的现象,使产品使用历久弥新。

优点:质地坚硬,具有金属质感。

缺点:暂无。

很多产品都是采用了两种以上的材质,所以我们评价产品材质是需要综合考虑,注意主要材质、各种材质手感搭配是否和谐。

卡带随身听的机身结构与原理

磁带随身听最重要的两个部分就是磁头和机芯。

1. 磁头

磁头是磁性记录系统中的一个重要部件,其作用是实现电信号和磁信号的相互转换。记录时,磁头把电信号转化为磁信号,以剩磁的方式记录和存储在磁带上,实现对电信号的记录。重放时,由磁头拾取磁带上的剩磁信号并将其转换为相应的电信号输出。在磁带机中所用的磁头有录音磁头、放音磁头、录/放磁头和消声磁头。

2. 机芯结构

磁带机除了磁头以外,机芯也是一个重要的组成部分,其主要完成录/放音过程中的恒速走带、快速倒带与进带、制动及记数等功能。电路包括电源、功放、录放音电路(包括录放输入放大电路与频率补偿及均衡放大电路)、自动电平控制电路、抹音与偏磁电路及其他附属电路。

磁带随身听是利用电机驱动主导轴恒速运动,其方式主要有4种:

(1)轮缘驱动。电机轴轮靠在飞轮的橡胶轮缘上传递电机转矩,主导轴与飞轮压配为一体旋转。

(2)惰轮驱动。在电机与飞轮之间用一个橡胶轮缘的惰轮来作为媒介传动电机转矩。

(3)传动带结构。在电机轴轮和飞轮之间用环形橡胶传动带来传动电机转矩。

(4)直接驱动。直流伺服电机轴本身就是主导轴。

上面的4种方式统称为主导轴驱动方式。通常所见的随身听采用的是传动带结构,因为它有较突出的优点。橡胶传动带能较好地吸收来自电机的振动。电机的安装部位可以根据结构设计的需要自由选择。在一些高级的磁带机和卡座中,我们经常见到的是直接驱动方式。

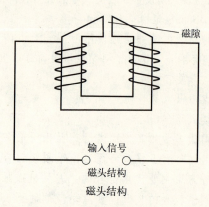

1 卡带随身听的机身结构与原理

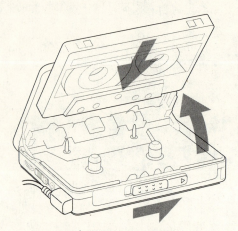

卡带随身听舱内结构

磁带的构成原理

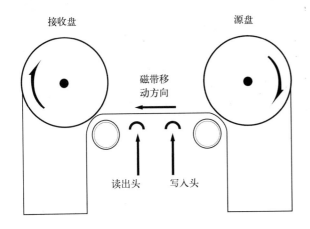

[1] 磁带的构成原理

一般普通用的磁带结构主要由带盒壳、带盒轮、润滑片、磁带、导带轮、带轴、屏蔽板、弹簧压片、防误抹片等组成。

（1）带盒壳：分上下盖两个部分，由 5 颗小螺钉连接成一体，用来装磁带机械部件。但有些品牌，比如 AXIA 牌的磁带是将带盒上下面粘成一体的，拆开后就很难复原。

（2）磁带：用来记录、存储、重放信号。

（3）带盒轮：两个盘芯中间分别为 6 个花键结构，用作供带和收带，也有阶梯形的，其内凸缘可用作防止带盒上下窜动，外凸缘可限制盘轮晃动。

（4）导带柱：位于导带轮旁，可在磁带运行中起阻尼作用。

（5）导带轮：位于带盒前方两侧，用塑料制成，套在带盒的塑料柱或不锈钢轴上。可引导磁带运行，限制磁带的运行位置，使其按规定路径行走，并且减小运行中的摩擦阻力。

（6）弹簧压片：弹簧压片上有羊毛毡，目的是利用它的弹力使磁带与磁头接触紧密。

（7）屏蔽板：一般是用铁片或铁镍合金片冲制而成，用于屏蔽置于中间窗口的磁头，以减小杂散磁场对磁头和磁带的干扰。

卡带随身听的使用方式

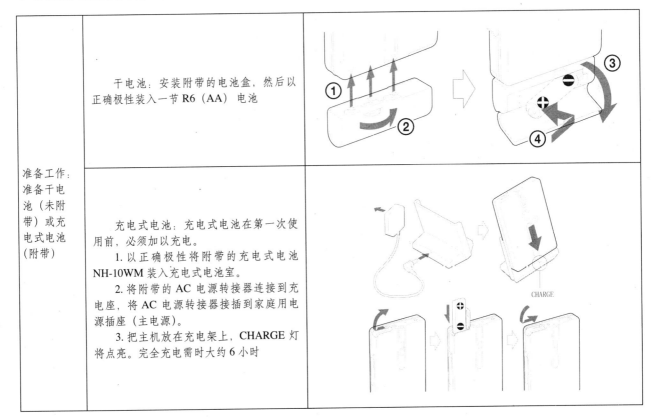

[2] 卡带随身听的使用方式

卡带随身听 [15]　卡带随身听的使用方式

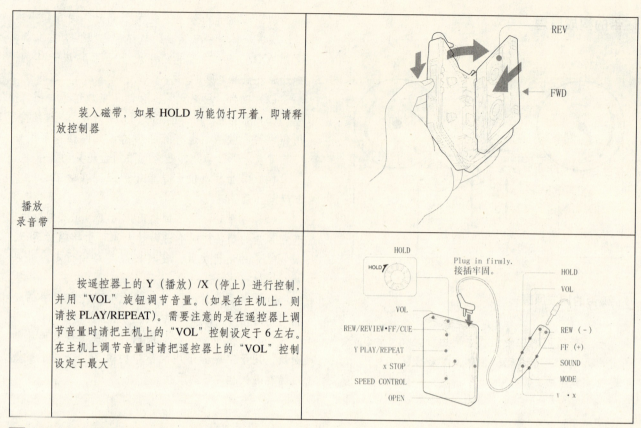

1 卡带随身听的使用方式

具体操作方式：

1. 在遥控器上操作

换播放另一面	播放中按 Y/X 1 秒钟以上
停止播放	播放中按一次 Y/X
快进	停止中按 FF
绕回	停止中按 REW
从头播放另外一面（跳越倒绕功能）	停止中按 FF 2 秒钟或以上
从头播放同一面（绕回自动播放功能）	停止中按 REW 2 秒钟或以上
重复当前曲子（反复单曲功能）	播放中按两次 Y/X 要停止单曲反复播放，请按 Y/X 一次
要从开头播放下一曲／按下 9 首曲子时	播放中按一次 FF／反复按 FF
要从开头播放当前曲子／前面 8 首曲子时	播放中按一次 REW／反复按 REW
听着声音快进绕／绕回	播放中按住 FF 或 REW，并在所要播放的点释放它。

2. 在主机上操作

换播放另一面	播放中按 PLAY/REPEAT
停止播放	按 STOP
快进	停止中向 FF/CUE 方向移动一次 REW/REVIEW FF/CUE
绕回	停止中向 REW/REVIEW 方向移动一次 REW/REVIEW FF/CUE
从头播放另外一面（跳越倒绕功能）	停止中向 FF/CUE 方向移动 REW/REVIEW FF/CUE 并按住 2 秒钟或以上
从头播放同一面（绕回自动播放功能）	停止中向 REW/REVIEW 方向移动 REW/REVIEW FF/CUE 并按住 2 秒钟或以上

2 卡带随身听的使用方式

卡带随身听的使用方式・卡带随身听的分类　[15] 卡带随身听

重复当前曲子（反复单曲功能）	播放中按住 PLAY/REPEAT 2 秒钟或以上。要停止单曲反复播放，请再按一次 PLAY/REPEAT
要从开头播放下一曲／接下 9 首曲子时	播放中向 FF/CUE 方向移动一次 REW/REVIEW FF/CUE／反复移动 REW/REVIEW
要从开头播放当前曲子／前面 8 首曲子时	播放中向 REW/REVIEW 方向移动一次 REW/REVIEW FF/CUE／反复移动 REW/REVIEW
听着声音快进绕／绕回	播放中向 FF/CUE 或 REW/REVIEW 方向移动并按住 REW/REVIEW FF/CUE，并在所要播放的点释放它

1　卡带随身听的使用方式

卡带随身听的分类

在 CD 随身听以及 MP3 随身听这类产品出现之前，卡带随身听是随身听系列的主流，受到众多音乐爱好者尤其是年轻人的追捧。这为索尼松下等随身听制造商提供了一个很好的市场。为了占领更多的市场份额，众厂商不停地对旗下的随身听产品更新换代，同时又保持风格上的传承，最终形成了各自不同的体系。但就整个市场上曾出现过的卡带随身听产品的外观造型而言，可大致将其分为普通型随身听和超薄型随身听两类。

普通型卡带随身听

2　普通型卡带随身听

卡带随身听 [15] 卡带随身听的分类

a b c

d e f

g h

1 普通型卡带随身听

卡带随身听的分类　　[15] 卡带随身听

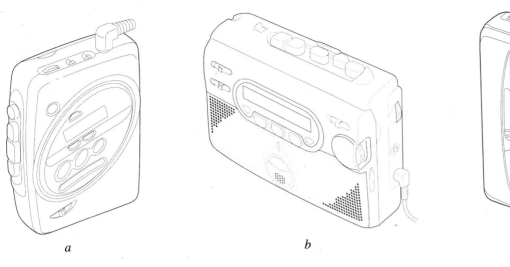
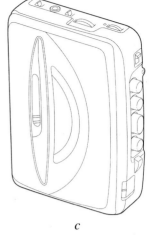

a　　　　　　　　　　*b*　　　　　　　　　　*c*

1 普通型卡带随身听

超薄型卡带随身听

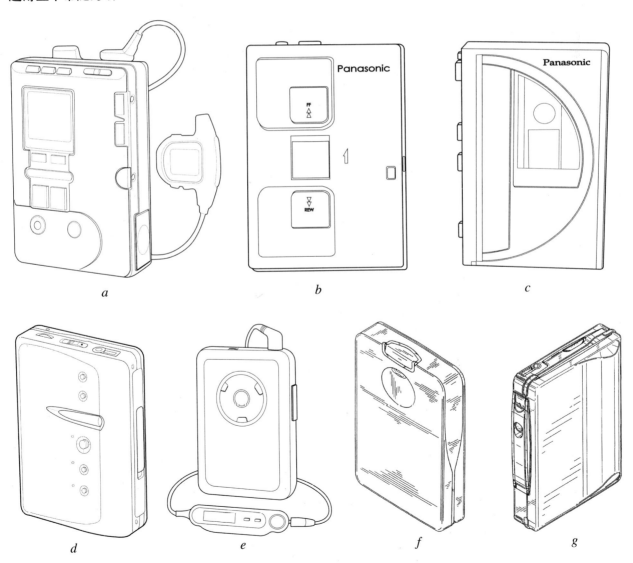

a　　　　　　　　　　*b*　　　　　　　　　　*c*

d　　　　*e*　　　　*f*　　　　*g*

2 超薄型卡带随身听

197

卡带随身听 [15] 卡带随身听的分类

a b c

d e f

g h i

1 超薄型卡带随身听

CD 随身听及光盘

CD 随身听概述

CD 随身听（或称光盘随身听）是以 CCDA (Compact Disc Digital Audio) 光盘为播放介质的小型便携型播放机。主要是播放光盘里载有的音乐或声响内容，同时也可以兼有诸如收音等的功能。

CD 随身听亦称之为"Discman"或 CD Walkman。它的发展是随着 CD 录音格式技术的成熟和普及，加之成本相对低廉以及 CD 内容的增加和丰富，而进入了正规的发展轨道。

现在的光盘随身听以多功能（收音，看图，MP3,WMA 等等），超便携（尽量的薄），超长播放（低能耗、电池高能量）炫外观，超防抖作为设计目标，真正体现"移动音乐"本质归属。

光盘

一张盘片上的坑点与坑点之间的平面都是被制作在反射层上的。因此，反射层的好坏就关系到了整张盘片质量的好坏。

CD-R 用来写入数据的记录层和反射层的组成通常有三种：有机材料酞菁的记录层与银的反射层所做成的金盘，有机材料花菁的记录层与黄金的反射层所做成的绿盘，以及金属化 AZO 有机材料和银的反射层所做成的蓝盘。

CD，学名 CDDA，即 Compact Disc Digital Audio 的缩写，中文名为数字音乐激光唱盘。一般的盘片有两种，即大批量生产出来的压制盘和个人用计算机制作出来的刻录盘。这两种标准盘片直径为 120mm、厚度为 1.2mm。在光盘的印刷面（也就是正面），从里到外分别是直径为 15mm 的中心孔、宽度为 2mm 的透明圆形内环、宽度为 7mm 的透明圆形高压区、宽度为 1mm 的透明圆形止胶沟槽、宽度为 40.5mm 的圆形印刷面，最外围是宽度为 1.5mm 的圆形外环。

CD 随身听的结构

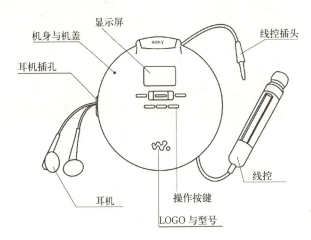

1 CD 随身听结构

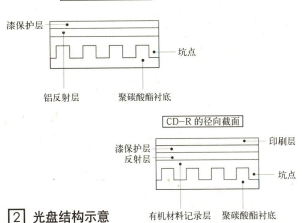

2 光盘结构示意

CD 随身听的分类

按体积分

普通型 CD 随身听（多采用普通的标准的 AA5 号电池）超薄型 CD 随身听（多采用专用电池：一般为可充电的锂电池或口香糖充电电池）

3 CD 随身听的分类

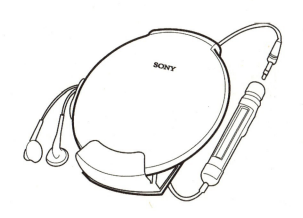

CD随身听 [16]　CD随身听的分类·CD随身听的发展历史

按功能分

普通CD随身听

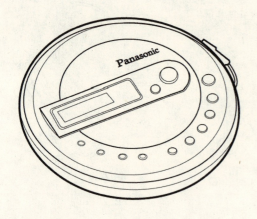

CD-MP3随身听/CD-FM随身听

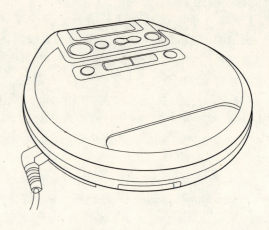

按机身材料分

塑料机壳CD随身听

合金机壳CD随身听（机身表面主要有拉丝和磨砂两大效果）

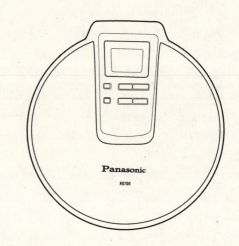

① CD随身听的分类

CD随身听的发展历史

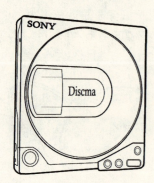

第一款CD随身听
索尼 D-150
（1984）

第一款使用香口胶电池的随身听
索尼 D-335
（1989）

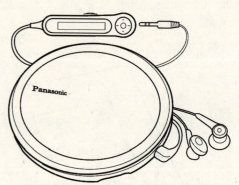

第一款使用线控的CD随身听
松下 CT790
（20世纪90年代末）

② CD随身听的发展历史

CD随身听的发展历史 ·CD随身听的设计要点·CD随身听的外观造型　　[16] **CD随身听**

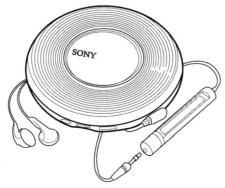

第一款支持 MP3 格式的 CD 随身听
索尼 D-EJ785
（21 世纪初）

采用两条电池的超薄 CD 随身听
松下 CT800

1 CD 随身听的发展历史

CD 随身听的设计要点

CD 随身听的设计元素

造型设计可以从整机的主体机身部分、配件部分两大方面考点设计。前者为主要设计元素，后者为辅助设计元素，综合运用各个元素会使得造型在整体中富有变化。

CD 随身听的外观造型

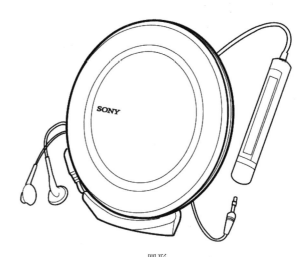

圆形
外圆加一圈内圆设计的索尼 D-EJ985

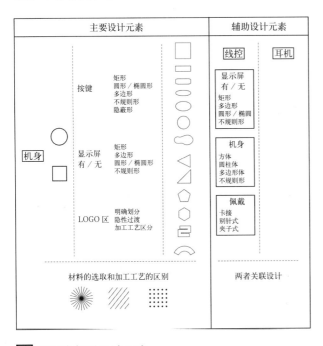

2 CD 随身听设计元素

CD 随身听的防震

随身听要更多地在移动场合使用，因此对机器的防震技术提出了更高的要求。通过机械结构的改进（例如设计更稳固的夹片系统、提高机械部分的质量、采用液压轴承来减轻振动等）来减轻 CD 唱片和激光头本身在工作中受到振动的可能性，从而提高防震的效果。

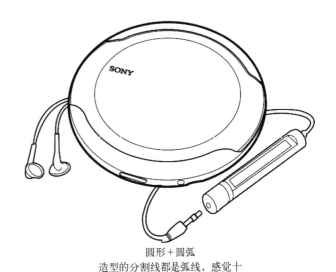

圆形＋圆弧
造型的分割线都是弧线，感觉十分流畅、圆滑

3 CD 随身听的外观造型

201

CD随身听 [16] CD随身听的外观造型

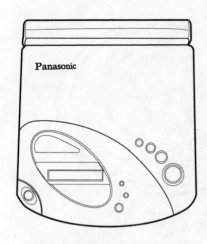

方形＋圆弧
松下 SL-S900 在生硬的方块
形 CD 随身听中独树一帜

圆弧
整个机身都采用了圆弧，看起来异常的
流畅和舒展：索尼 D-321

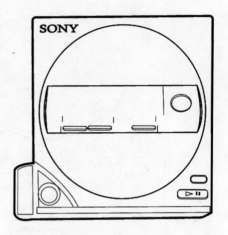

长方体形
加入了 AM/FM 收音
功能的索尼 D-T10

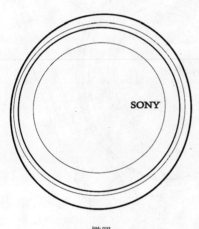

椭圆
索尼 D-EJ1000

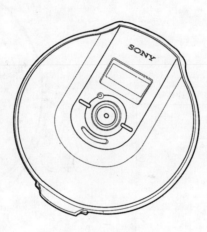

圆形的变体

不规则形

方形＋圆形
方形与圆形的结合的索尼 D-777

正方体形
突出顶盖圆弧的索尼 D-J50

1　CD 随身听的外观造型

CD随身听优秀产品欣赏　[16] CD随身听

CD随身听优秀产品欣赏

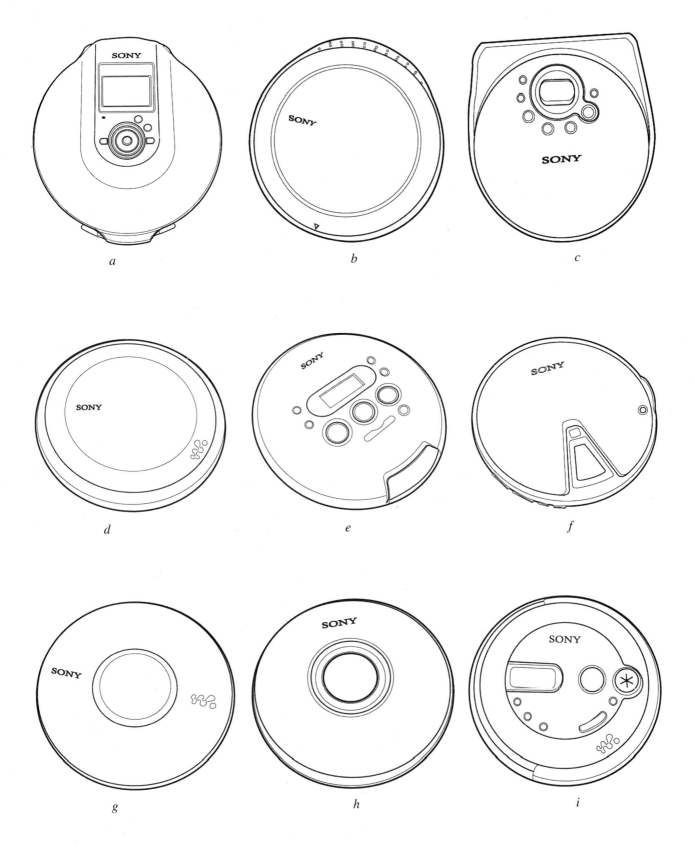

1 索尼CD随身听

CD随身听 [16]　CD随身听优秀产品欣赏

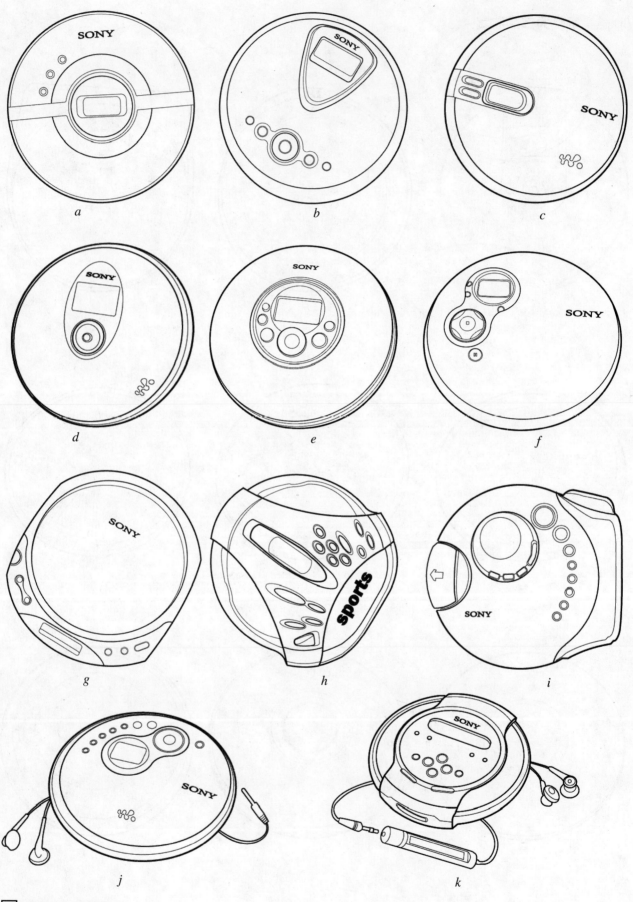

1　索尼 CD 随身听

CD随身听优秀产品欣赏 ［16］CD随身听

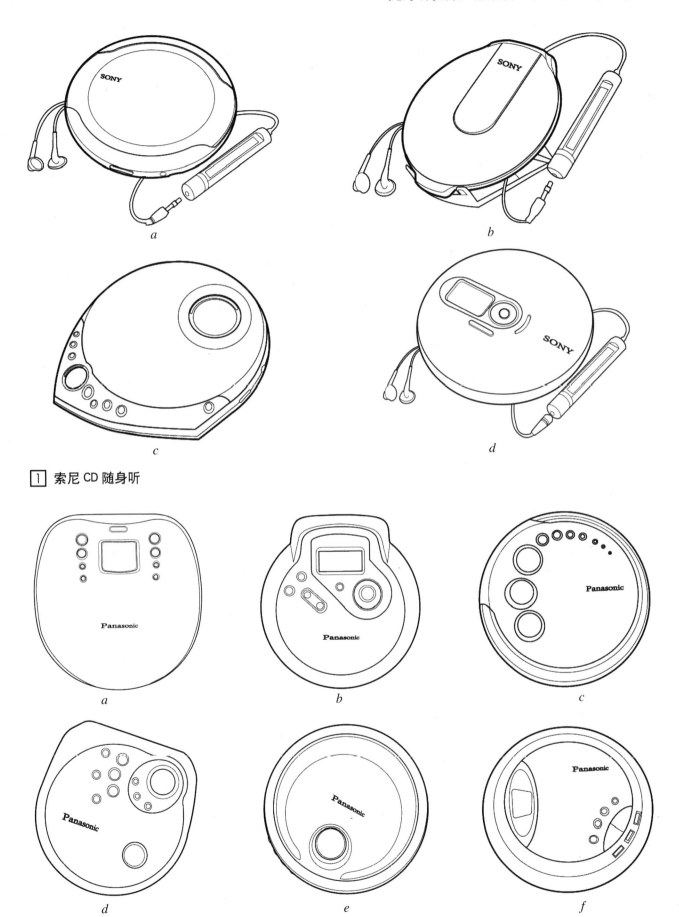

1 索尼CD随身听

2 松下CD随身听

CD随身听 [16]　CD随身听优秀产品欣赏

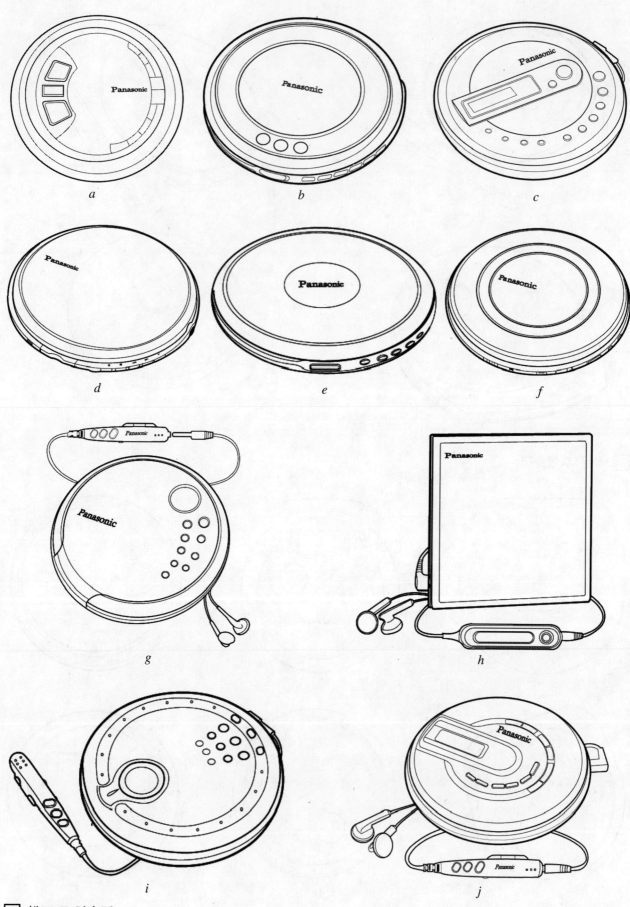

1 松下CD随身听

CD随身听优秀产品欣赏 [16] CD随身听

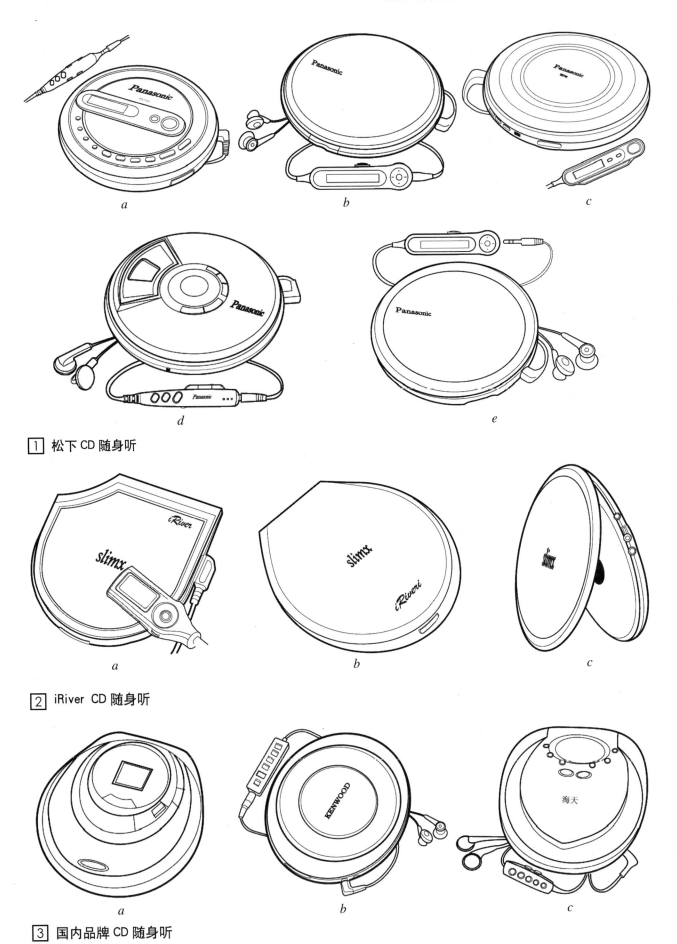

1 松下CD随身听

2 iRiver CD随身听

3 国内品牌CD随身听

CD随身听 [16]　CD随身听优秀产品欣赏

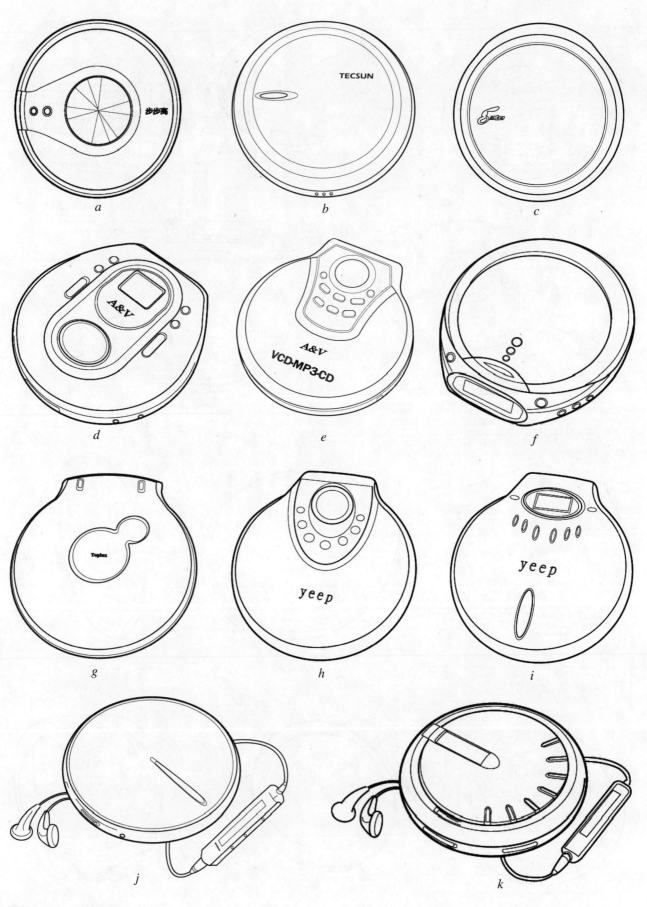

1 国内品牌CD随身听

MD 概述

MD 是 MiniDisc（即迷你光碟）的英文缩写，也是对 MD 碟片及使用 MD 碟片设备的通称。MD 碟片直径为 6.4cm，外有一个略大于盘面的矩形塑料外壳保护。

1992 年，Sony（新力索尼）公司首次生产出了一种和卡式磁带随身听体积相似、但使用一种可反复擦写的数位存储介质的新型随身听——MiniDisc Walkman，从此拉开淘汰类比信号音乐的帷幕，并开创了便携式数位音响的全新里程碑。

对于 MD 随身听来说，它从来没有经历过真正大红大紫的时光。在 CD 的全盛时期诞生，刚刚声名鹊起，却又遭遇到了 MP3 的围追堵截。但直到今天，因为 MD 拥有比大多数 MP3 更优胜的音质，因而拥有自己的忠实支持者,成就了"少数派"的经典。

MD 碟片

MD 碟片分为可录制和预录制两种。预录制碟片是唱片发行商制作的一种不可再录制碟片。而我们通常购买的空白 MD 碟片则是一种可以反复擦写的碟片。MD 碟外形是：70mm×67.5mm×5mm，里面的磁光盘的直径是 64mm。MD 碟片由一层塑料或金属外壳保护，其物理结构类似于软盘，留下了可以开启的读写窗口。

MD 盘的盘片是一种小巧的磁光存储介质，数据容量大约为 160MB 左右，有数据盘和音乐盘两种格式，数据盘应用不很广泛，一般提到的迷你盘都是指的是音乐盘。迷你盘使用一种称之为 ATRAC 的压缩算法，在一张盘上可以存储多至 80 分钟 CD 音质的节目。与家用盒式录像带类似，迷你盘还有两种 LP（Long Play, 长时间播放）模式：LP×2 与 LP×4，LP×2 可以录制两倍长度的节目，LP×4 可以录制 4 倍长度的节目。

1 MiniDisc 标志

另外，还有一种单声道模式，使用与标准模式相同的压缩比，但是只使用一个声道，可以录制双倍标准模式长度的节目，80 分钟的盘片在单声道模式下可以录制 160 分钟的节目。显然，LP×2 有相同的长度，而且还是立体声的，优于单声道模式。但是早期的迷你盘录放机没有 LP 模式，单声道模式提供了一种提高盘片容量的方法，当然，代价是会失去立体声效果。对于语音节目，单声道还是很合适的。

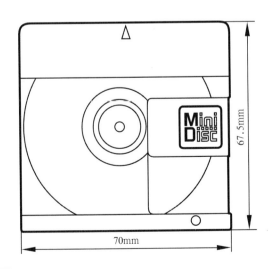

2 MD 碟片尺寸图

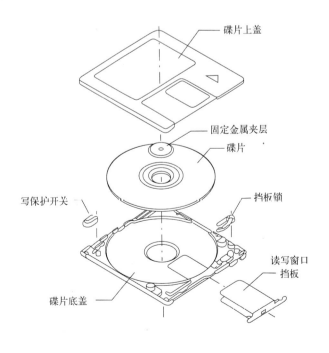

3 MD 碟片物理结构

MiniDisc随身听　[17]　MD随身听

MD 随身听

MD 随身听可以说是综合了磁带随身听和 CD 随身听二者的优点。MD 允许使用者自行录制音乐，可以从所有的音源设备通过合适的连接方式（模拟音频线、光纤线、麦克风）录制一切的声音。同时用户可以对录制到 MD 碟片上的音乐进行命名、分割、移动、删除等编辑操作。因为 MD 和 CD 一样使用数字化方式记录音乐信息，因此它也和 CD 一样可以进行快速的曲目变换，编制顺序播放，随机播放和重复播放。而且数字化记录音乐的好处是可以避免磁带机播放中的背景噪声，给使用者提供更纯净的音乐享受。

迷你盘录放机可以录制模拟信号，也可以录制数字音频信号。在录制模拟音频信号时，迷你盘与一般的磁带录音机一样，只是音质好了很多，没有磁带机所特有的机械噪声，因为与 CD 一样，本质上迷你盘是使用数字信号来存储音频信息的。

在录制数字音频信号时，有两种方式：一种是使用光学数字信号。在 CD 播放机后面，一般都有一个光纤输出插口，用一根光纤导线连接 CD 播放机和迷你盘录放机，就可以把 CD 上的节目录制到迷你盘上，几乎没有音质损失，保持原来的 CD 音质。因为便携式的迷你盘随身听比便携式的 CD 随身听小很多，把 CD 转录到迷你盘上还是很方便的。

另外一种是数字信号模式，更加方便，是使用 USB 接口连接计算机，直接从计算机上下载音频文件到迷你盘上，而不是实时录音了。使用实时录音，不管是模拟还是数字信号，一张 74 分钟的 CD 需要 74 分钟来复制，但是使用下载音频文件，74 分钟的音频文件只需要几分钟就可以转移到迷你盘上，好处是显而易见的，但是老的型号的迷你盘录放机就没有这种功能。拥有 USB 接口的迷你盘录放机称为 Net MD，以强调这种型号适用于网上下载的音频文件。

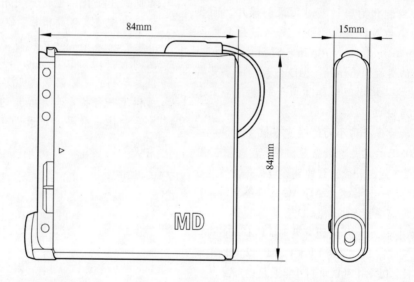

1 MD 随身听尺寸图

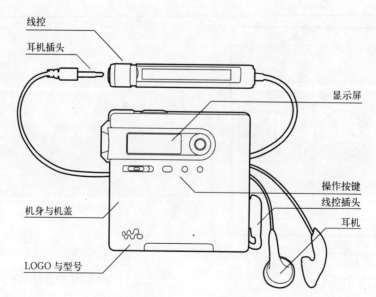

2 MD 随身听功能指示图

MD 随身听的发展历史

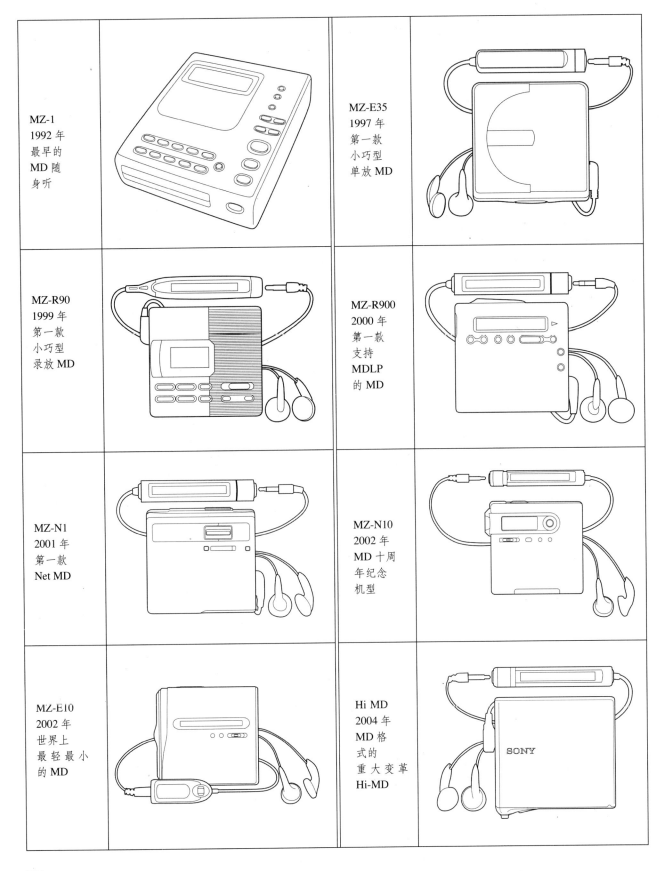

1 MD 随身听的发展历史

MiniDisc随身听 [17]　MD随身听的分类

MD 随身听的分类

系列	类别	简　介
E 系列	单放机	只能听，不能录
R 系列	传统可录 MD	包括不支持 MDLP 的和支持 MDLP 的
N 系列	NetMD	可以和电脑连接下载，不能作 U 盘，只能录制 SP、LP2、LP4 模式的音乐。
NH/RH 系列	HIMD	可以录制 PCM、HISP LP2、LP4 等模式的音乐，还可以用作 U 盘，并且只有 HIMD 才支持 1G 的碟。
NF 系列	Netmd	能收音的 NETmd
NE 系列	NetMD	只能通过电脑下载，不能进行模拟，光纤以及 MIC 录音
S 系列	运动款式的 MD	
EH 系列	HIMD	HIMD 里的单放机

目前 MD 可以分为三大类 录放型、单放型和 Net 型。

录放型是指既可以播放存有音频内容的 MD 片，也可以通过一定的连接方式把 CD 和其他音源设备中的内容录制到空白的 MD 片上的产品。

录放型 MD

a　　　　　　　*b*　　　　　　　*c*

d　　　　　　　*e*　　　　　　　*f*

g　　　　　　　*h*　　　　　　　*i*

① 录放型 MD

MD随身听的分类 　[17] MiniDisc随身听

1 录放型 MD

MiniDisc随身听 [17]　MD随身听的分类

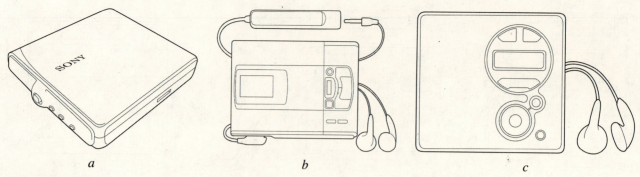

1 录放型 MD

单放型 MD

　　单放型则是指只能够播放录有音频内容的 MD 片，而不能进行录制的产品。

2 单放型 MD

MD随身听的分类   [17] MiniDisc随身听

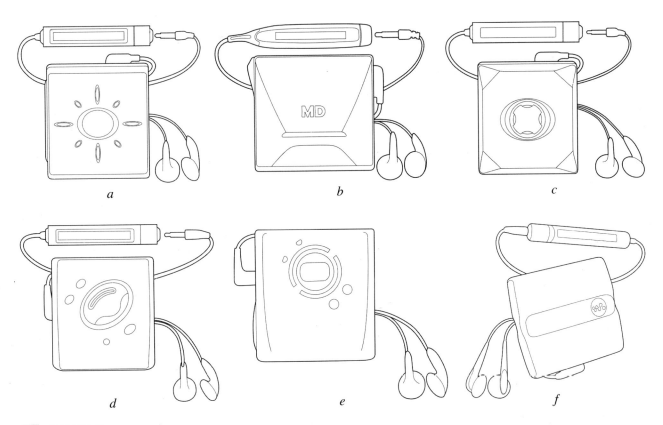

1 单放型 MD

Net 型 MD

Net 型 MD 实际上也是录放型 MD 的一种，它首先具有可录可放的功能。不过和普通的录放型产品相比，Net MD 设备可以通过 USB 线在 PC 和 MD 间传输音乐数据（而传统的录放型产品是需要先把光纤插到声卡上，等待录音，源文件的播放时间有多长，就需要录制多长的时间），改变了 MD 与 PC 兼容不好的缺点，同时在传输速度上有了极大的提高。

但同时 MD 格式、音乐的压缩方式、存储介质上都与原来一样，也就是在 Net MD 标准的设备上录制的音乐在其他两类 MD 设备上也可以播放。这样用户便可以通过专门的软件直接在电脑上转换和编辑你喜欢或需要的音频文件，然后通过 USB 连接线传输到 MD 上就行了，并且写满一张 MD 盘的时间将大大缩短。

虽然一般情况下，录放型的产品要比单放型的产品要贵，而 Net MD 则又比普通录放型的要贵。但是制作工艺、音质、播放时间、体积、重量等其他许多方面的因素都会影响到产品的价格。市场上也不乏制作精良、音质出色的单放型产品要比一些低端的录放型产品还要贵。

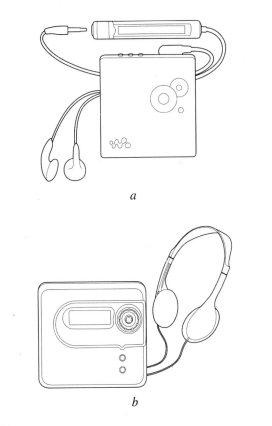

2 Net 型 MD

MiniDisc随身听 [17]　MD随身听的分类

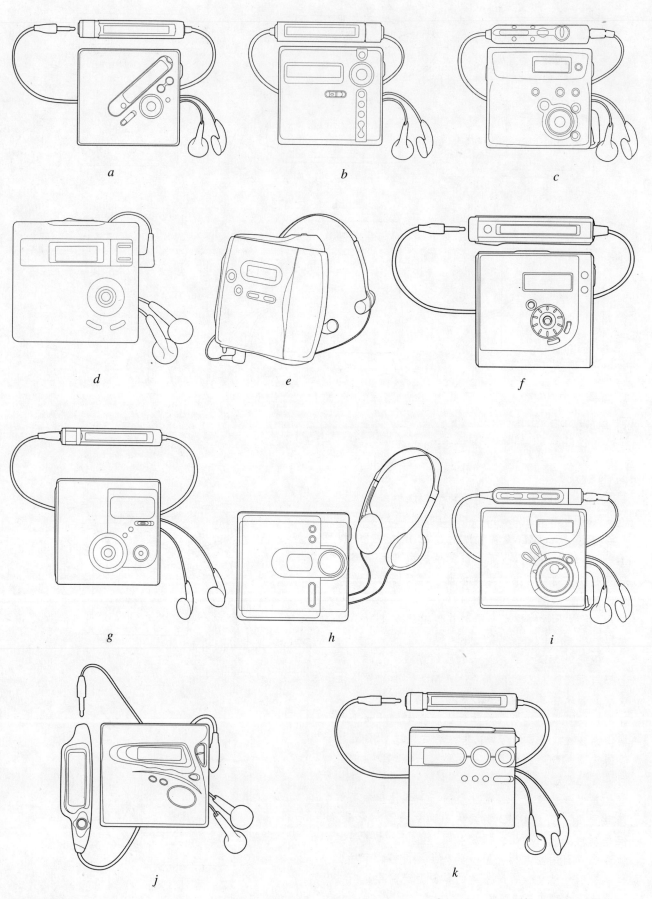

1 Net 型 MD

MP3 播放器概述

MP3 为 MPEG Audio Layer3 的缩写,是一种音频技术标准。MP3 播放器(Digital Audio Player,简称 DAP),俗称 MP3,是一种支持 MP3 技术的可储存、组织与播放音讯档案格式的装置。MP3 播放器可以播放很多其他的格式,如 WMA、WAV 等。

MP3 技术的压缩率可以达到 1:12,但在人耳听起来,却并没有什么失真,因为它将超出人耳听力范围的声音从数字音频中去掉,而不改变最主要的声音。此外,MP3 播放器还可以上传、下载其他任何格式的电脑文件,具有移动存储功能。

MP3 播放器其实就是一个功能特定的小型电脑。在 MP3 播放器小小的机身里,拥有 MP3 播放器存储器(存储卡)、MP3 播放器显示器(LCD 显示屏)、MP3 播放器中央处理器 MCU(微控制器)或 MP3 播放器解码 DSP(数字信号处理器)等。

MP3 播放器的发展历史

MP3 播放器发展历程大致可以分为 MP3 播放器的诞生、迅速发展壮大阶段、硬盘式的 MP3 产生、从 MP3 到多媒体播放器。

1998 年 3 月,韩国 Saehan Information Systems 公司推出了世界上首款 MP3 播放器产品,型号为 MPMan F10。它的出现启动了 MP3 市场。2000 年 1 月,音频硬件领域的老大哥创新(Creative)推出了世界第一台 2.5 英寸硬盘 MP3——NOMAD Jukebox。2002 年 9 月,全球首款支持 WMA 编码功能的 MP3 诞生,它就是 LG MF-PE520。创新 NOMAD MuVo2 的出现解决了初期硬盘 MP3 式便携性差、耗电量高等问题。进入 2004 年,当 MP3 在容量、外观、音质上的发展无法再吸引更多眼球的时候,开始转向多功能方向发展。信利推出了全球第一款闪存式彩屏 MP3。韩国推出了世界上第一台支持视频播放的播放 DMTECH DM-AV10,它支持多种格式文件播放,直至今日,MP3 已成为随身听市场的主流产品,MP3 播放器早已摆脱了单纯听音的时代,而朝着多功能一体化方向不断发展。

第一款 MP3 播放器
Saehan MPman F10
(1998 年)

最具影响力的 MP3
Diamond Rio
PMP300(1998 年)

第一台 2.5 英寸硬盘 MP3
NOMAD Jukebox
(2000 年)

MP3 文化的标志
Apple iPod
(2001 年)

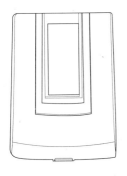

第一台支持 WMA 编码的 MP3
LG MF-PE520
(2002 年)

第一台闪存式彩屏 MP3
信利 MP301
(2003 年)

第一台微硬盘 MP3
Creative NOMAD MuVo2
(2004 年)

第一台可拍照的 MP3
iRiver iFP-1090
(2004 年)

① MP3 播放器的发展历史

MP3/MP4播放器 [18] MP3播放器的发展历史·MP3播放器的分类

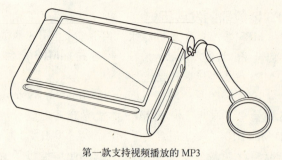

第一款支持视频播放的MP3
DMTECH DM-AV10
(2004年)

1 MP3播放器的发展历史

MP3播放器的分类

从MP3播放器的存储介质进行分类，一般有闪存播放器、硬盘播放器、MP3/CD播放器。

闪存播放器

这些静态存贮装置将数字音频文件存储于内部或外部存储介质，比如闪存卡。因为技术上的限制，这些存储装置的容量一般比较小，容量主要从128MB到8GB。有些播放器的容量可以通过增加额外的闪存来扩展，因为闪存是静态存贮装置，所以它们有很好的耐用性。一般来说，不会出现如硬盘MP3播放器那种的播放器掉落引起破碎的情况。这些播放器一般会被与USB U盘综合起来。

硬盘播放器

硬盘播放机从硬盘读取数字音频文件。这类播放器有更大的容量，从1.5GB到160GB。容量大小取决于硬盘所采用的技术。对于标准编码频率来说，这意味着上千首歌或者一个完整的音乐收藏夹可以被存储在一个硬盘MP3播放器里面。因为硬盘的巨大存储空间，用来播放视频或者展示图片的播放器也是基于硬盘的。

MP3 CD播放器

这些播放器可以从光盘读取音频文件，并且也可以播放音频CD。

闪存播放器造型

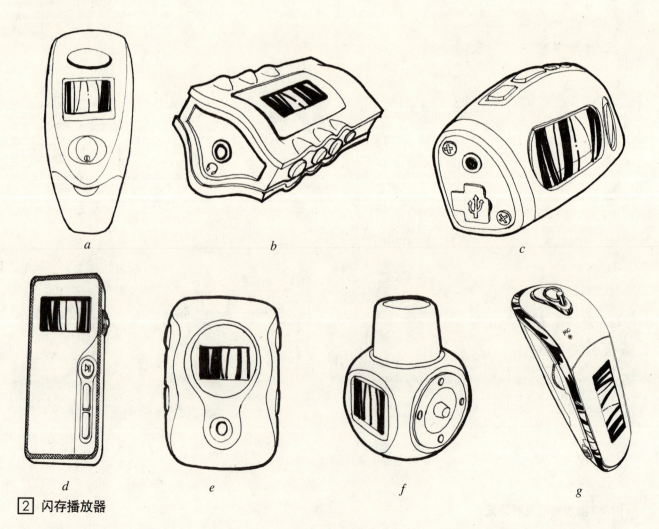

2 闪存播放器

MP3 播放器的分类　　[18] MP3/MP4播放器

1 闪存播放器

MP3/MP4播放器 [18]　MP3播放器的分类

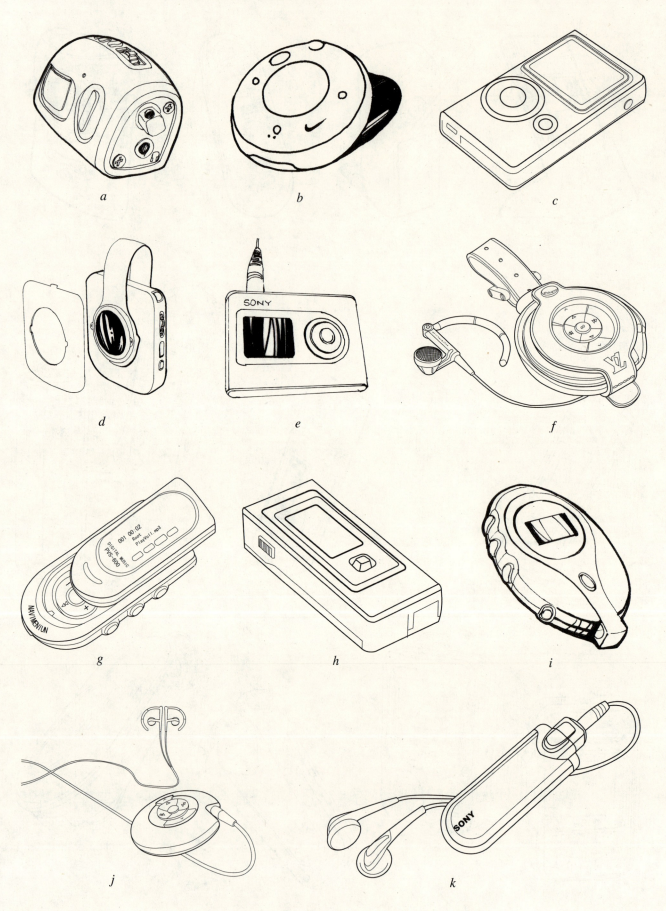

a　　　　　　　　b　　　　　　　　c

d　　　　　　　　e　　　　　　　　f

g　　　　　　　　h　　　　　　　　i

j　　　　　　　　k

1　闪存播放器

MP3播放器的分类　　[18] MP3/MP4播放器

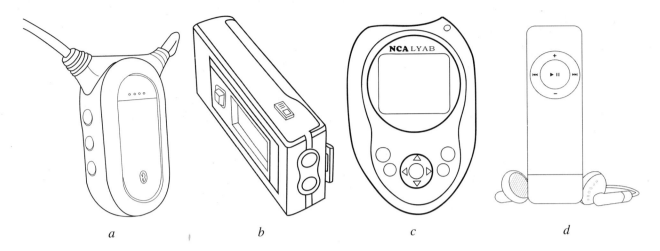

1 闪存播放器

硬盘播放器

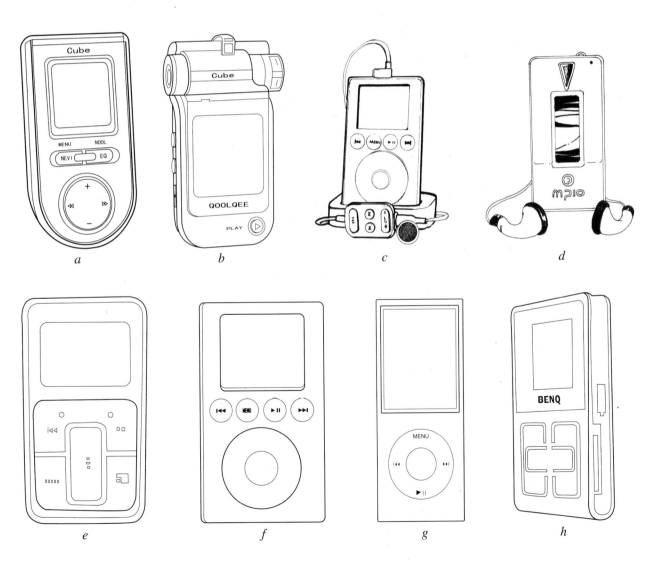

2 硬盘播放器造型

MP3/MP4播放器 [18]　MP3播放器的分类

1　硬盘播放器造型

MP3播放器的分类　[18] MP3/MP4播放器

MP3 CD 播放器

1 MP3 CD 播放器造型

MP3 播放器功能分析

随着科技的发展、MP3 播放器技术的进步，MP3 播放器的功能在不断地更新增多。

存储功能：可移动硬盘。

音频功能：各种格式音乐播放、A-B 复读、文字阅读、TTS、自动录音功能、FM 及 FM 录音、直录。

时间功能：时钟、闹钟、计时。

图片功能：图片浏览器、数码相机。

其他功能：字典。

223

MP3/MP4播放器 [18] MP3播放器典型结构分析·MP3播放器工作原理

MP3播放器典型结构分析

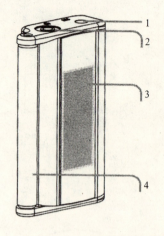
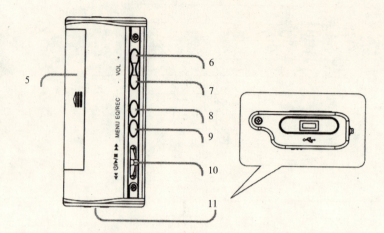

MP3播放机的主要机器构件说明表
1—内置麦克风
2—耳机插口
3—LCD显示屏
4—臂带插口
5—电池门（2节7号碱性电池的空间）
6—增加音量按键
7—减少音量按键
8—设置按键（EQ/REC）
9—菜单MENU
10—播放/停止/暂停/电源
11—USB插口

|1| 闪存式播放器

MP3播放器工作原理

　　MP3播放器是利用数字信号处理器DSP(Digital Sign Processor)来完成处理传输和解码MP3文件的任务的。DSP掌管随身听的数据传输,设备接口控制,文件解码回放等活动。DSP能够在非常短的时间里完成多种处理任务,而且此过程所消耗的能量极少(这也是它适合于便携式播放器的一个显著特点)。

　　如图所示,图为一个标准的MP3随身听的原理示意图,我们将以此图为主介绍MP3随身听的工作原理。一些复杂的集成电路元件（如MCU）、接口控制芯片、操作控制电路和MP3解码芯片等几个部件都用了图中的方块来表示。几乎所有的随身听的构架都与此大同小异。这也更符合未来随身听向单芯片发展的趋势。

　　首先将MP3歌曲文件从内存中取出并读取存储器上的信号→解码芯片对信号进行解码→通过数模转换器将解出来的数字信号转换成模拟信号→把转换后的模拟音频放大→低通滤波后到耳机输出口,输出后就是我们所听到的音乐了。

　　MP3是目前所有种类的随身听产品中,数字化最为彻底、电子集成度最高的产品。它其实就是一个功能特定的小型电脑或者也可以称为单片机。在它小小的机身里,同样拥有一台电脑所需的各种部件,如存储器（存储卡）、显示器（LCD显示屏）、处理器[MCU（微控制器）或解码DSP（数字信号处理器）]等,可谓"麻雀虽小,五脏俱全"。

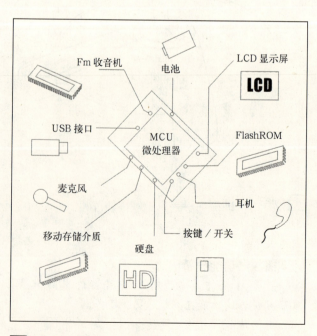

|2| MP3播放器工作原理

[18] MP3/MP4播放器

MP3播放器工作原理·MP3播放器造型设计要点

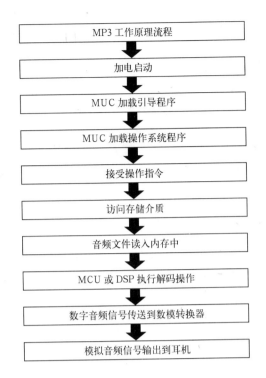

1 MP3 播放器工作原理

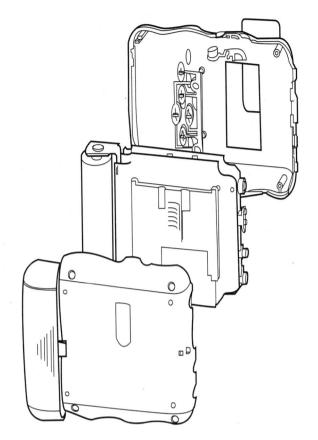

2 闪存式播放器爆炸图

MP3 播放器造型设计要点

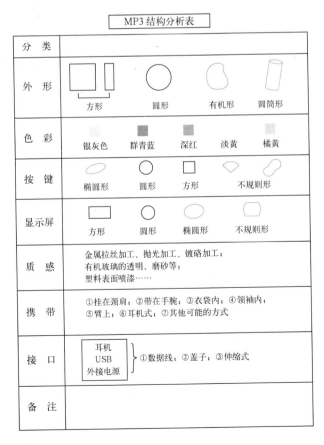

3 MP3 播放器造型设计要点

材质之美：

各种各样的材料所表现出来的质感是不同的，给人的感觉也就有差异。材料的选择必须和MP3的造型风格一致、同消费者的人群定位相吻合。

造型之美：

风格迥异的造型元素必须要依据MP3的整体风格来选用。比如一款以可爱型为设计风格的MP3就应尽力少用直线、直角的造型，而多采用曲线、偶然形态。

装饰之美：

MP3上的某些造型元素在很多情况下只是起一种装饰的作用，这些装饰元素的采用是为了更好地配合风格的一致性。包括材料的装饰、色彩的装饰、纹样的装饰等。

个性之美：

MP3之所以这么受欢迎，它的使用本质就是个性化的，像歌曲选择和存储、删除都是消费者自己随心操作的。这些都是MP3的个性之美。

MP3/MP4播放器 [18] MP3播放器人机工程和操作界面分析

MP3播放器人机工程和操作界面分析

1. 视觉机能——显示屏

(1) 目标的亮度、呈现时间和余辉。呈现时间为 2～3s 最优。

(2) 目标的形状、大小和颜色。

(3) 目标与背景的关系：亮度对比度为 $68cd/m^2$ 屏面的最优值。

2. 听觉机能——耳机

(1) 高音质属于技术部分。

(2) 听阈：在 3000~4000Hz 之间达到最大的听觉灵敏度。

(3) 痛阈：避免对听觉的损害——最大音量限制。这在播放机的音量保护功能上需要着重考虑。因为，由于 MP3 具有随身携带性，要避免使用者长时间使用的听觉疲劳甚至是听力损伤，也要考虑到，使用者使用 MP3 时对外界环境的干扰，避免事故的发生。

(4) 掩蔽效应：考虑环境声音的影响。也就是说，环境平均声响不会过大地影响到 MP3 的正常使用。

3. 触觉机能——按键

(1) 触觉阈限：最小 0.001mm 位移。

(2) 考虑按键尺寸与手指尺寸、指端弧形关系。

(3) 机械式按键不适合 MP3，应采用电子式。但通常电源键、锁定键等采用机械式，避免误操作。

4. 操作与显示相合性考虑

在操纵中，通过操作装置对机器进行定量调节或连续控制，操纵量则通过显示装置来反映。操纵—显示比就是操纵器和显示器移动量之比，即 C/D 比。它反映了操纵—显示界面的灵敏度高低。C/D 高，说明操纵—显示系统灵敏度低；C/D 低，说明操纵—显示系统灵敏度高。

MP3 的操作按键绝大多数都是电子式的，操作系统的灵敏度都很高。但也要考虑到有一些操作反而要求灵敏度低的需求。比如按键锁定 / 解锁的操作就要求通过一动作幅度较大的操作来完成。避免在随身携带过程中误碰按键的误操作。

5. 操作流程的宜人性设计

MP3 的功能越多，就要求操作流程设计要愈宜人，避免由于操作的复杂性使消费者放弃使用功能。操作流程设计又要结合按键的设计、设定，并和造型风格等相联系起来。按键的操作方式、操作的组合方式都是需要根据该功能的使用频率、消费者的使用习惯、操作使用的思维定势来分析、设计的。

MP3 播放器设计中，与人机工程相关的项目包括：屏幕尺寸、屏幕可显示颜色数、机身形式、几何尺寸（宽×深×高）、重量（克）、人机界面等。

1.MP3 播放器的基本尺寸

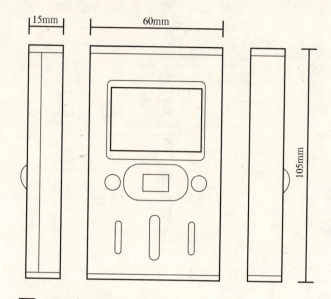

1 MP3 播放器的尺寸图

2.MP3 播放器的显示屏

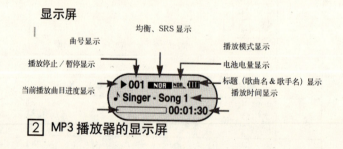

2 MP3 播放器的显示屏

3.MP3 播放器的 USB 接口

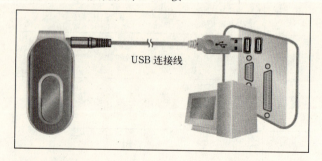

3 MP3 播放器的 USB 接口

MP3播放器人机工程和操作界面分析　[18] MP3/MP4播放器

4.MP3 播放器 USB 接口类型

类型	A 型口	B 型口	MINIB 型口

1 MP3 播放器的 USB 接口

5. MP3 播放器的佩戴方式

（1）悬挂式

通常以链绳悬挂在颈项上，MP3 置于胸前。这种方式方便于使用者观看屏幕状态。

（2）手臂式

适合于身体运动幅度较大时候。避免 MP3 随着运动而剧烈晃动。

（3）卡别式

通过别针和卡接等方式置于随身包、衣物等，适合于小幅度运动，如走路时候。

（4）手表佩戴式

较隐蔽的佩戴方式。较局限于手表式的 MP3 播放机，与钟表功能配合使用。

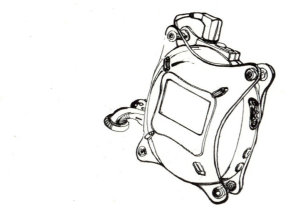

悬挂式

手表佩戴式

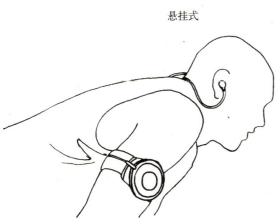

手臂式

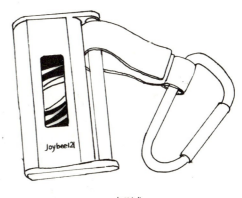

卡别式

2 MP3 播放器的佩戴方式

MP3／MP4播放器 [18]　MP4播放器概述・MP4播放器的分类・MP4与MP3播放器的区别

MP4 播放器概述

MP4 播放器（简称为 MP4）是从中国内地产生的常见可携式媒体播放器市场行销名词。与 MP3 播放器这类几乎广泛播放 MPEG-1 Audio Layer3 音乐档的设备不同，MP4 播放器跟 MPEG-4 Part14 格式并没有直接关系。相反的，它被市场认定为是 MP3 播放器的"下一代"（3+1=4）。现在甚至已有一部分厂商开始发行 MP4 播放器的继承者——MP5 播放器。但 MP4 播放器仍是目前市场的大宗。

MP4 播放器的分类

1. 硬盘式 MP4

这类 MP4 是现阶段发展的主流，产品数量也占绝对的优势。对于硬盘 MP4 的概念，简单来说就是以硬盘作媒介的随身看。硬盘 MP4 一般来说还集成其他很多功能，例如：视频播放、视频录制、音频播放、JPG/BMP 等任何尺寸的图片显示、录音、数码相机伴侣等，可以说功能非常强大。

2. 闪存式 MP4

对比硬盘式 MP4，闪存式 MP4 就是以闪存来作存储媒介的随身看，这种 MP4 一般都支持内接闪存卡扩充，一般都是 SD 卡。相比硬盘式 MP3 闪存式，MP4 相对小巧轻便得多，价格便宜几倍。

3. 没有显示屏的 MP4

有些厂商认为 MP4 的 3.5 英寸屏幕太小，播放高质量的视频显得寒碜，另外对于闪存式 MP4 的 128-256M，也令人不能欣赏大片，因此这些厂商设计出一种没有屏幕的硬盘 MP4，这种 MP4 可以通过 AV-OUT 等输出端输出到电视等屏幕，并且采用的是 2.5 英寸硬盘，体积上偏大，但是对于这种不强调移动性的 MP4 来说，体积上比传统的 DVD 机要小巧不少，市面上仅有寥寥可数的几款，这种 MP4 带有几十 G 的容量，但售价和闪存式 MP4 相若。

MP4 与 MP3 播放器的区别

MP4 是多媒体数据压缩的一种格式、一种架构。它可以将各种各样的多媒体技术充分利用进来，包括压缩本身的一些工具、算法，也包括图像合成、语音合成等技术。MP4 从其提出之日起就引起了人们的广泛关注，目前 MP4 最流行使用的压缩方式为 DivX 和 XviD。经过以 DivX 或者 XviD 为代表的 MP4 技术处理过的 DVD 节目，图像的视频、音频质量下降不大，但体积却缩小到原来的几分之一，可以很方便地用两张 650MB 容量的普通 CD-ROM 来保存生成的文件。倘若降一点要求，用一张盘就

① MP4 播放器

可以容纳一百零几分钟的一部电影，而此时的画面质量还是明显优于 VCD。

MP4 与 MP3 有着太多的不同。MP3 是一种音频压缩的国际标准，而 MP4 却是一个商标的名称。虽然两者都属于网络音乐格式的范畴，但也代表着完全不同的两种音频压缩技术和格式。MP4 的出现，使原来就容易混淆的 MPEG 标准系列变得更加难以分辨了。MP3 并不是指 MPEG-3 标准，而是 MPEG Layer 3 的简称，这是个 ISO/IEC 国际标准，是一种完全公开的音频压缩技术。

关于 MP4 播放器的概念并没有完全统一，有人叫作 PVP（Personal Video Player，个人视频播放器），也有人叫作 PMP（Portable Media Player，便携式媒体播放器），很多厂商推出了此类产品。但总的来说可以认为 MP4 播放器是一种能够装在上衣口袋中，随身携带的设备，通过 USB 或 IEEE1394 接口与电脑或摄像机相连接，很方便地将各种流媒体下载到设备中，并可以流畅地播放视频，观看图像和欣赏音乐的数码产品。可以说，MP4 播放器是 MP3 播放器的发展方向，在增加了动态/静态图像的播放功能之后，很可能成为人们娱乐生活的终极武器。事实上，目前很多高端 PDA 都能支持视频播放，在功能上涵盖了 MP4 播放器，正如有些 PDA 或手机也包含了 MP3 播放器的功能一样。

从原理上说，MP4 播放器与 MP3 播放器区别不大，但是从硬件性能来说，两者相差甚远，主要是因为视频播放功能，Divx 和 Xvid 等 MPEG-4 的播放，要求 CPU 和 DSP 较高的处理能力，而且要有一定的系统内存。Divx 编码器问世之初，编码器开发者就使用主频为 400MHz 以上的计算机来完成解码，可见 MP4 要求芯片具有很高的计算性能，很多 MP4 华丽的操作界面也会消耗不少的系统资源。MP4 不仅仅是视频数据和图像数据的处理器，现在的 MP4 还是很多数码功能和多媒体功能的统一体，要实现形形色色的功能，例如，数码伴侣、视频采集、DC、FM、Game……甚至有些 MP4 还支持多线工作。

经典MP4播放器造型　　[18] MP3/MP4播放器

经典 MP4 播放器造型

a　　b　　c

d　　e　　f

g　　h

i　　j

1 MP4 播放器

MP3/MP4播放器 [18] 经典MP4播放器造型

[1] MP4 播放器

音箱概述

音箱（Speaker）是指放置扬声器并将音频信号还原成声信号，同时增强音响效果的一种装置。通俗地讲就是指音箱对音频信号进行放大处理后由音箱本身回放出声音。扬声器是一种电声转换器件，它能将音频信号转换成声波。音箱也称扬声器箱，它将高、中、低音扬声器组装在专门设计的箱体内，并经过分频网络将高、中、低频信号分别送至相应的扬声器进行重放，达到理想的声学效果。

音箱的发展历史

扬声器的前身是耳机，以后由于电子管的发明导致功率放大器的发展，功率大而特性良好的纸盆扬声器得到了应用。1940年使用了永久磁体，使得扬声器开始普及。1950年出现了安装大口径扬声器大箱体的系统。1960年代以来，立体放声系统、立体声广播的发展，形成了发展音响设备的热潮，使扬声器的发展进入了鼎盛时期。

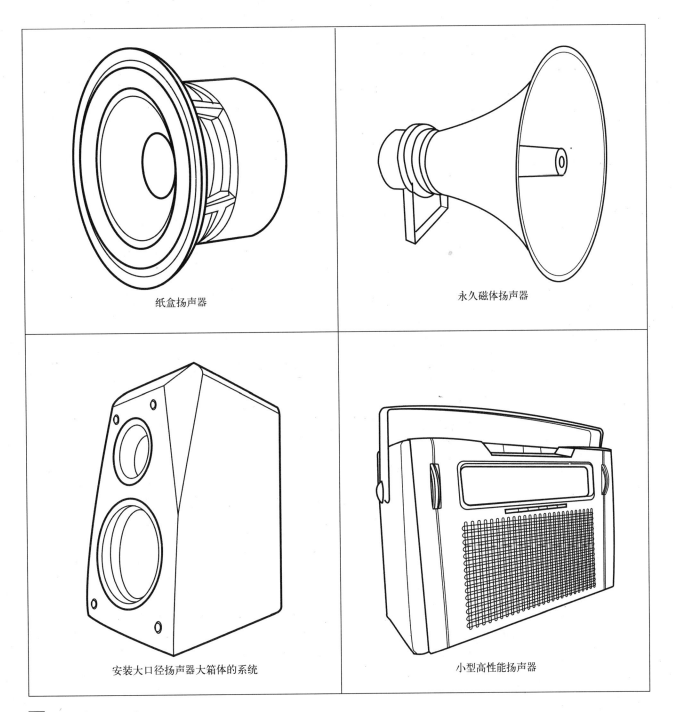

纸盆扬声器

永久磁体扬声器

安装大口径扬声器大箱体的系统

小型高性能扬声器

1 音箱的发展历史

音箱/组合音响 [19]　音箱的系统组成

音箱的系统组成
音箱包括箱体、扬声器单元、分频器单元、吸声材料四个部分。

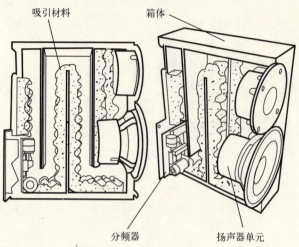

1 音箱的系统组成

吸声材料
抑制箱体内伊利上升，减小振动。包含玻璃纤维、石棉、泡沫塑料、尼龙丝、粗毛毡等。

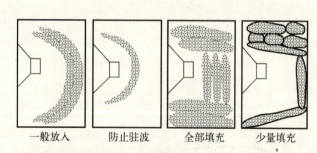

2 吸声材料的放入方式

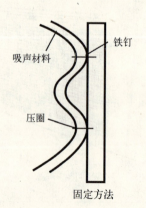

3 吸声材料的固定方法

分频器单元
对于有两个不同扬声器的音箱来说，分频电路的作用是将信号分成高频和低频信号，分别输出给高音单元和低音单元。

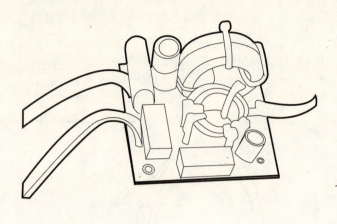

4 分频器单元

箱体
1. 箱体的分类

箱体按音箱的内部结构分为密闭式、倒相式、迷宫式、空纸盆式、耦合腔式、号筒式。

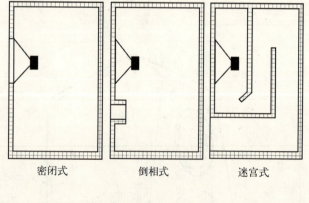

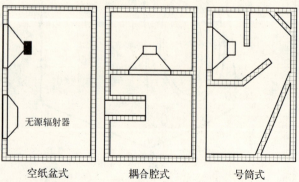

5 箱体的分类

2. 箱体的尺寸

音箱的外形尺寸比例，长宽高的尺寸比例不可成整倍数，经计算机计算，最佳比例为 2.3：1.6：1。

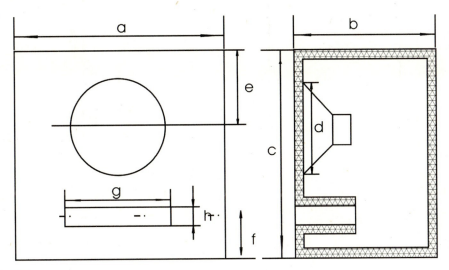

1 箱体的尺寸图

a	b	c	d	e	f	g	h	i	体积（L）
256	230	450	Φ165	158	117	67	67	80	24
275	250	515	Φ165	215	85	100	40	100	35
314	252	582	Φ200	207	110	150	60	135	45
314	252	582	Φ200	240	150	90	50	150	45
344	248	635	Φ250	260	85	150	60	200	55
344	248	635	Φ250	320	80	150	60	200	55
400	314	700	Φ300	250	140	100	70	140	88

3. 箱体面板上的安装孔

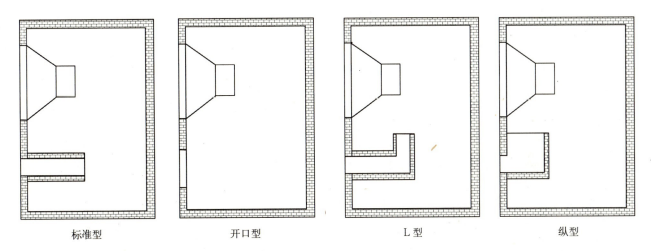

标准型　　　　　　开口型　　　　　　L型　　　　　　纵型

2 箱体面板上安装孔的类型

音箱/组合音响 [19] 音箱的系统组成

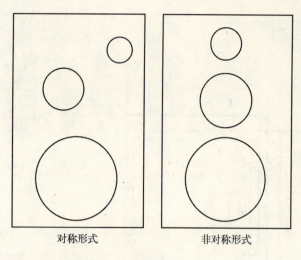

① 箱体面板上安装孔的形式（对称形式、非对称形式）

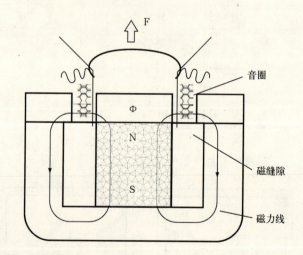

② 扬声器的安装方式

扬声器单元

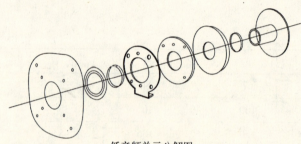

低音频单元分解图

高音频单元分解图

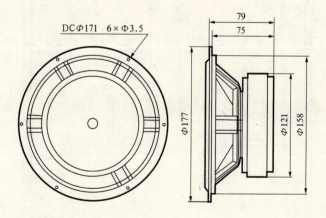

③ 扬声器尺寸

1. 扬声器的主要组成
音圈：扬声器的驱动单元
定心支片：限制和保证纸盆和音圈的位置
纸盆：又称振膜，音圈的振动带动纸盆的振动

2. 扬声器的工作原理

④ 扬声器的工作原理图

3. 扬声器的分类
　按结构可分为单纸盆扬声器、复合单纸盆扬声器、号筒扬声器、同轴复合扬声器。
　按用途：低音频单元主要采用纸盆扬声器结构，少数也采用平板结构，中音频单元主要采用纸盆、号筒扬声器结构，高音频单元主要采用球顶扬声器结构。

音箱的系统组成　[19] 音箱/组合音响

4. 扬声器的尺寸

普通多媒体音箱低音扬声器的喇叭多为 3～5in 之间；
普通家庭影院低音扬声器的喇叭多为 5～12in 之间；
普通迷你组合音箱低音扬声器的喇叭多为 3～8in 之间。

5. 扬声器的安装方法

螺钉、木螺钉、自攻螺钉固定。

6. 扬声器的外形

圆形扬声器和椭圆形扬声器。

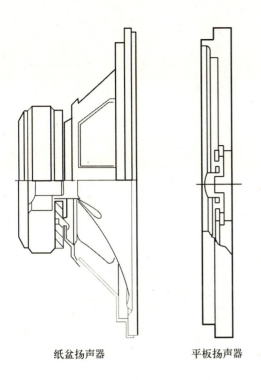

纸盆扬声器　　　平板扬声器

圆形扬声器外形　　　盆架为方形的扬声器外形

盆架为准方形的扬声器外形　　　椭圆形扬声器外形

② 扬声器的外形

7. 声柱

若干个扬声器，按直线或折线排列，这种扬声器系统称作声柱。适用于会场、厅堂扩音。

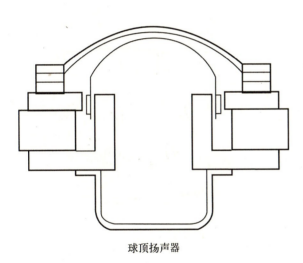

球顶扬声器

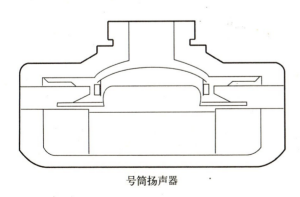

号筒扬声器

① 扬声器的分类

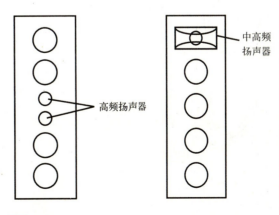

③ 声柱

音箱/组合音响 [19] 音箱的造型

音箱的造型

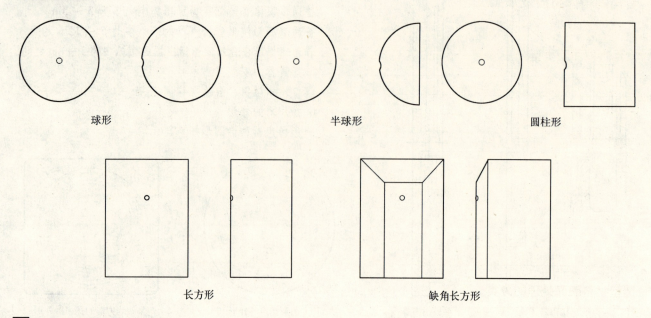

1 音箱的造型特点

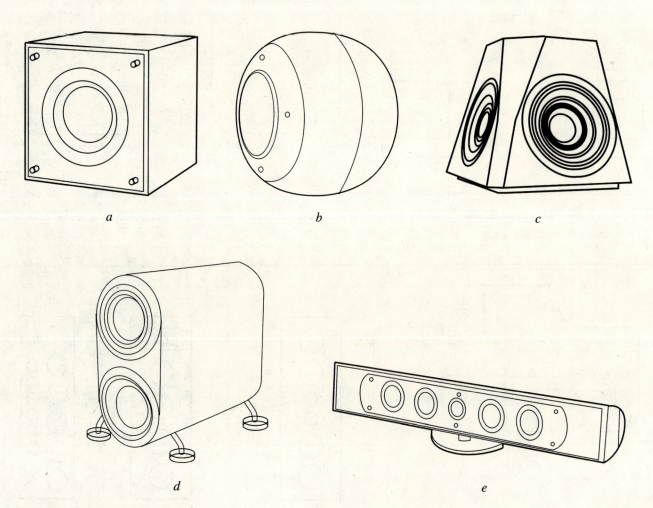

2 音箱的造型

音箱的箱体材质及加工工艺

音箱的箱体材质主要采用木材、塑料（ABS）、金属（钢板、铝型材等）。

常用特种加工类型

加工方法	加工能量	应用范围
电火花加工	电	穿孔、型腔加工、切割、强化等
电解加工	电化学	型腔加工、抛光、去毛刺、刻印等
电解磨削	电化学机械	平面、内外圆、成型加工等
超声加工	声	型腔加工、穿孔、抛光等
激光加工	光	金属、非金属材料、微孔、切割、热处理、焊接、表面图形刻制等
化学加工	化学	金属材料、蚀刻图形、薄板加工等
电子束加工	电	金属、非金属、微孔、切割、焊接等
离子束加工	电	注入、镀覆、微孔、刻蚀去毛刺、切割等
喷射加工	机械	去毛刺、切割等

造型材料表面处理的分类

分类	处理的目的	处理方法和技术
表面精加工	有平滑性和光泽，形成凹凸花纹	机械方法（切削、研削、研磨） 化学方法（研磨、表面清洁、蚀刻、电化学抛光）
表面层改质	有耐蚀性，有耐磨耗性，易着色	化学方法（化成处理、表面硬化） 电化学方法（阳极氧化）
表面被覆	有耐蚀性、有色彩性、赋予材料表面功能	金属被覆（电镀、镀覆） 有机物被覆（涂装、塑料衬里） 珐琅被覆（搪瓷、景泰蓝）

镀层被覆

指能在制品表面形成具有金属特性的镀层。

镀层金属	镀层金属的颜色	镀层的色调	耐候性	指示影响
金	黄色	从带蓝头的黄色到带红头的黑色	厚膜时不变	不变
银	白色或浅灰色	纯白、奶黄色、带蓝头的白色	泛黄、退色	变
铜	红黄色	桃色、红黄色	泛红、泛黑	变
铅	带蓝头的灰色	铅色	—	不变
铁	灰色、银色	茶灰色	变成茶褐色	变
镍	灰白色	茶灰白色	褪光	微变
铬	钢灰色	蓝白色	不变	不变
锡	银白、黄头白色	灰色	褪光	微变
锌	蓝白色	蓝白色、黄色、白色	产生白锈	变

塑料的表面涂饰

涂饰	—
镀饰	在制品表面形成以有机物为主体的膜层，并干燥成膜的工艺
烫印	利用刻有图案或文字的热模，在一定压力下，将烫印材料上的彩色锡箔转移到塑料表面

金属的表面涂饰

金属表面着色工艺	金属表面肌理工艺
化学着色	表面锻打
电解着色	表面抛光
阳极氧化染色	表面镶嵌
镀覆着色	表面蚀刻
涂覆着色	
珐琅着色	
热处理着色	

木材的表面涂饰

表面涂饰的目的	装饰作用：增加天然木质的美感、掩盖缺陷
	保护作用：提高硬度、防水防潮、保色
涂饰前的表面处理	干燥、去毛刺、脱色、消除木材内含杂物
底层涂饰	改善表面平整度，提高透明涂饰获得文理优美的表面

音箱/组合音响 [19] 音箱的控制方式及数量

音箱的控制方式及数量

音箱的控制方式

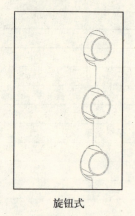
旋钮式

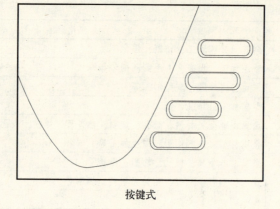
按键式

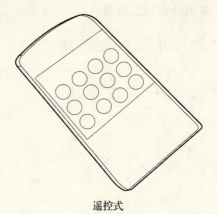
遥控式

[1] 音箱的控制方式

音箱的数量

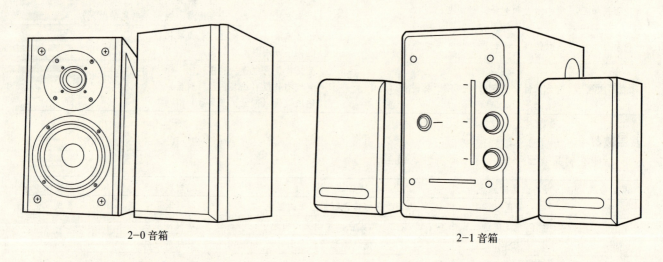

2-0 音箱　　　　　　　　　　2-1 音箱

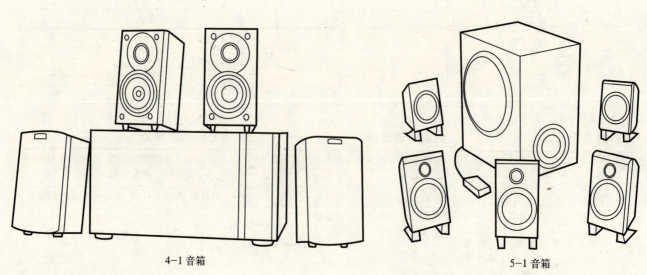

4-1 音箱　　　　　　　　　　5-1 音箱

[2] 音箱的数量

音箱的控制方式及数量・多媒体音箱 [19] 音箱/组合音响

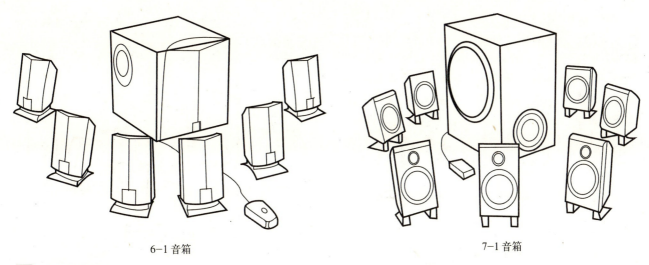

6-1音箱　　　　　　　　　　　　　7-1音箱

1 音箱的数量

多媒体音箱

音箱最初是无源的，而作为电脑外设的音箱则多是有源的。所谓源，就是指功率放大器，箱体内置功率放大器的音箱被称为有源音箱。有源音箱又被称为"多媒体音箱"。

多媒体音箱的发展历史

1997年，创新在大陆市场推出了PCWorks 2.1，为大陆市场带来了一次巨大震撼，宣告多媒体音箱进入了2.1占绝对统治地位的时代。PCWorks 2.1展示出来的膨胀效应让更多行业外资金进入。在这一时期，国内出现或者崛起了很多新的品牌，比如我们所熟知的漫步者、轻骑兵、麦博，以及三诺。

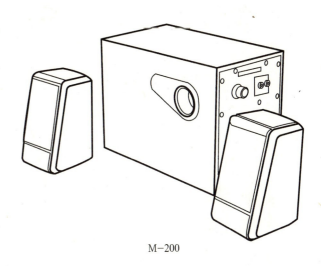

M-200

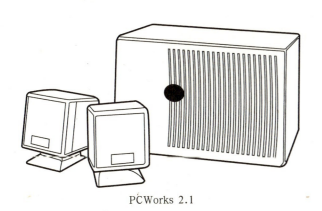

PCWorks 2.1

1998年，麦博（麦蓝）推出M-200争夺市场。麦博（麦蓝）将2.1中".1"的低音箱包装为"低音炮"，这个新称谓获得行业以及用户的普遍认同，并沿用至今。

漫步者M-200Hi-Fi

2 多媒体音箱的发展历史

239

音箱/组合音响 [19] 多媒体音箱

在 2000 年末，传统 HiFi 领域有着良好口碑的惠威开始介入多媒体音箱市场，发布了堪称经典的 M200 音箱。它的出现确立了高档多媒体音箱的标尺——优秀的外形设计、出色的音质使之成为畅销多年的经典。M200 的出现，一下子打开了高档多媒体音箱的市场。而在此之前，这块市场几乎等于零。

Hi-Fi 是英文高保真的缩写，原因是它是用来听音乐的。Hi-Fi 音响的功放一般是两个声道，音箱则是一对。它又尽可能降低失真，才能更接近原汁原味的音乐。是否高保真要放在衡量 Hi-Fi 音响质量的第一位，它们都有一个共同的特点，就是功能第一。

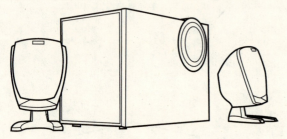

漫步者 R201T 1999

2001 年，漫步者 S2.1 音箱发布，这款音箱放弃了漫步者以往的设计风格，着重打造精品音箱，配备数字控制器，用料也比一般音箱好很多。

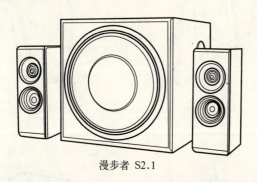

漫步者 S2.1

2001 年第一个通过 THX 认证的 5.1 声道多媒体音箱诞生。

THX 5.1

2003 第一个通过 THX 认证的 71 声道多媒体音箱诞生。

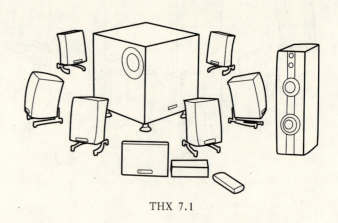

THX 7.1

2004 年，漫步者 e2200，在多媒体音箱同质化严重的时期，给了消费者与众不同的视觉享受。

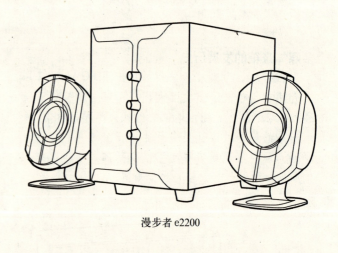

漫步者 e2200

2005 年，麦博梵高系列中的 FC360 一举获得巨大成功。

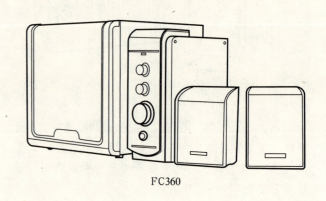

FC360

[1] **多媒体音箱的发展历史**

多媒体音箱　[19] 音箱/组合音响

2005年，轻骑兵在前一代产品X10的基础上，推出了具有双路功放的X100笔记本电脑音箱。

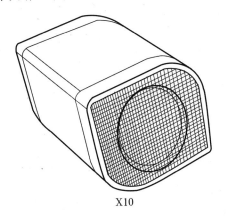
X10

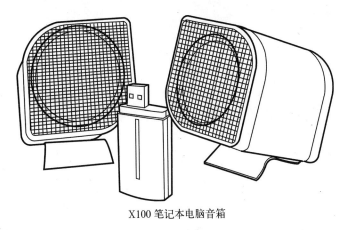
X100笔记本电脑音箱

[1] 多媒体音箱的发展历史

家庭影院音箱

[2] 家庭影院音箱

241

音箱/组合音响 [19] 音响/组合音响概述·组合音响的发展历史

音响/组合音响概述

音响

音响就是大致包括功放、周边设备（包括压限器、效果器、均衡器、VCD、DVD 等）、扬声器（音箱、喇叭）调音台、麦克风、显示设备等的一套设备。其中，音箱就是声音输出设备、喇叭、低音炮等等。一个音箱里可以包括高、低、中三种扬声器。

组合音响

组合音响确切地说就是厂商推出的整体性的音响套装机，其功能尽可能齐全，使用方便，外观华丽。组合音响的所有的组成部分，如音箱、功放、卡座、CD 座都是由一家厂商提供的，整体的配合性较好，并且在外形上也比较统一、美观。购买之后也不需要用户花很多的时间去进行调试，一般来说直接就可以使用，在操作上较为方便，功能性也比较齐全。

专业音响器材

1. 概述

通常指适合录音棚、广播电台、电视台、音乐厅、影剧院、歌舞厅等专业场合使用的音响器材，以及宾馆公共扩声系统，体育场、馆，厅堂扩声系统专用器材。

2. 组成

由电唱机、放大器、协调器、扬声器系统构成。

3. 行业标准

严格按照 IEC,FCC,IHF 等标准制作。

4. 特点

外表通常朴实，长时间耐用性及可靠性较高，相对价格较贵。

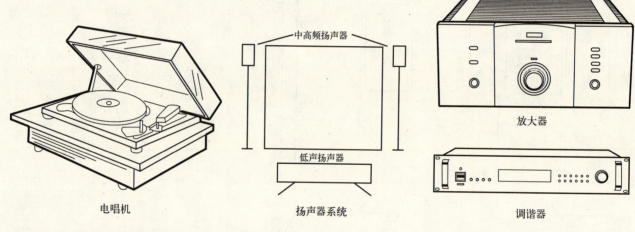

[1] 专业音响器材的组成

组合音响的发展历史

1904 年，英国人弗莱明发明的具有划时代历史意义的电子二极管标志着人类进入了无线电时代。在半导体器件未得到广泛应用之前的半个多世纪中，胆管在无线电广播通信、音频放大、仪器仪表和其他工业自动化控制方面扮演着"独一无二"的角色，为人类的文明进步立下了"赫赫战功"。许多人可能不知，1946 年美国人发明的世界上第一台电子计算机 ENIAC 就是由 18000 多个胆管构成的。

随着电子管的发明，随后出现了电子管放大器（俗称功放）喇叭和收音机，和在此之前由爱迪生在 1877 年发明的留声机组合在一起，就形成了一套完整的"组合音响"。当年这种组合音响体积庞大，全部加在一起得用一部货车拉才行。

后来随着科学的进步和电唱机、电子管的完善和小型化。出现了由电唱机、收音机、音箱为一体的相对小型的一体化的"组合音响"，说是小型化也得两个人搬才行。不过这种当年适合家庭使用的"组合型音响"是单声道的，一直生产和使用到 1960 年代初期。到了 1960 年代中期以后，随着密纹立体声唱片、调频立体声和晶体管在音响中的应用，组合音响也迎来了新的曙光。

当时世界正处在"冷战"期间，而在音响领域，电子管音响产品已经达到了巅峰时期，晶体管音响技术也已经开始崭露头角，迅速地显示出旺盛的生命力，并且迅速地被应用在市场需求量非常大的"组合音响"中。

组合音响的发展历史·音响造型风格的演变 [19] 音箱/组合音响

　　1960年代后期，晶体管技术因体积小、重量轻、不使用高压、耗电省，而且效果好、输出功率大等特点，在市场上逐步地取替了电子管的地位。而晶体管组合音响更是显示出广阔的市场前景，组合音响也像一块强有力的磁铁一样，迅速地将所有的新音响技术吸入其中，如卡带技术和后来20世纪80年代的CD技术都纳入其中，这些都给组合音响的进一步完善创造了有利的条件。

　　根据了解，组合音响这一称谓，应该是在80年代以后形成的。在此之前，国外的人们称其为"家庭音乐中心"或"家庭音响中心"。那个时候主要的配置有：立体声收音机、电唱机、卡座、功放，音箱也实现了与主机的分体化，从而能达到更好的立体声音响效果。

　　随着在1982年CD唱片的出现，组合音响的效果、体积和性能进一步加强，逐步形成了组合音响的完整性和标准性。但是，当时的组合音响也并非完全像现在这样的概念，当人们一提起组合音响的时候，印象中就是属于那种小型桌面型的组合音响。

　　1980～1990年代，人们追求的是那种"高大全"形式的组合音响，以显示其高档次、高标准和高性能等。当时所有的单体器材都是430mm标准尺寸，如收音头、电唱机、卡座、CD机，公放有的还是前后级分体的（如山水的B1000型）均衡器，还有的配有电子定时器等。音箱更是大型化，10英寸喇叭单元是基本配置，更多使用的是12英寸的低音喇叭，中高音喇叭也一应俱全，有的更是在一只音箱中使用了多达10个左右的喇叭单元数量（健伍的一款就是如此）。当时这种大型的组合音响占据着市场的主流，如美国狮龙，日本的先锋、健伍、山水等。当时全世界的音响产业也发展到了一个空前的高潮期。

　　后来人们发现，大体积的组合音响在安装、使用上并不方便，于是人们又开发了能放在桌面上使用的组合音响。当时的代表作有健伍的959，939爱华D1000等型号，虽然这种组合音响在体积上有所减小，但是在性能上又有了新的发展，如在公放内设有CD解码器，增加外置有源低音音箱等，使这种比较小型的组合音响的效果发挥得更出色。

　　进入1990年代，随着社会科技和数字化的发展又产生了一些新的音响技术和视频技术，这些都被应用在组合音响中，从而也形成了新一代的、以数字处理为核心的多功能、小型化的迷你组合音响。

　　今天，这种组合音响已经进入千家万户，这种音响也将会随着社会和科技的发展以更新的面貌展现在人们面前。

音响造型风格的演变

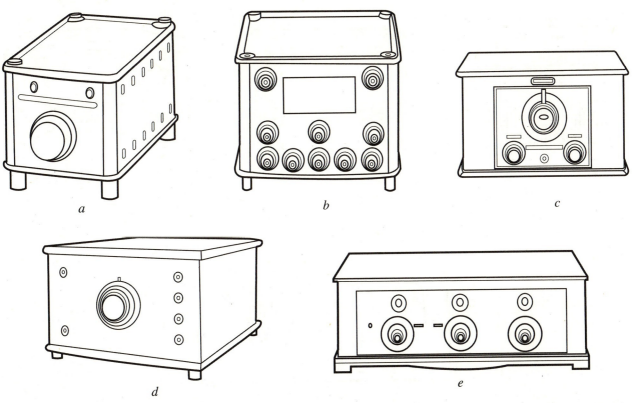

① 1920～1930年代简单的长方形造型

音箱/组合音响 [19]　音响造型风格的演变

1　1930年代弧形与方形相结合的造型

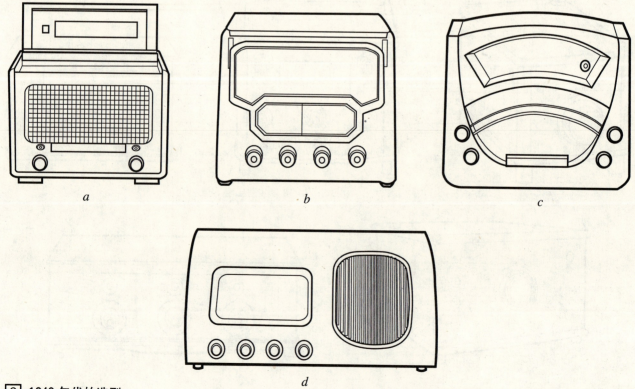

2　1940年代的造型

音响造型风格的演变　　[19] 音箱／组合音响

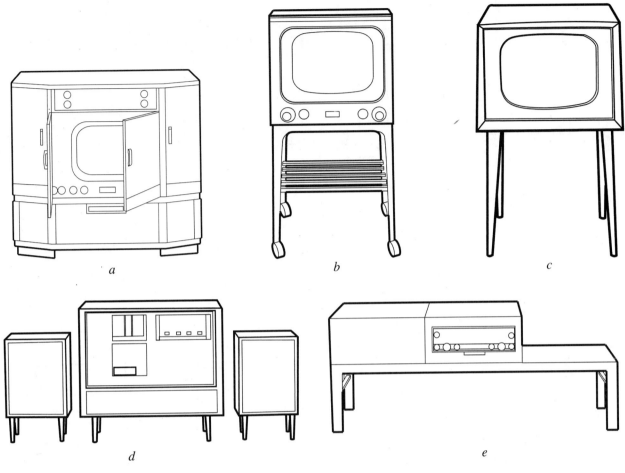

1　1950 年代方形与其他形状的组合造型

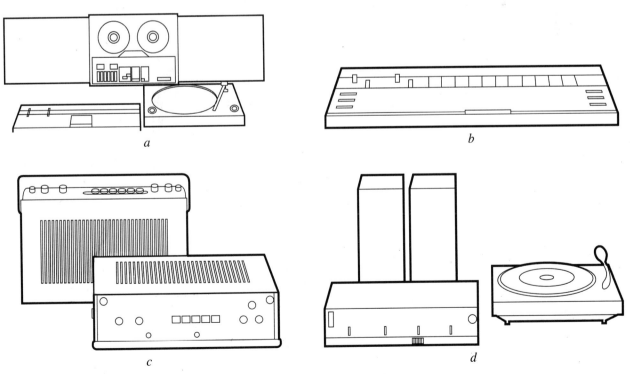

2　1960 年的代造型有薄、小趋势

音箱/组合音响 [19] 音响造型风格的演变

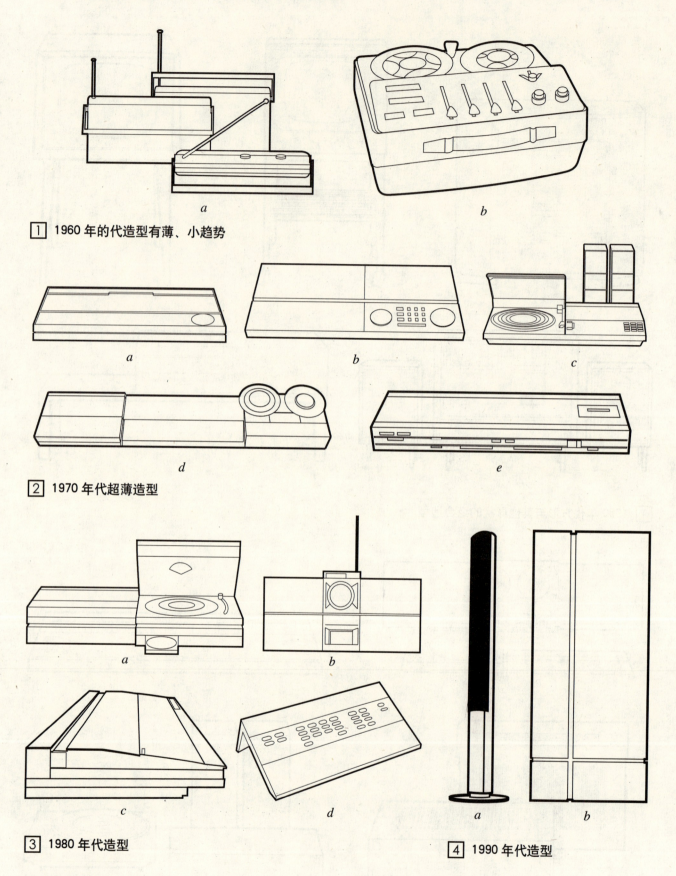

1 1960年的代造型有薄、小趋势

2 1970年代超薄造型

3 1980年代造型

4 1990年代造型

造型风格趋势

1. 几何形的造型，在简约的基础上向着更加灵动和感性的方向发展。
2. 移动式风格。
3. 与家具设计结合，多种摆放方式。

组合音响的分类

组合音响一般可分为迷你组合音响和家庭影院套装。

迷你组合音响

1. 定义

迷你组合音响，实际上就是小型化的组合音响，相对于家庭影院套装，迷你组合音响的特点就是小型化。常见的迷你组合音响由将各种播放设备和功放集成为一体的主机加上两个音箱构成。

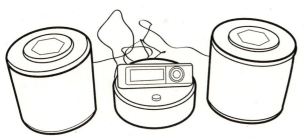

2004年首次将音箱与MP3播放器合成Mini音响，推出了第一台DX-3随身/台式MP3播放器

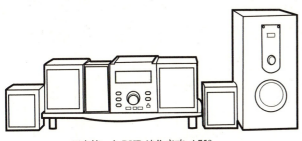

国产第一台DVD迷你音响A750

[1] 迷你组合音响

2. 构成

最简单的迷你组合音响的基本组成部分一般包括AM/FM调谐器、CD播放器（也有的带有磁带卡座）与两个单独的扬声器。功能更强大的则相应增加MD播放器、环绕超重低音音箱；CD播放器提升为DVD播放器，向下兼容播放其他类型格式的碟片等，甚或提升为双碟、三碟播放；还有一少部分迷你组合音响带有刻录机或带有网络收音功能等。

3. 分类

迷你音响的构成也分不同形式，有些迷你音响甚至音箱也和主机连接在一起不可拆分，这样做的主要目的是携带和移动方便，因占用空间小，所以这样的迷你组合音响也叫床头音响，也有些带有多个音箱，这样做的目的是更突出声音的环境效果，这种音响为了摆放方便，还可能使用无线技术连接主机和各个音箱。

4. 发展趋势

目前不少传统音响外形都比较笨重，而家庭装修风格趋向于简约，等离子、液晶平板电视开始普及，因此传统音响与现代人追求的明快风格不协调。为了适应消费者的需求，出现了迷你型组合音响。由于迷你组合音响简约时尚，摒弃了传统的沉闷气息，随着经济条件的改善和个性化需求的增多，越来越多的音乐爱好者和时尚消费者把目光投向了外观新潮、造型小巧、品质卓越的微型组合音响，使其日渐成为卧室、书房及小客厅的新宠。精致的外观、小型化的体积可以摆在书房的书架上，也可以放在卧室的低柜上，因此，不仅那些小居室的家庭选择迷你音响，而且还有为数不少的音乐爱好者选择它作为第二套听音设备，或作为卧室音响。

5. 市场分析

在国内微型组合音响市场上，90%以上的市场份额集中在国外品牌手中，外国品牌称雄市场，尤其是日本品牌，占有80%以上的份额，成为微型组合音响产品潮流趋势与技术规范的引领者；国内品牌占有9%的份额，主要在低档产品市场上。

与国产微型组合音响品牌相比，日本品牌在产品设计、功能与品质提升、技术开发等方面具有明显优势，这在一定程度上反映出日本企业成熟的工业设计体系和先进的市场运营理念。

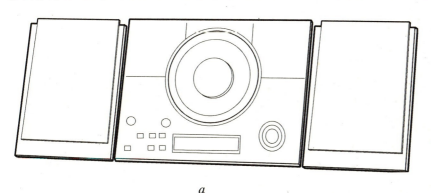

a   b

[2] 一体化机

音箱/组合音响 [19] 组合音响的分类

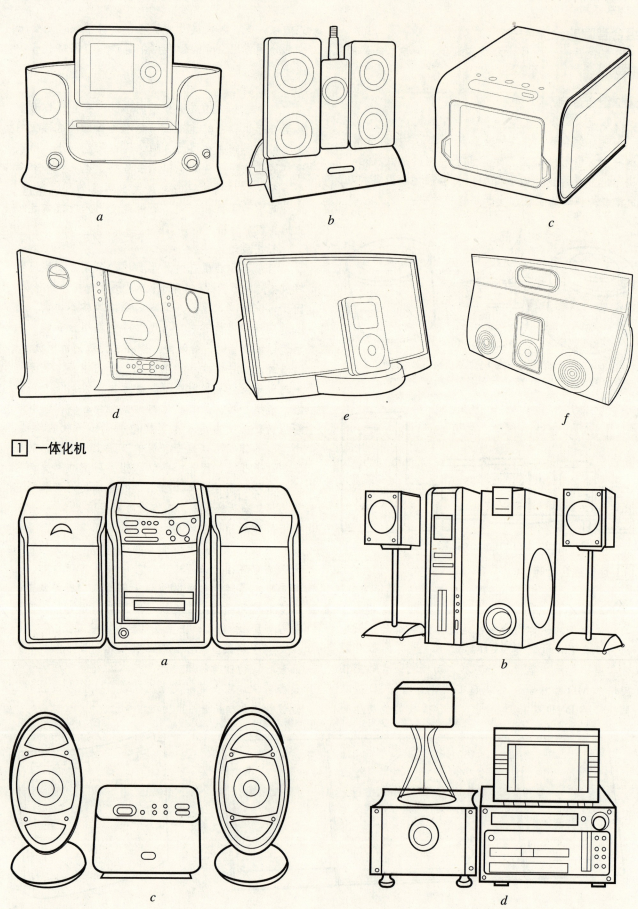

1 一体化机

2 分体式机

组合音响的分类 [19] 音箱/组合音响

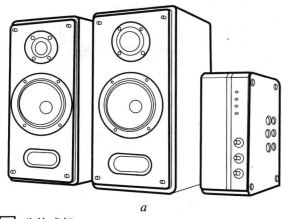
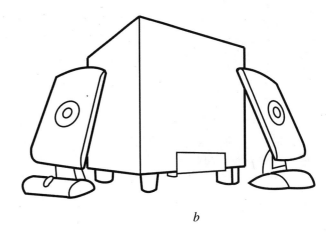

a　　　　　　　　　　　　　　　　　　*b*

[1] 分体式机

家庭影院音响系统

1. 定义

"家庭影院"是利用现代电子技术把20世纪70年代后期发展起来的专业多路环绕立体声影院设备，经简化后做成的家用产品。由环绕声放大器（或环绕声解码器与多通道声频功率放大器组合）、多个（4个以上）扬声器系统、大屏幕电视（或投影电视）及高质量A/V节目源（如LD、DVD、Hi-Fi录像机等）构成的具有环绕声影院视听效果的视听系统。

2. 发展历史

1994年，随着LD的小范围普及，国内VCD开始发展，家庭影院这个名词开始出现。

1995年，VCD这个中国特色的技术开始产生，模拟信号转成数字信号并进行有损压缩。那时DOLBY公司考虑到2声道用家较多，推出DOLBY PROLOGIC技术，VCD+DOLBY PROLOGIC技术的家庭影院产品，家庭影院开始普及。

1998年，随着DVD的普及，DOLBY DIGITAL、DTS标准延伸为DD EX、DTS ES，真正意义上的家庭影院才算走进寻常百姓的家庭。

3. 组成

它是一种视听（A/V）系统产品，一般由大屏幕彩电、A/V节目源（如DVD、LD播放机等）、A/V功放（也称家庭影院用环绕声功率放大器）和一组音箱（5～6只或更多）构成。

4. 家庭影院的配置

（1）片源播放部分

家用视频源从VHS录像带起步，逐渐发展到后来的LD、VCD、DVD、投影仪等。

（2）图像回放部分

CRT电视机：普通家庭影院系统中对于一般用户来说，CRT电视机比较实惠、好用。

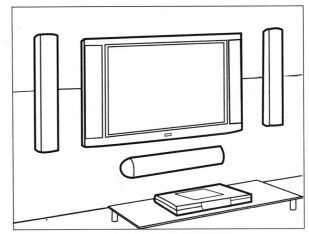

家庭影院音响系统示意图

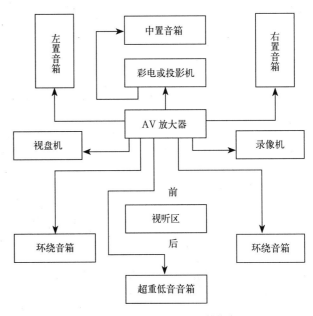

家庭影院音响系统的构成

[2] 家庭影院音响系统的构成

音箱/组合音响 [19] 组合音响的分类

背投电视机：现在市场上背投大多属于CRT背投，也称传统背投。

等离子、液晶电视机：画面够大、体积够小。

数位正投：LCD液晶投影机、DLP投影机。正投进入普通用户家庭还有待时间和普及推广。优点：以比较合理的价格获得震撼的画面感觉。

其他画面回放设备：三枪正投、LCOS正投（背投）、液晶背投、DLP背投。

（3）声音回放部分

组成：AV功放＋各个声道喇叭（主声道左右喇叭，中置、环绕喇叭）。

主声道左右喇叭；

中置喇叭：一部电影，对白占了70%以上，演员演技高低除了表情动作就是对话，好的中置喇叭更能让您被影片感染；

环绕喇叭：环绕声道非常重要，电影院放映厅后面清点一下侧面到后面喇叭的个数，体会一下在收看《指环王》时的震撼和紧张。

5. 家庭影院的行业标准

5.1系统：AV功放支持5个喇叭功率输出、5.1声道超低音音频输出，需要喇叭主声道2个喇叭、中置声道1个喇叭、环绕声道2个喇叭。

6.1系统：AV功放支持6个喇叭功率输出、6.1声道超低音音频输出，需要喇叭主声道2个喇叭、中置声道1个喇叭、侧环绕声道2个喇叭、后环绕1个喇叭。

7.1系统：AB功放支持7个喇叭功率输出、7.1声道超低音音频输出，需要喇叭主声道2个喇叭、中置声道1个喇叭、侧环绕声道2个喇叭、后环绕2个喇叭（等于后墙附近4个音箱、电视墙侧3个音箱）。

注：一般家庭影院都是DOLBYDIGITAL 5.1、DTS 5.1标准，要求较高可以选择6.1、7.1系统。

6. 家庭影院音响造型

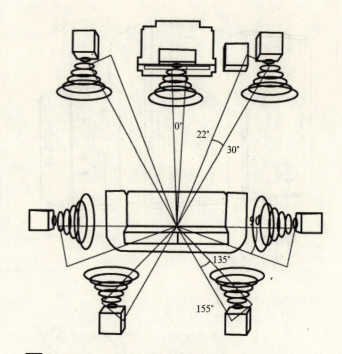

[1] 家庭影院音响系统的摆放示意图

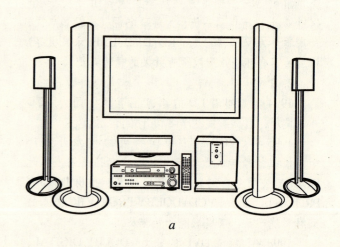

a

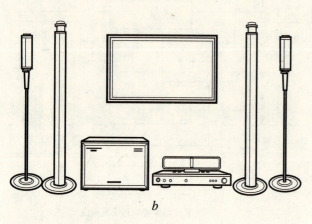

b

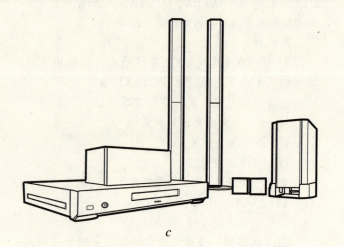

c

[2] 家庭影院音响系统的造型

组合音响的分类　[19] 音箱／组合音响

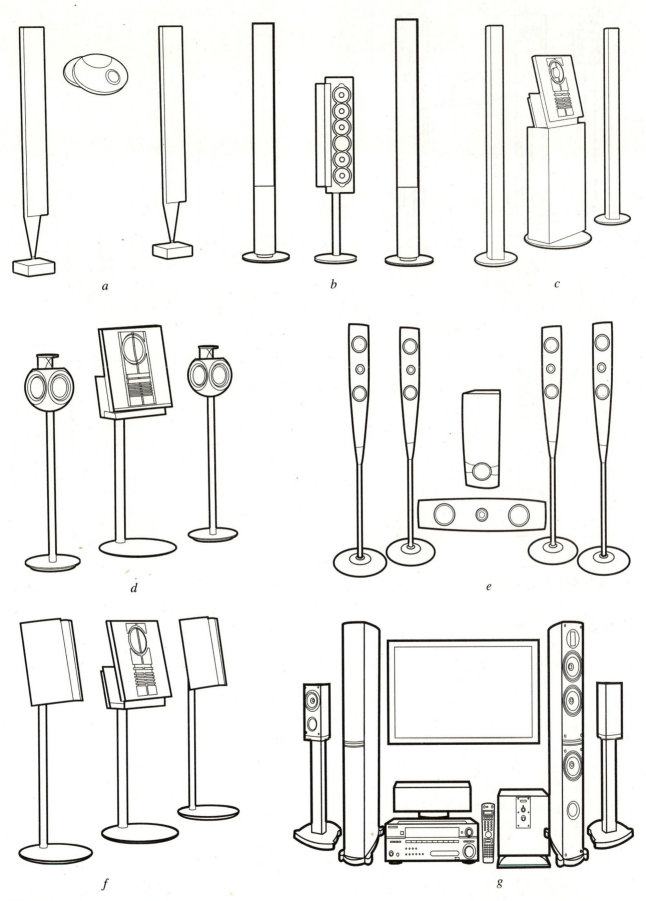

1　家庭影院音响系统的造型

音箱／组合音响 [19]　组合音响的分类·组合音响的音箱摆放

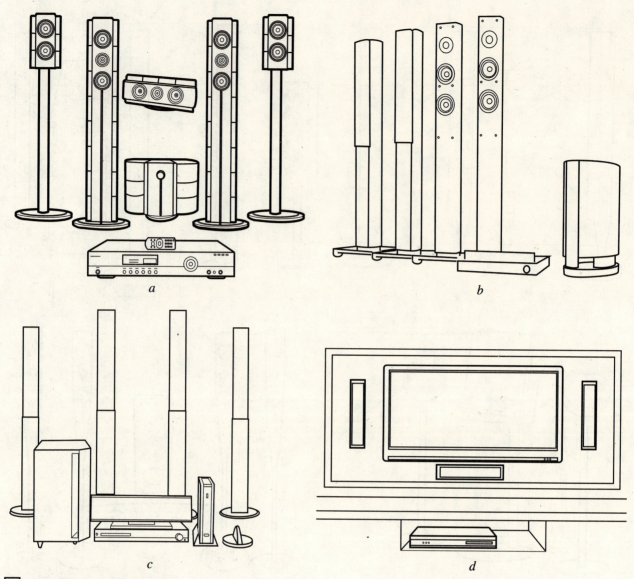

1　家庭影院音响系统的造型

组合音响的音箱摆放

音箱位置的正确放置是获得良好放音效果的因素之一，在摆放时必须注意以下几个问题：

1. 两只音箱之间的距离不小于 1.5～2m，并保持同一水平。音箱的左右两边与墙壁的距离应该相同。音箱的前面不应有任何杂物。

2. 音箱的高音单元与听音者的耳朵应保持同一水平线，听音者与两只音箱之间应为 60°夹角，听音者的身后要留有一定的空间。

3. 两个音箱两侧的墙壁在声学上应保持一致，即两侧的墙壁对声波的反射应相同。

4. 如果音箱声波的方向性不宽，可将两只音箱略向内侧摆放。

5. 对于小型音箱如果感觉低频不够，可将音箱靠近墙角摆放。

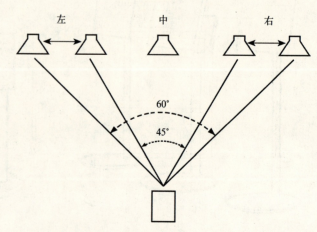

左右扬声器应该在以观赏者中为中心，角度45°～60°以内。

组合音响的音箱摆放 [19] 音箱/组合音响

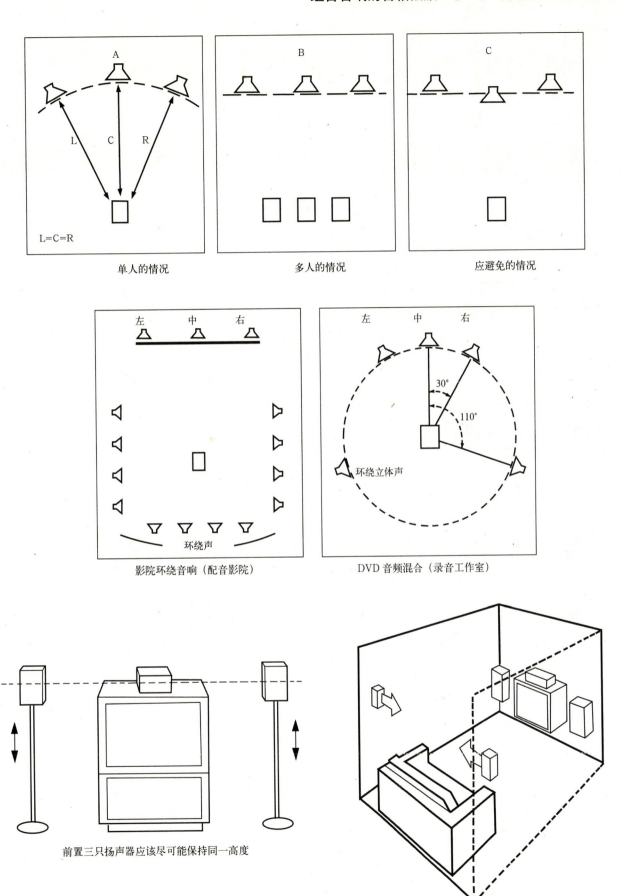

1 家庭影院音响音箱的摆放

音箱/组合音响 [19] 组合音响的音箱摆放·家庭音响的发展趋势

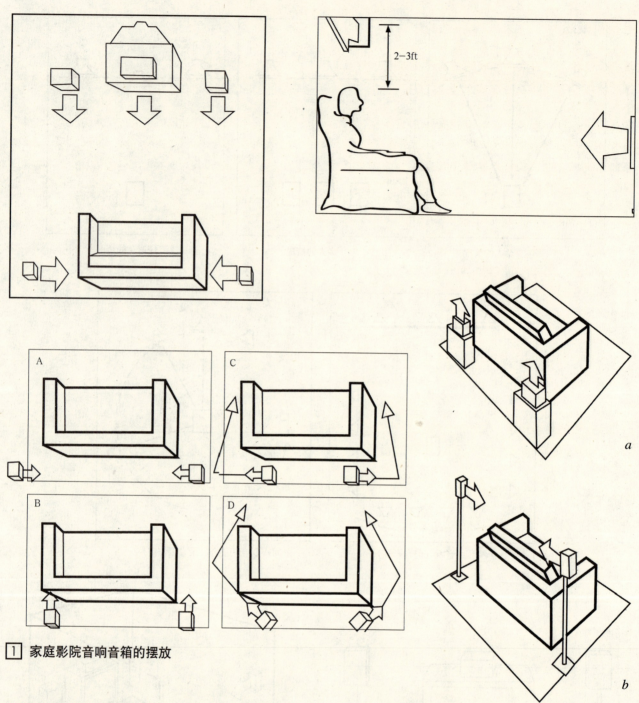

1 家庭影院音响音箱的摆放

家庭音响的发展趋势

微型化音响。微型台式组合音响已有较长的发展史，在10多年前就已经出现高级超小型组合音响。但由于听音喇叭、立体声电唱机、录音卡座没有很好解决，所以一直停留在较低的档次上。为了创造小巧的音响世界，不但要从放大器、控制部件、左右音箱上下工夫，还得从调谐器、CD唱机和录音卡座方面一起考虑。

数字化音响。数字音响是在解决模拟音响噪声的失真问题时发展而成的。音响采用了数字技术之后，记录的数字信号从取样频率到量化特性，有清晰的解析度，没有音色抖动，得到的是非常纯正的声音。数字录音可以把时间、人名、地址一起录入带中，采用微型键盘来完成编目工作，更换曲目编号，再加上遥控功能，使你能够自动地搜索需要的曲目，使用方便。

影视听设备一体化。数字音响随着电声技术、影视技术、计算机技术的发展，它们在家庭中可以构成浑然一体的多媒体影视音频系统。这样的系统，输入端增添各种需要的信号输入和功能转换，通过电脑处理就能使受众看到各种图像和听到各种声音。

[20] 电视机

电视机概述

电视机是广播电视系统的终端设备——电视接收机的简称。它将天线接收到的高频电视信号还原为视频图像信号和低频伴音信号，分别送给显示器件和扬声器，重现图像、重放声音，由接收天线、高频调协系统、图像中频公共通道、扫描系统、伴音通道、电源电路和彩色解码系统（黑白电视机没有）等部分组成。电视机按显示图像的颜色分为黑白电视机和彩色电视机；按电路器件分为电子管电视机、晶体管电视机和集成电路电视机；按信号处理方式分为模拟电视机和数字电视机；按显示器件分为显像管电视机、液晶电视机和等离子体电视机等。电视机的主要发展趋势是集成化、数字化和多功能。

要能完整地接收电视台发射的图像、声音信号，电视机必须有一套完整的系统。

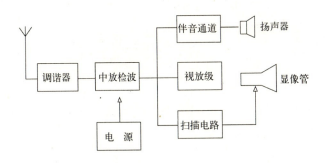

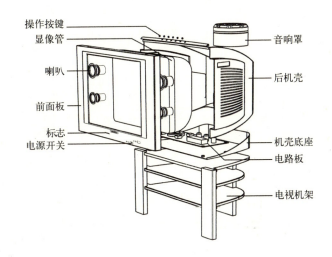

[1] 电视机的基本知识

电视机的分类

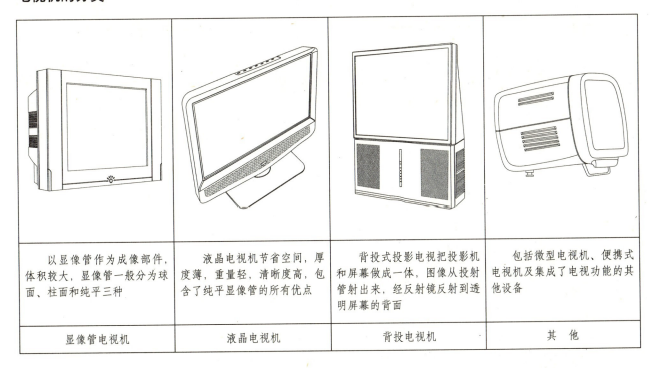

[2] 电视机的分类

电视机 [20] 电视机的发展历史

电视机的发展历史

萌芽阶段 (1884～ 1936 年)	1884 年德国发明家保罗·尼普科夫（Paul Nipkow）发明了一种对日后电视发展起重大作用的装置——"扫描圆盘"。 1936 年建造了第一个电视转播室，转播了柏林奥林匹克运动会	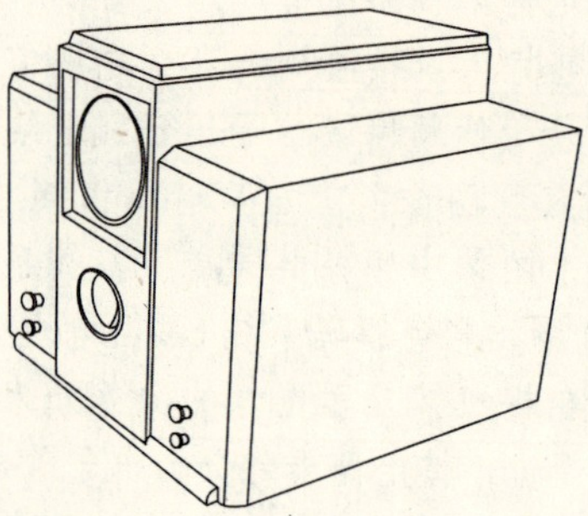
发展阶段 (1937～ 1945 年)	美国开始了固定的电视节目播放，在当时可以接收电视节目的设备有 1000 个左右	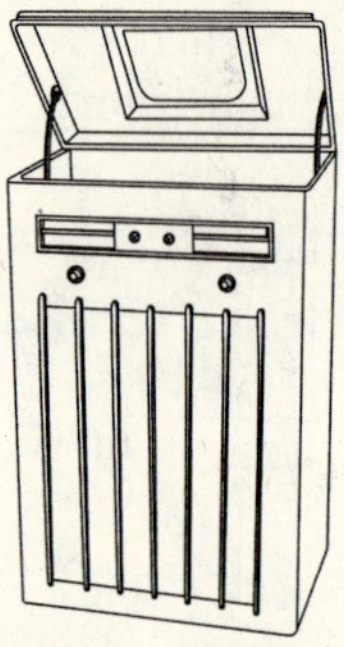 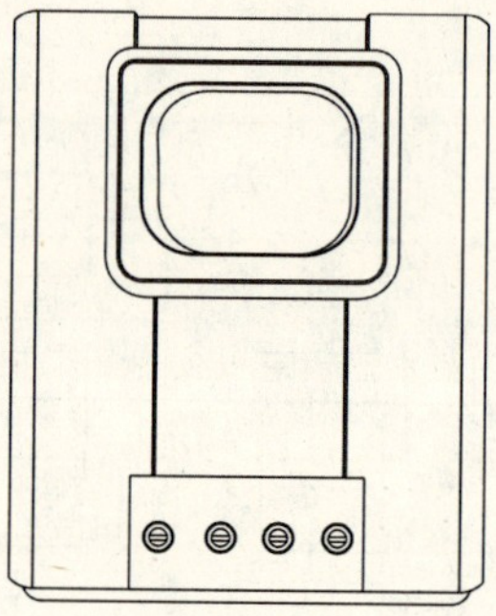
成熟阶段 (1946～ 1949 年)	第二次世界大战后是电视发展的成熟期，美国市场对电视的需求与日俱增	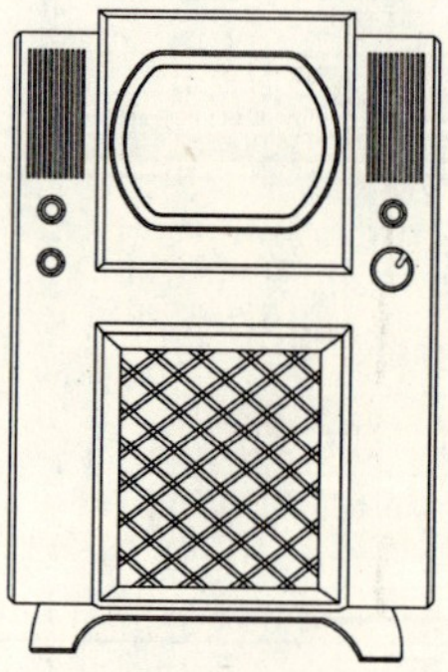 
推广阶段 (1950～ 1959 年)	在此期间，美国 B&W 电视公司首先研发出彩色电视机。1958 年 3 月 17 日，我国电视广播中心在北京第一次试播电视节目，我国第一台电视接收机实地接收试验成功	 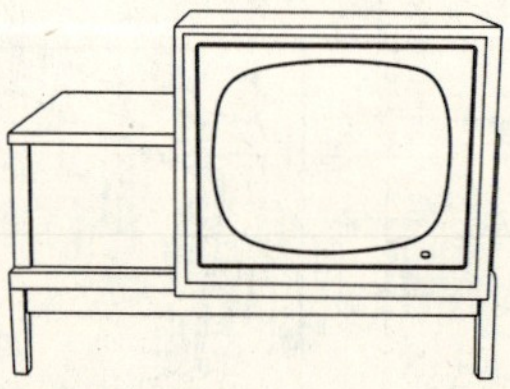 
普及阶段 (自 1960 开始)	1960 年世界第一台晶体管电视机（TV8-301）面世，电视机开始在世界范围内普及。目前，电视机已向多元化发展，高清电视机、数字电视机、液晶电视机、等离子电视机、背投电视机等各种不同种类的电视机层出不穷	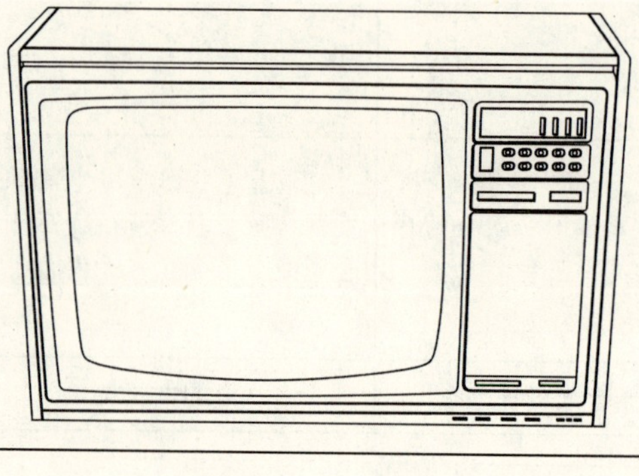

① 电视机的发展历史

电视机屏幕比例及尺寸

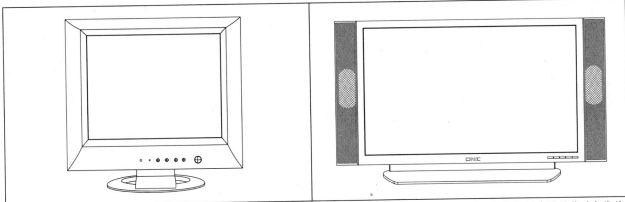

电视机屏幕显示比例主要有两种：4：3及16：9，不同的屏幕模式会产生不同的视觉效果。电视机尺寸用屏幕对角线的长度来表示，单位一般用英寸（1in=25.4mm）

4：3 屏幕模式								16：9 屏幕模式							
4：3 显示比例电视机屏幕尺寸英制、公制对照表								16：9 显示比例电视机屏幕尺寸英制、公制对照表							
英制尺寸	14in	15in	17in	21in	25in	29in	34in	42in	英制尺寸	14in	15in	17in	21in	25in	29in	34in	42in

4：3									16：9								
英制尺寸	14in	15in	17in	21in	25in	29in	34in	42in	英制尺寸	14in	15in	17in	21in	25in	29in	34in	42in
公制尺寸（宽×高）单位：mm	284×213	305×229	345×259	427×320	508×381	589×442	691×518	853×640	公制尺寸（宽×高）单位：mm	309×174	331×186	375×211	464×261	552×310	640×360	751×422	927×522

[1] 电视机屏幕比例及尺寸

电视机的人机关系分析

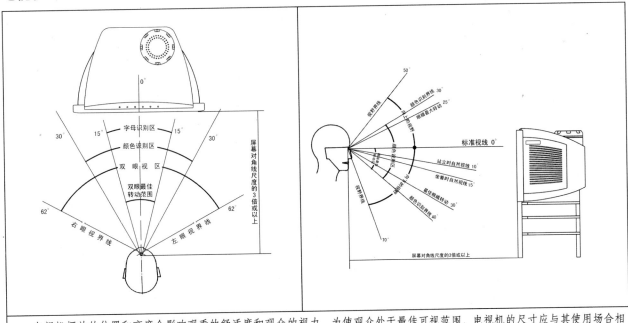

电视机摆放的位置和高度会影响观看的舒适度和观众的视力，为使观众处于最佳可视范围，电视机的尺寸应与其使用场合相匹配。背投电视和液晶电视的最佳可视范围会受技术水平的影响，在设计时应参考企业的技术参数

| 观看电视的水平视界分析 | 观看电视的垂直视界分析 |

[2] 电视机的人机关系分析

电视机 [20]　电视机的人机关系分析

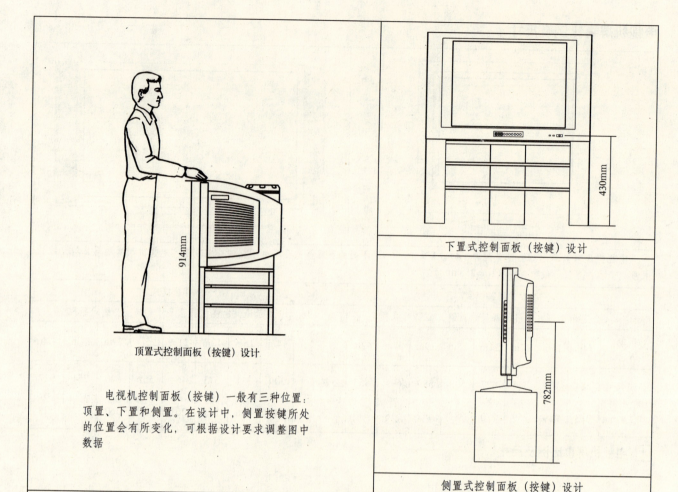

顶置式控制面板（按键）设计

下置式控制面板（按键）设计

侧置式控制面板（按键）设计

电视机控制面板（按键）一般有三种位置：顶置、下置和侧置。在设计中，侧置按键所处的位置会有所变化，可根据设计要求调整图中数据

电视机的控制面板一般有隐藏式和显露式两种，对于隐藏式，还要兼顾面板遮罩的设计，设计时应注意以下几点：
1. 遮罩的设计应简洁，不能干扰整体视觉效果；
2. 遮罩的比例尺度应与电视机面板整体协调一致；
3. 应考虑产品语义学，让使用者明白如何开启

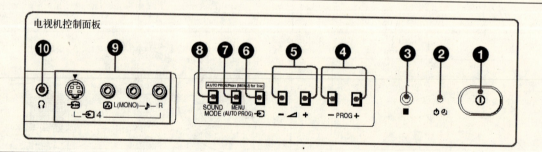

按键功能明细表

按键/端子	1	2	3	4	5	6	7	8	9	10
功　能	打开或关闭电视机	待机与唤醒指示灯	遥控传感器	选择频道号码	调整音量	选择电视或视频输入	自动预设频道	选择声音模式	视频输入端	耳机插口

按键控制面板，是电视机人机关系设计的重点，也是细节设计的重点：
1 按键设计应追求精致并体现工艺水平，提高电视机的整体造型视觉效果；
2 键可采用新材料或独特的色彩，以获得良好的材质和色彩对比效果，加强电视机的视觉冲击力

1 电视机的人机关系分析

[20] 电视机

电视机设计的影响因素

电视机技术已非常成熟，产品进入同质化时代，差异化成为电视机品牌竞争的主要手段。差异化设计是指在产品开发、设计之初，根据对同类产品的调研及企业自身的品牌战略，使产品的功能、造型、色彩、价格等属性区别于竞争对手。设计师必须充分考虑各种设计制约因素，根据设计要求把握重点，协调处理。

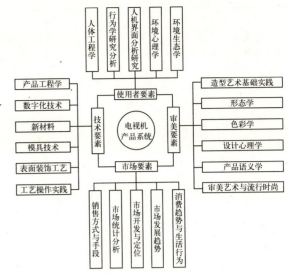

电视机的基本尺寸及结构设计

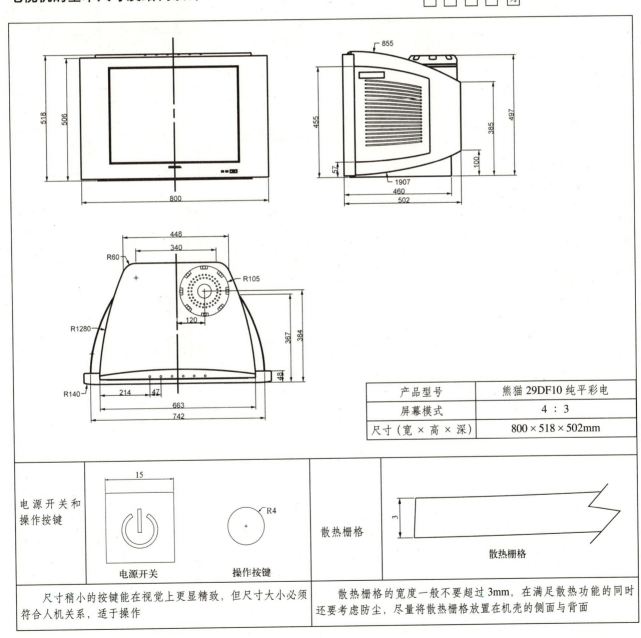

产品型号	熊猫 29DF10 纯平彩电
屏幕模式	4：3
尺寸（宽×高×深）	800×518×502mm

电源开关和操作按键：尺寸稍小的按键能在视觉上更显精致，但尺寸大小必须符合人机关系，适于操作

散热栅格：散热栅格的宽度一般不要超过3mm，在满足散热功能的同时还要考虑防尘，尽量将散热栅格放置在机壳的侧面与背面

1　电视机的基本尺寸

电视机 [20]　电视机的基本尺寸及结构设计

机壳圆角处理：
　　机壳尖角处易产生应力集中，在受力或受冲击振动时容易发生破裂；在脱模过程中，如果制件的内圆角过小，也会因为模塑内应力而开裂。因此，除了在造型上要求采用尖角外，其余所有转角处均应采用圆弧过渡，一般半径 1.5～3mm。如果在模具结构上要考虑抽芯的话，则其分型面必须通过圆弧的中心

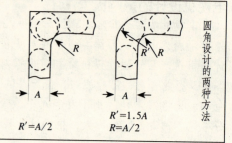
圆角设计的两种方法

机壳脱模斜度：
　　如果脱模斜度设置不当，将无法顺利脱模，但机壳放置面不允许有脱模斜度，否则，会产生放置不稳的感觉。

机壳平面造型处理：
　　1．机壳大面积的平面造型设计易发生弯曲变形，应在平面周围设计曲面或凹凸形态，减少变形。
　　2．矩形薄壁壳体的侧壁容易出现内凹变形，因此，在不影响使用情况下可将侧壁设计成"拱形"；
　　3．后机壳底部面积较大，容易产生变形，应该增加加强筋或设台阶预防

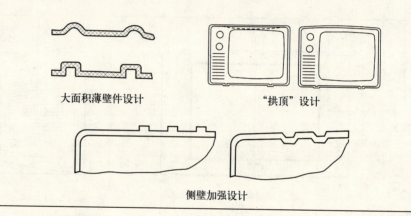

大面积薄壁件设计　　　"拱顶"设计

侧壁加强设计

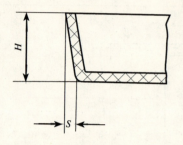

当 $H<50$mm 时　　当 $H>50$mm 时

$$\frac{S}{H}=\frac{1}{30}\sim\frac{1}{60}\qquad \frac{S}{H}=\frac{1}{60} 以下$$

外壳脱模斜度设计

机壳的藏拙设计：
　　机壳表面通常都在定模一面，注塑口就在机壳表面上。因此，设计时应对浇口的位置预先作出估计，掩饰浇口的常用方法是贴铭牌、商标或装饰零件

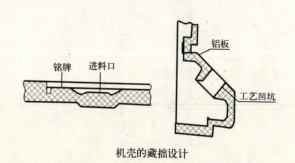

机壳的藏拙设计

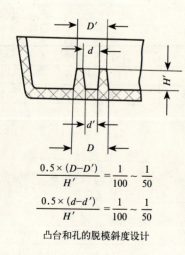

$$\frac{0.5\times(D-D')}{H'}=\frac{1}{100}\sim\frac{1}{50}$$

$$\frac{0.5\times(d-d')}{H'}=\frac{1}{100}\sim\frac{1}{50}$$

凸台和孔的脱模斜度设计

整机分解面设计：
　　由于前后机壳模具的制造精度、塑件的成型条件等不可能完全一致，会在分型面上留有飞边、毛刺。装配合拢处就会形成相接不齐的分解面，影响外观质量。设计时应有意识地将后机壳的外形尺寸，略比前壳尺寸每边缩小 0.5～1mm，或将后壳四周设计有分解槽

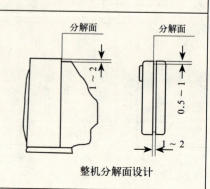

整机分解面设计

1　电视机的细部结构设计

显像管电视机　[20]　电视机

显像管电视机

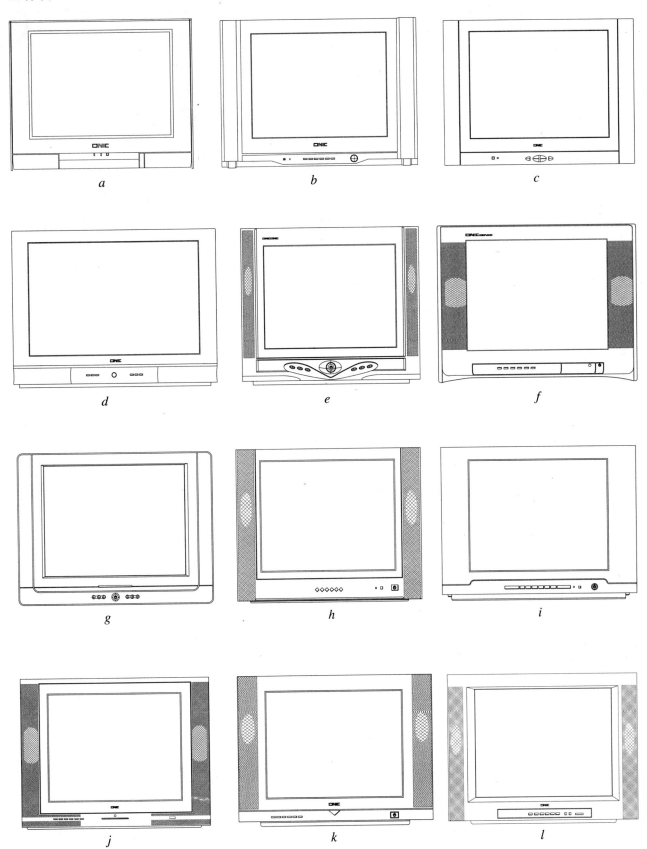

a　　　　　　　　　b　　　　　　　　　c

d　　　　　　　　　e　　　　　　　　　f

g　　　　　　　　　h　　　　　　　　　i

j　　　　　　　　　k　　　　　　　　　l

1 显像管电视机造型设计

电视机 [20] 显像管电视机

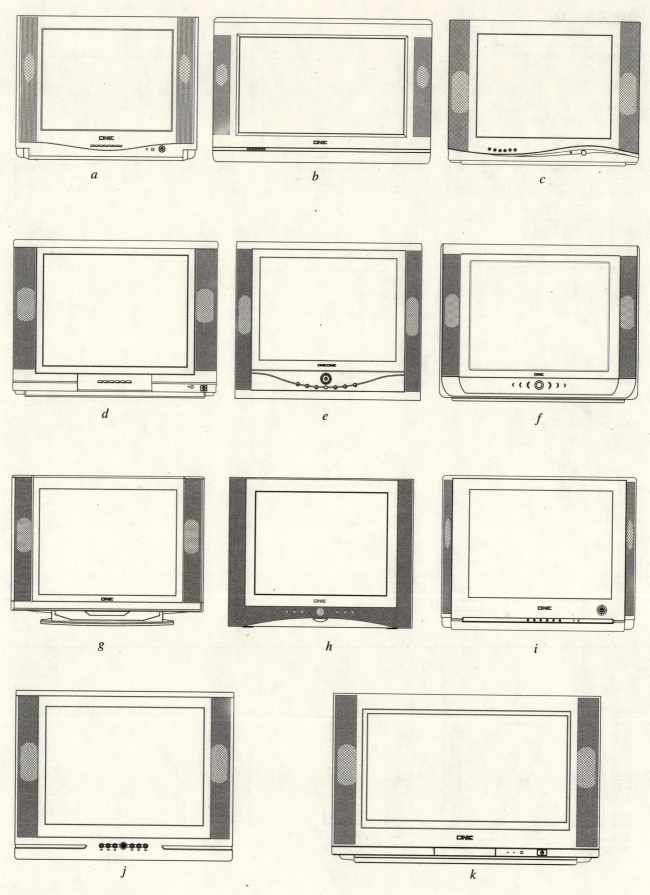

1 显像管电视机造型设计

显像管电视机　[20] 电视机

1 显像管电视机造型设计

电视机 [20]　显像管电视机·平板电视机

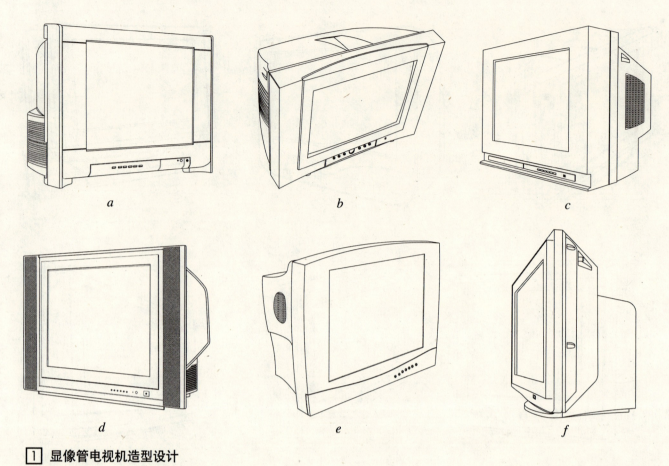

1 显像管电视机造型设计

平板电视机

　　平板电视机包括液晶（LCD）电视机和等离子体（PDP）电视机，它们在造型上具有很多共同点，整体形态轻巧、纤细，其设计重点是前面板。面板的元器件（包括操作按键、指示灯及喇叭孔）、材料、加工工艺等物质技术条件则是创造形式美的基础条件。

　　1. 按键可以运用特种加工工艺，获得特别精致的面饰效果来突出产品的质量。

　　2. 可以采用特殊的装饰件来强调重点，例如对指示灯的处理。

　　3. 运用"视觉诱导"方法，引导人们的视线集中于细节，在处理电视机按键、喇叭孔等细节时，可以适当地应用这种方法。

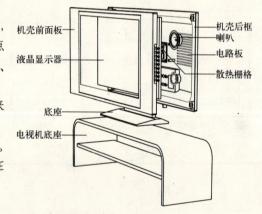

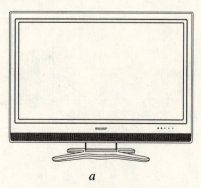
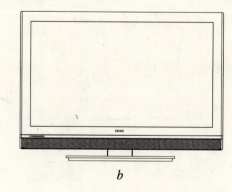

2 平板电视机造型设计

平板电视机 [20] 电视机

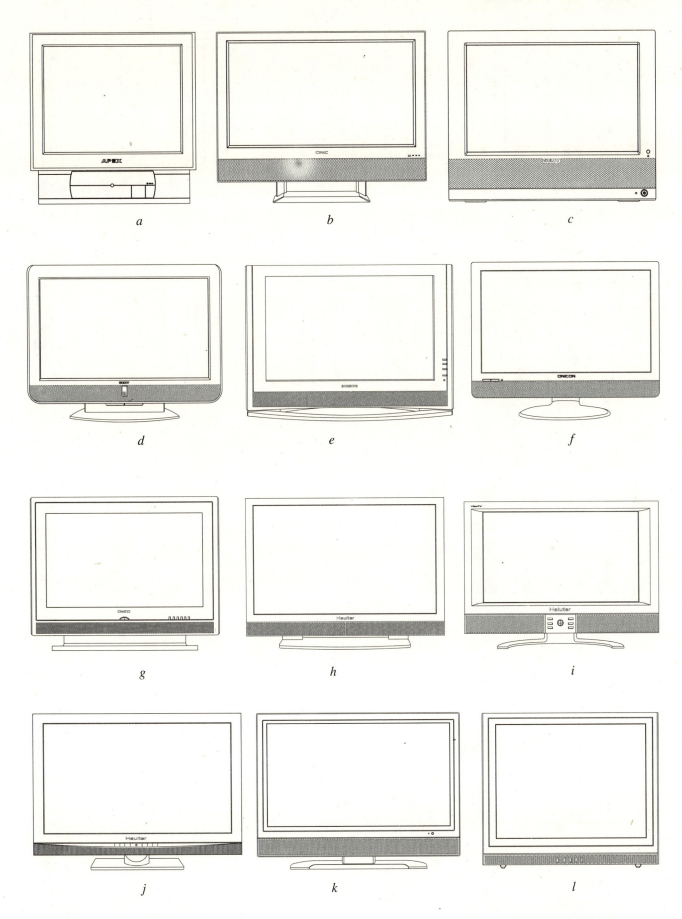

1 平板电视机造型设计

265

电视机 [20] 平板电视机

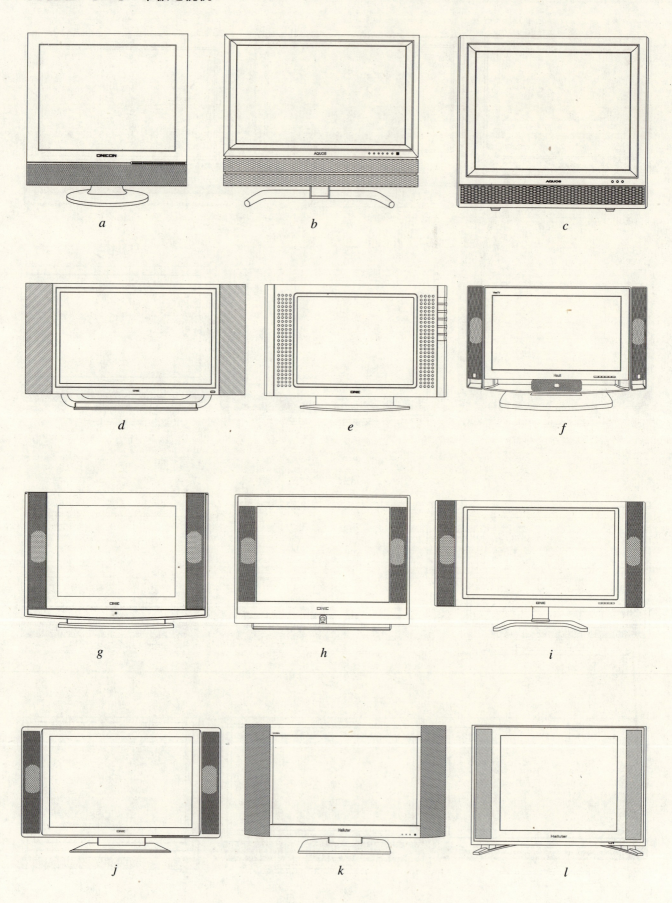

1 平板电视机造型设计

平板电视机 [20] 电视机

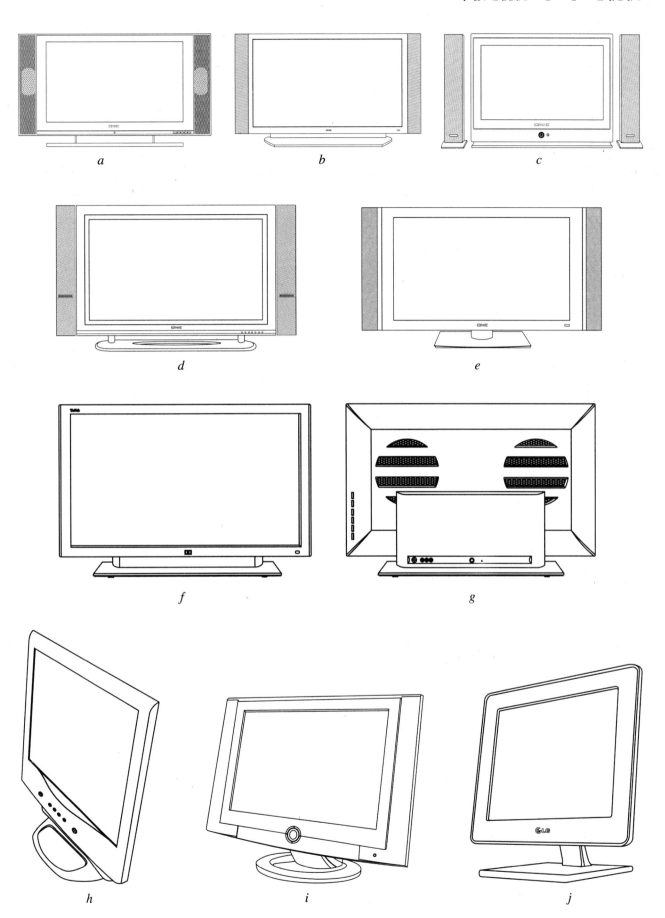

1 平板电视机造型设计

267

电视机 [20] 平板电视机

1 平板电视机造型设计

平板电视机　[20] 电视机

1　平板电视机造型设计

电视机 [20] 平板电视机

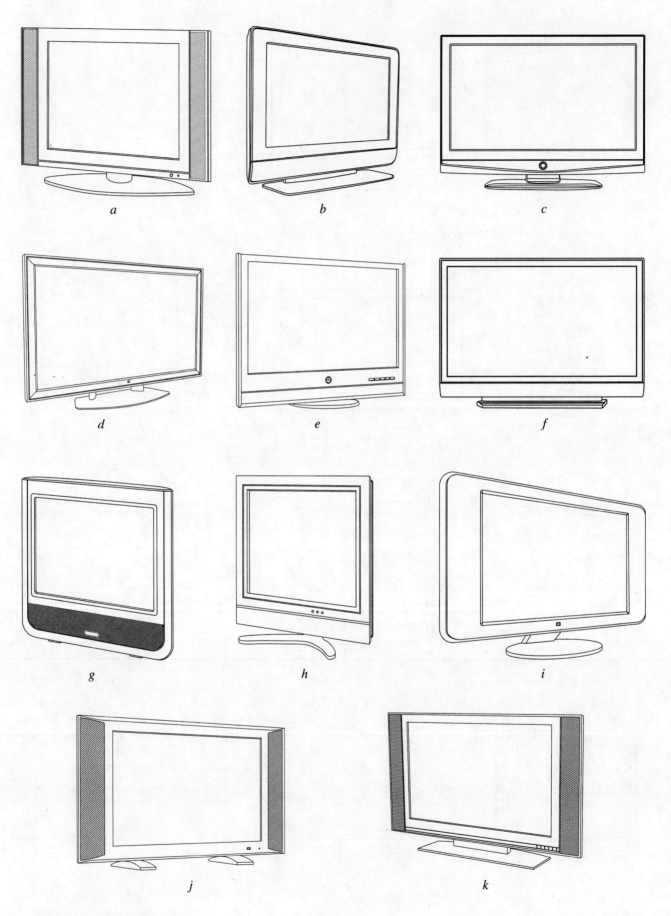

1 平板电视机造型设计

背投电视机

背投电视属于高端产品,设计要注意以下几点:

1. 背投电视机的体积都较大,容易与其他家具产生冲突,因此,协调处理背投电视机的整体视觉效果是设计的重点。

2. 前面板的设计关键是处理好主体与背景的层次关系,使面板形态呈现出空间层次效果。

3. 对主控面板等部位要重点设计,对其线形、体量、色彩、材质等要作比较细致的研究,可将其设计成最明显、最有吸引力的部位,形成造型的视觉中心,给使用者留下强烈、深刻的印象

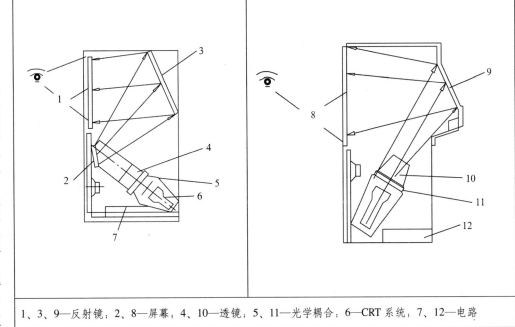

1、3、9—反射镜;2、8—屏幕;4、10—透镜;5、11—光学耦合;6—CRT 系统;7、12—电路

投射管射出的高清晰度、高亮度彩色图像,经光学耦合系统、透镜至第一个反射镜,通过其反射到第二个反射镜,然后反射到屏幕背面。这种结构图像经过二次反射,亮度比较暗,但电视机柜体比较薄	投射管射出的高清晰度、高亮度彩色图像,经光学耦合系统、透镜至反射镜,一次反射到屏幕的背面。这种结构图像经过一次反射,其亮度比较高,但电视机柜体比较厚
二次反射式结构	一次反射式结构

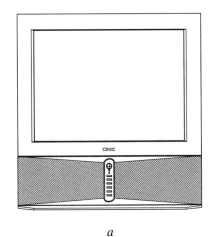

a

b

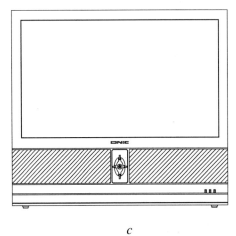

c

1 背投电视机造型设计

电视机 [20]　背投电视机

[1] 背投电视机造型设计

背投电视机 [20] 电视机

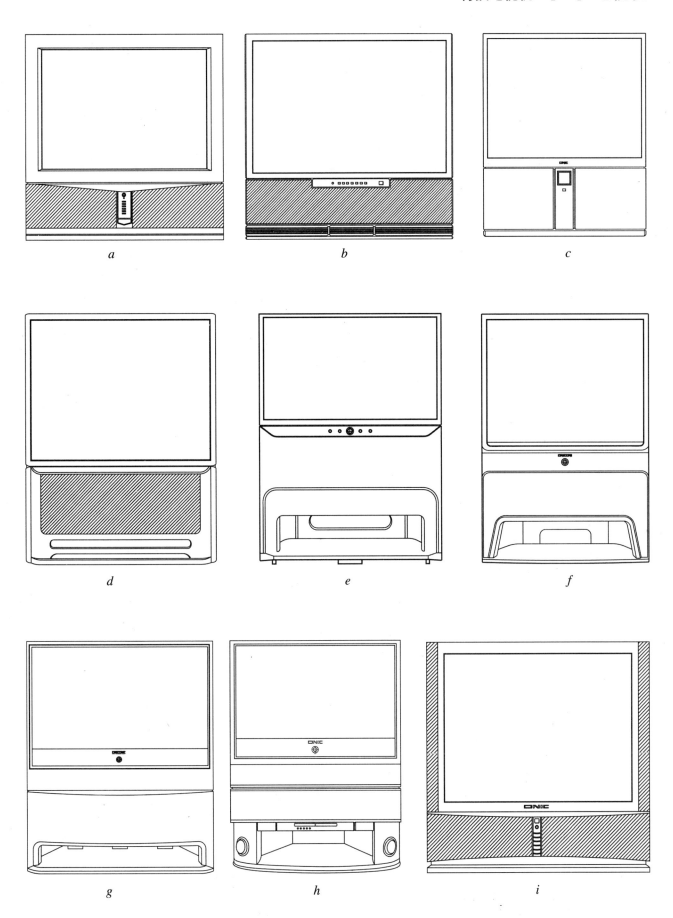

1 背投电视机造型设计

电视机 [20]　背投电视机

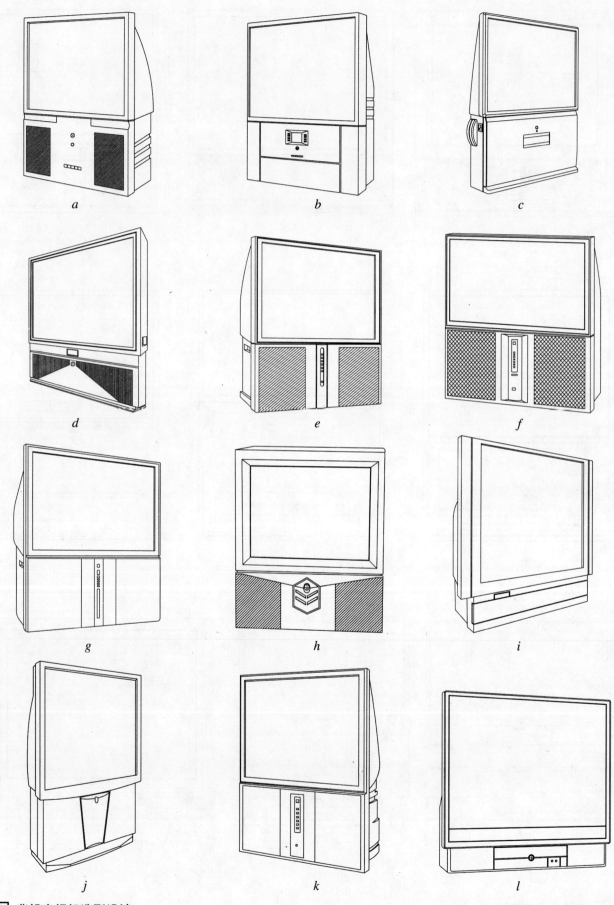

1　背投电视机造型设计

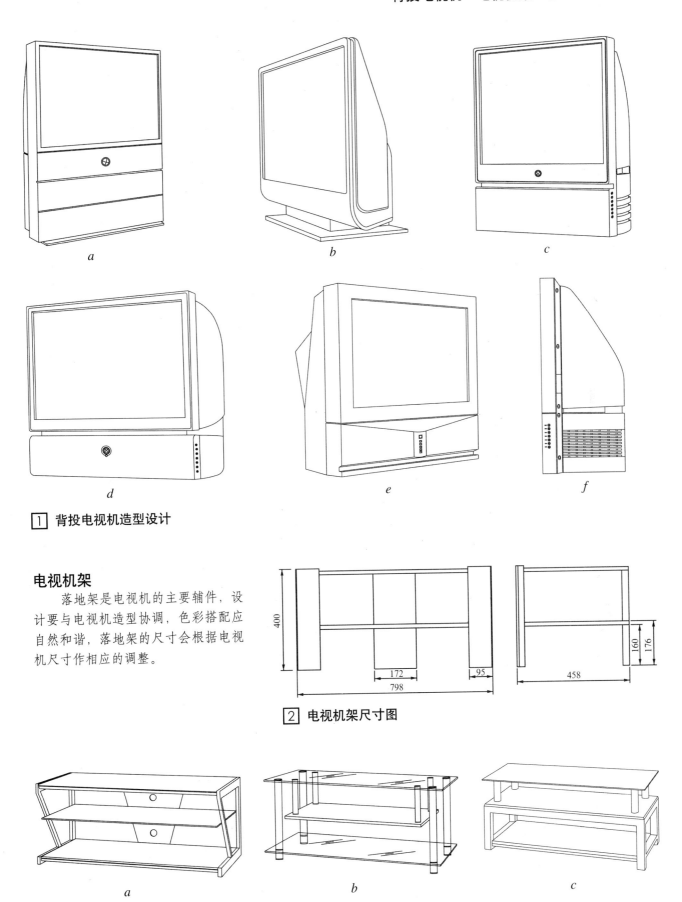

背投电视机·电视机架 [20] 电视机

1 背投电视机造型设计

电视机架

落地架是电视机的主要辅件，设计要与电视机造型协调，色彩搭配应自然和谐，落地架的尺寸会根据电视机尺寸作相应的调整。

2 电视机架尺寸图

3 电视机架造型设计

电视机 [20] 电视机架

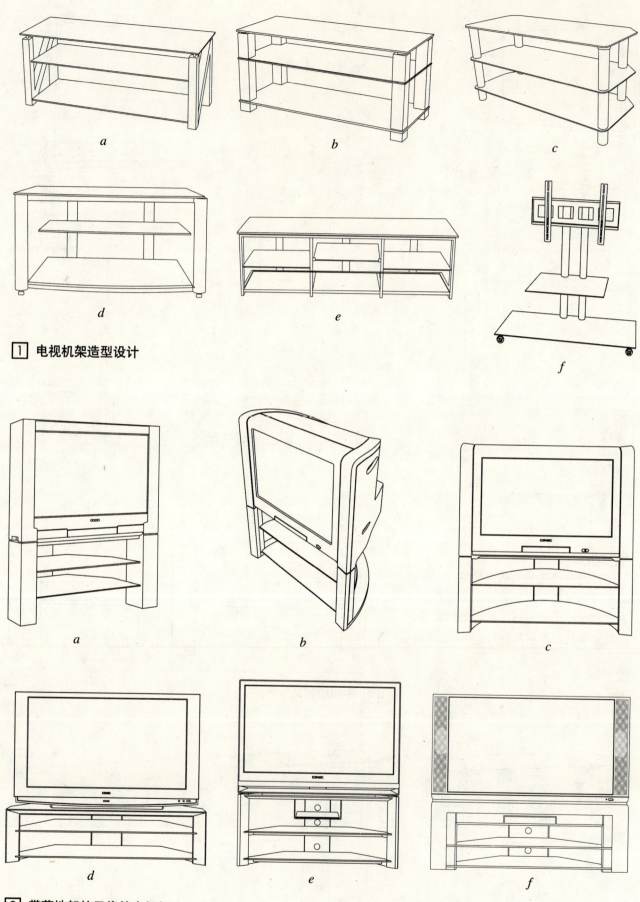

1 电视机架造型设计

2 带落地架的显像管电视机

电视机架 [20] 电视机

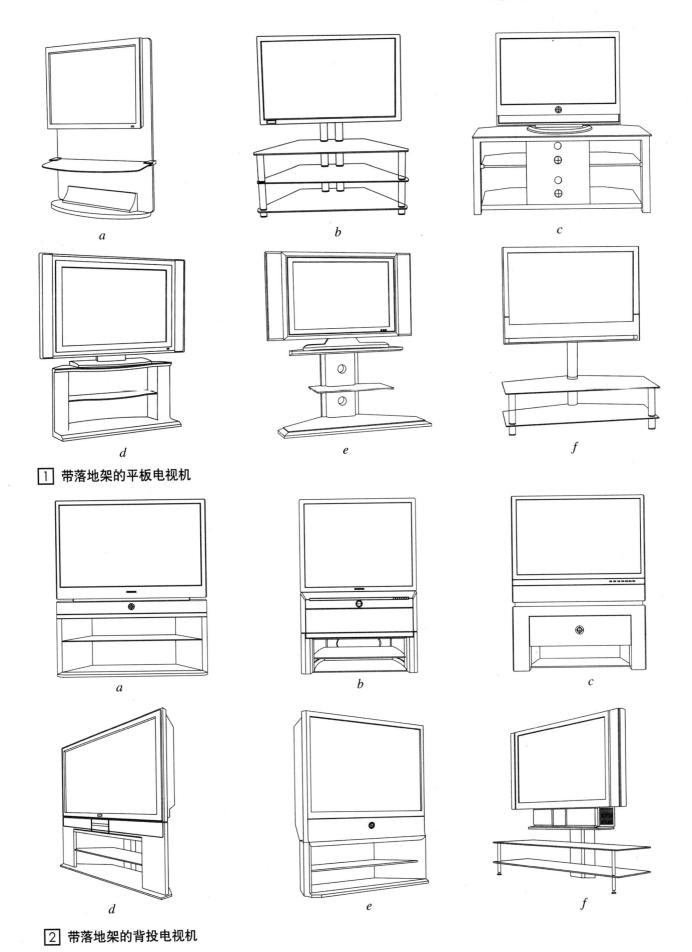

1 带落地架的平板电视机

2 带落地架的背投电视机

电视机 [20]　便携式电视机

便携式电视机

便携式电视机整体尺寸小，外观形态小巧精致，个性化较强，便于携带，适于在一些特定场合使用。

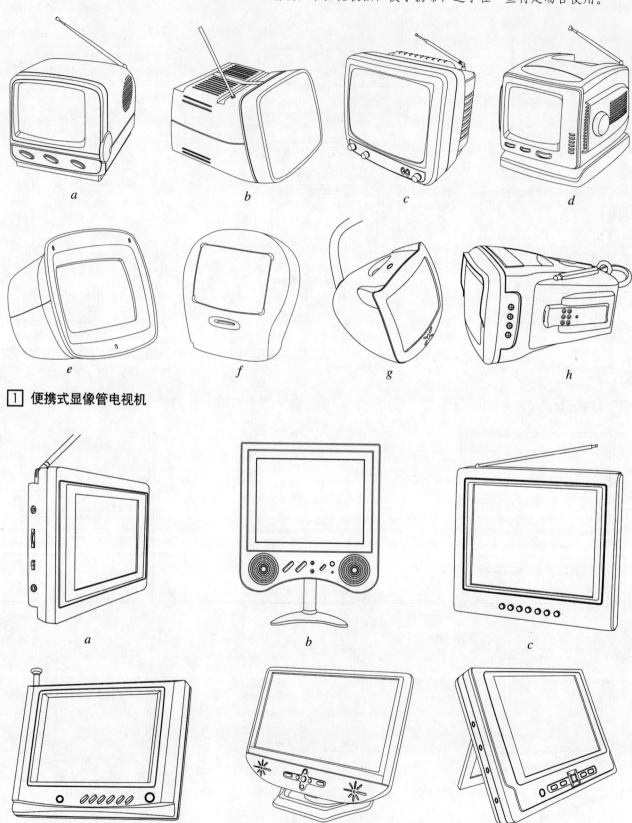

1 便携式显像管电视机

2 便携式液晶电视机

VCD/DVD 影碟机概述

影碟机

影碟机也称为视盘机，是一种利用激光束读取光盘信息的音频、视频信号和播放设备。由数字视频技术、数字声频激光唱盘技术与计算机技术相结合而产生的声像设备，集中了激光技术、数字技术、精密加工技术等，是光机电一体化的典型消费类产品。

VCD 影碟机

一种集光、电、机械技术于一体的数字音像产品，是 MPEG 数字压缩技术与 CD 技术结合的产物，是继 LD 影碟机和 CD 激光唱机之后开发出的一种新型光盘机，它是一种数字式音频、视频信号的播放设备。

DVD 影碟机

目前包括视频的 DVD Video Player 和音频的 DVD Audio Player，现在大家常见的都是 DVD Video Player，用于播放高画质的 DVD 影碟。

[1] DVD 影碟机

VCD/DVD 影碟机的分类

家用式	家用式 VCD、DVD 影碟机可以与音箱等设备组成家用音响	
便携式	DVD 影碟机是小型 DVD 与液晶显示屏组合在一起，配有音频设备，由直流电池进行供电，体积小巧，可以非常方便地随身携带的电子产品。也有一小部分产品没有配置液晶屏。有了便携式 DVD，用户便可以随时随地享受到观看电影、电视节目的乐趣	
电脑内/外置式	VCD-ROM/DVD-ROM 驱动器在电脑中的应用范围广。该类产品只是单体设备，它能够与 CD、VCD 以及数据光盘相兼容，这一点是 VCD/DVD 播放机无法相比的，但该驱动器没有设计解码芯片电路，在播放影碟时必须借助硬件产品或软件产品	

[2] VCD/DVD 影碟机的分类

VCD/DVD影碟机 [21] VCD/DVD影碟机的发展历史

VCD/DVD影碟机的发展历史

1993年我国万燕公司研制成功世界上第一台VCD播放机	价格低廉、性价比高、软件节目丰富，获得人们的认可。虽然在图像清晰度和音色方面逊色于LD和DVD，但未影响其进入普通家庭，反而成为家电产品消费的热点	
1996年DVD播放机问世。1997年3月上市销售	DVD播放机从初期的第一代发展到今天的第三代甚至第四代，其关键器件激光头的结构也发生了很大变化，单光头取代双光头成为大势所趋。第一代DVD播放机为了能更好地兼容CD／VCD影碟，采用了双光头读盘技术。单光头的光路结构简单、组件数量少、反应灵敏、性能稳定、读片能力好、兼容能力强，成为目前DVD播放机的主流趋势	
2001年5月，荷兰飞利浦公司向全球市场推出了第一台DVD刻录机——DVDR1000	DVD需要光头发出红色激光（波长为650nm）来读取或写入数据。DVD刻录技术出现了三类、五种规范（DVD-RAM、DVD-R/RW、DVD+R/RW）	
2006年6月25日，三星推出了世界上第一款市场化的蓝光播放器BD-P1000	蓝光是三菱等公司联合提出的新的DVD标准，与传统DVD盘相比，容量提升了数倍。包括WB、FOX等6家世界著名的电影制作企业都表示将会出版蓝光格式的电影，蓝光播放器就是为这个准备的。蓝光播放器利用波长较短（405nm）的蓝色激光读取和写入数据	

1 VCD/DVD影碟机的发展历史

VCD/DVD 影碟机的光盘放入方式

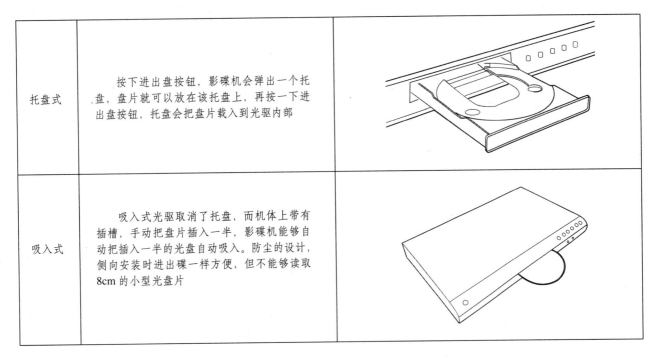

托盘式	按下进出盘按钮，影碟机会弹出一个托盘，盘片就可以放在该托盘上，再按一下进出盘按钮，托盘会把盘片载入到光驱内部	
吸入式	吸入式光驱取消了托盘，而机体上带有插槽，手动把盘片插入一半，影碟机能够自动把插入一半的光盘自动吸入。防尘的设计，侧向安装时进出碟一样方便，但不能够读取8cm 的小型光盘片	

[1] VCD/DVD 影碟机的光盘放入方式

关于碟片的技术

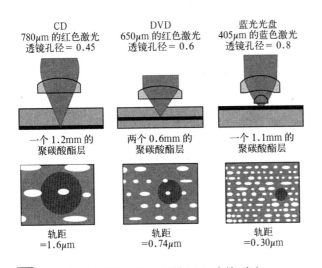

[2] CD、DVD 以及蓝光光盘的写入功能对比

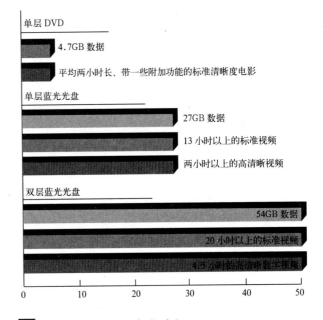

[3] 不同光盘的容量大小对比

蓝光的优势

• 录制高清晰电视（高清电视）节目，无任何质量损失
• 即时搜索光盘
• 可以在观看光盘上一个节目的同时录制另一个节目
• 创建播放列表
• 对光盘上录制的节目进行编辑或重新排序
• 自动搜索光盘上的空白空间，避免覆写节目
• 访问网页以下载字幕和其他附加功能

281

VCD/DVD影碟机 [21] VCD/DVD影碟机的结构分析·激光影碟机的工作原理

VCD/DVD影碟机的结构分析

VCD播放机的基本结构

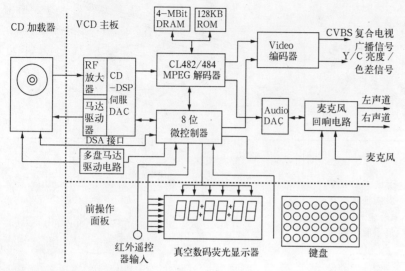

VCD播放机主要由3个核心部件组成：
1. CD驱动器或者叫作CD加载器
2. MPEG解码器
3. 微控制器

1 VCD播放机的基本结构

DVD播放机的基本结构

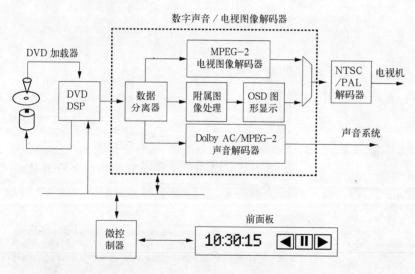

1. DVD盘读出机构
2. DVD-DSP（Digital Signal Processor）
3. 数字声音/电视图形解码器

2 DVD播放机的基本结构

激光影碟机的工作原理

激光影碟机是集激光技术、超精密加工技术、大规模集成电路技术和数字技术等为一体的高科技产品。它由光学拾取系统、机械系统、信号解调系统、伺服系统和操作控制系统等部件组成。

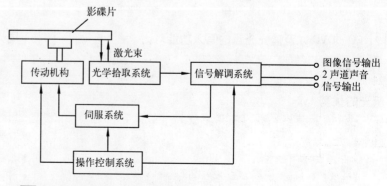

3 激光影碟机的部件组成图

激光影碟机的工作原理　　[21] VCD/DVD影碟机

1. 光学拾取系统

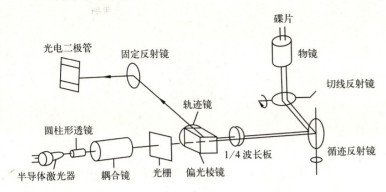

光学拾取系统的作用是产生激光光源，并将它照射到影盘片的凹坑上，然后通过光电二极管接收从影碟上反射回来的激光信息，并将其转换成电信号。

[1] 光学拾取系统

2. 机械系统

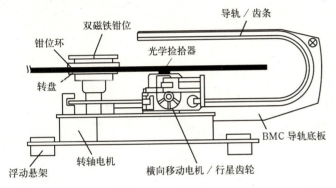

机械系统的作用主要是带动激光影碟按要求稳定转动，同时带动光学拾取系统按指令移动。

[2] 机械系统

3. 信号解调系统

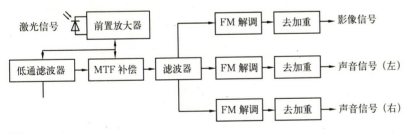

信号解调系统的作用是从光学拾取系统送来的信号中解调出彩色图像信号、立体声伴音信号（左声道信号和右声道信号）和各种伺服信号。

[3] 信号解调系统

4. 操作控制系统

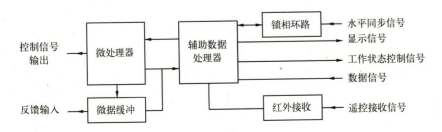

操作控制系统由副微电脑、主微电脑、数据缓冲放大器、红外遥控接收器、红外遥控发射器、多功能显示屏和操作按钮等部件组成。

[4] 操作控制系统

VCD/DVD影碟机 [21] VCD/DVD影碟机造型

VCD/DVD 影碟机造型

家用 VCD/DVD 播放机造型

1 家用 VCD/DVD 播放机

VCD/DVD影碟机造型 [21] VCD/DVD影碟机

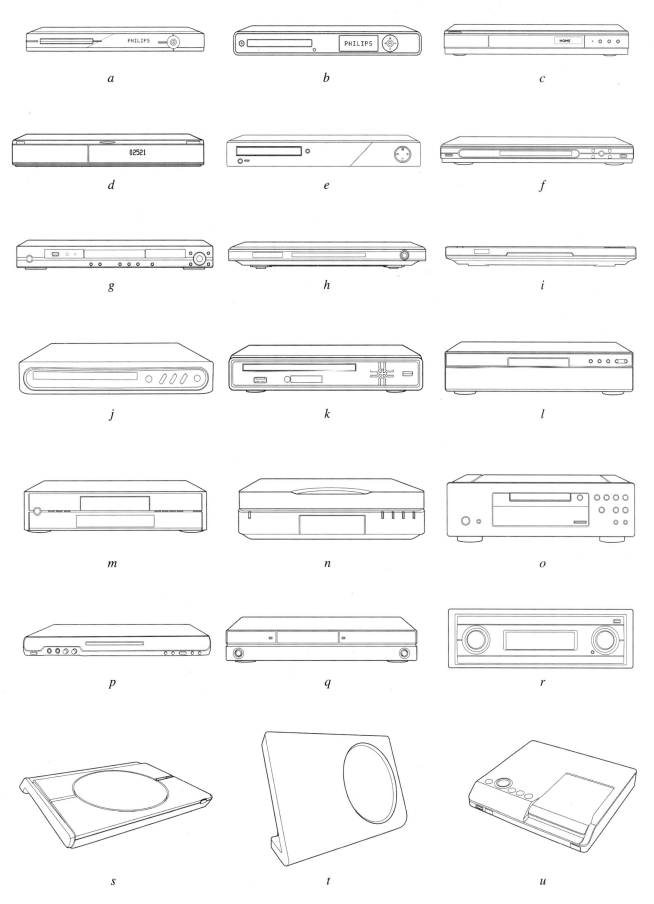

1 家用 VCD/DVD 播放机

VCD/DVD影碟机 [21]　VCD/DVD影碟机造型

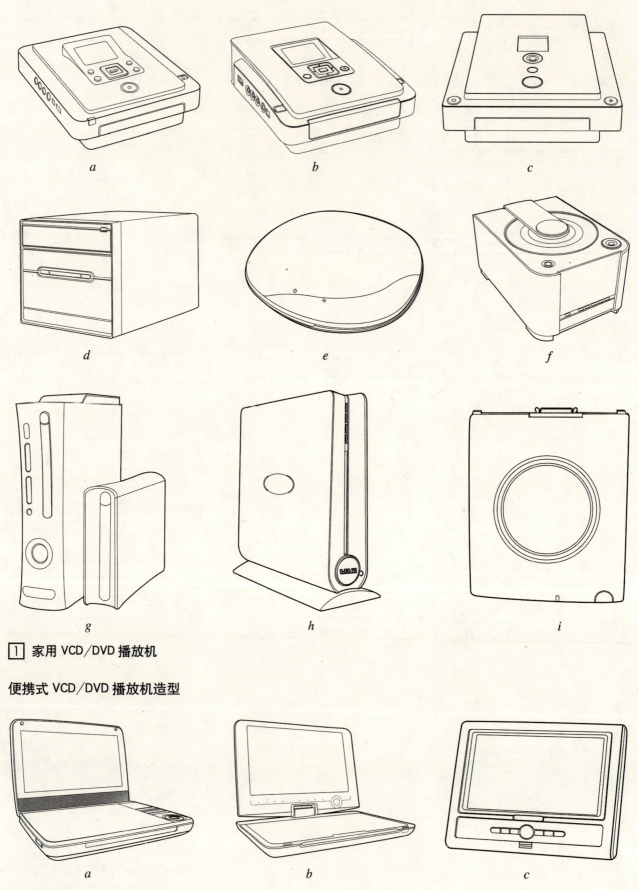

1 家用 VCD/DVD 播放机

便携式 VCD/DVD 播放机造型

2 便携式 VCD/DVD 播放机

VCD/DVD影碟机造型　[21] VCD/DVD影碟机

1 便携式 VCD/DVD 播放机

VCD/DVD影碟机 [21]   VCD/DVD影碟机造型

电脑内／外置式 VCD/DVD 播放机造型

1 电脑内／外置式 VCD/DVD 播放机

数字投影机概述

投影机是一种将数字信号转换成放大了的图像的投影装置。CRT：CRT（Cathode Ray Tube）是阴极射线管，是应用较为广泛的一种显示技术。CRT投影机：把输入的信号源分解到 R（红）、G（绿）B（蓝）3 个 CRT 管的荧光屏上，在高压作用下发光信号放大、会聚在大屏幕上显示出彩色图像。

数字投影机的系统组成

从投影机的构成来看，它包括了核心投影成像部件、光学引擎、电气控制和接口三大主要部分。其中的投影成像部件是投影机产品的核心，其地位颇似计算机中的处理器。

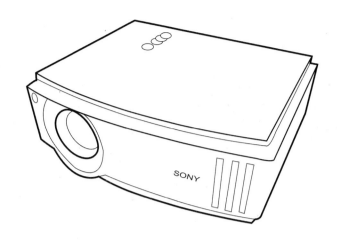

1 数字投影机

数字投影机视图

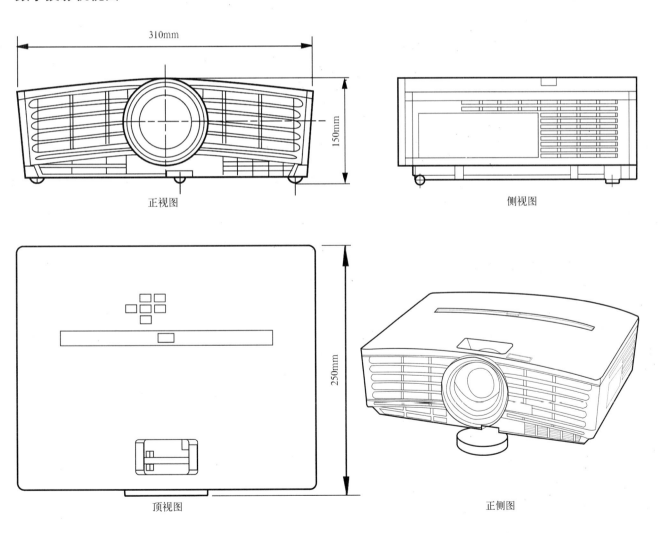

2 数字投影机视图

数字投影机 [22] 数字投影机的分类

数字投影机的分类

按技术分类

投影机自问世以来发展至今已形成三大系列：LCD（Liquid Crystal Display）液晶投影机、DLP（Digital Lighting Process）数字光处理器投影机和CRT（Cathode Ray Tube）阴极射线管投影机。

	LCD 投影机	DLP 投影机	CRT 投影机
简介	LCD 投影机是液晶技术、照明科技以及集成电路的发展带来的高科技产物	DLP 即数码光处理投影机是美国德州仪器公司以数字微镜装置 DMD 芯片作为成像器件	CRT 投影机是最早的投影技术。CRT 投影机又名三枪投影机，它主要是由三个 CRT 管组成
分类	液晶板投影机和液晶光阀投影机	单片 DMD 机（主要应用在便携式投影产品，也是目前市场的主流产品）、两片 DMD 机、三片 DMD 机	根据 CRT 管的管径不同可分为三档，7 英寸管、8 英寸、9 英寸管投影机
工作原理	采用 LCD（HTPS）作为光阀，从光源射出的光线通过一种能够仅让特定的光透过的反射镜（分色镜），分离成红、绿、蓝三原色，然后通过棱镜将经过各色专用液晶板控制的光线进行重新合成、投影	光束通过高速旋转的三色透镜后，再投射在 DMD 部件上，然后通过光学透镜投射在大屏幕上完成图像投影	CRT 投影机把输入的信号源分解到 R（红）、G（绿）、B（蓝）三个 CRT 管的荧光屏上，荧光粉在高压作用下发光，经过光学系统放大和会聚，在大屏幕上显示出彩色图像
特点	优点：1. 投影画面色彩还原真实鲜艳，色彩饱和度高。2. 光效率高。 缺点：1. 黑色层次表现太差，对比度不是很高。2.LCD 投影机打出的画面看得见像素结构，观众好像是经过窗格子在观看画面	总结来说 DLP 数码投影机的优势就是画面更清晰、更细致、更明亮、更逼真，外形更可靠、更便携、更小巧。 缺点：图像颜色的还原上比 LCD 投影机稍逊一筹，色彩不够鲜艳生动	优点是寿命长，显示的图像色彩丰富，还原性好，具有丰富的几何失真调整能力。但由于技术的制约，无法在提高分辨率的同时提高流明（lm），加上体积较大和操作复杂，已经被淘汰
例图			

⬜1 投影机的分类

[22] 数字投影机

数字投影机的分类

按用途分类

投影机主要分为商务用投影机、会堂/剧院用投影机、家庭用投影机，投影电视机。其中家用视频型和商用数据型是我们普通用户接触到投影机的主要应用类型。

类型	说明	图示
家用视频型投影机	针对视频方面进行优化处理，投影的画面宽高比多为16:9，各种视频端口齐全，适合播放电影和高清晰电视，适于家庭用户使用	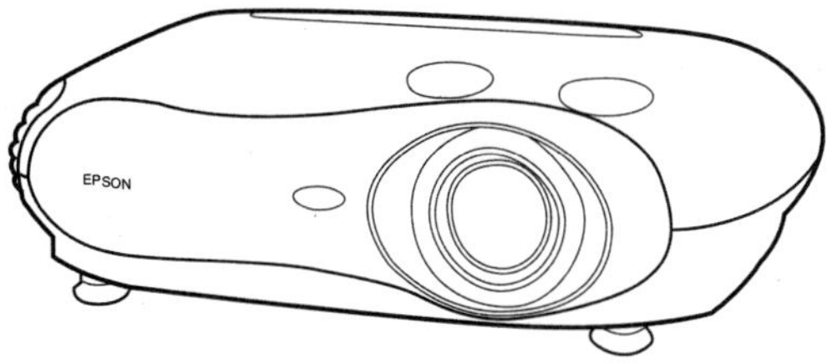
商用数据型投影机	主要显示微机输出的信号，用来商务演示办公和日常教学，投影画面宽高比都为4:3，功能全面，对于图像和文本以及视频都可以演示，基本所有型号都同时具有视频及数字输口。又根据不同的商务应用场合而进行不同选择配置	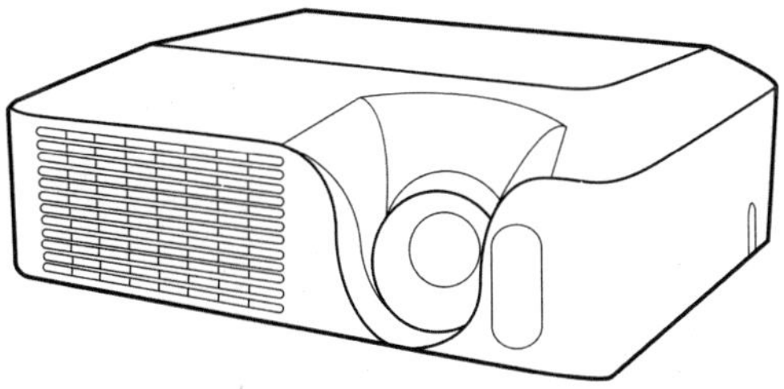
会堂/剧院用投影机	大型会议厅的场地较大，一般需要容纳100至几百人，通常需要投影出比较大的画面，一般在100~300英寸，投影仪的安装方式分为桌式正投、吊顶正投、桌式背投、吊顶背投等	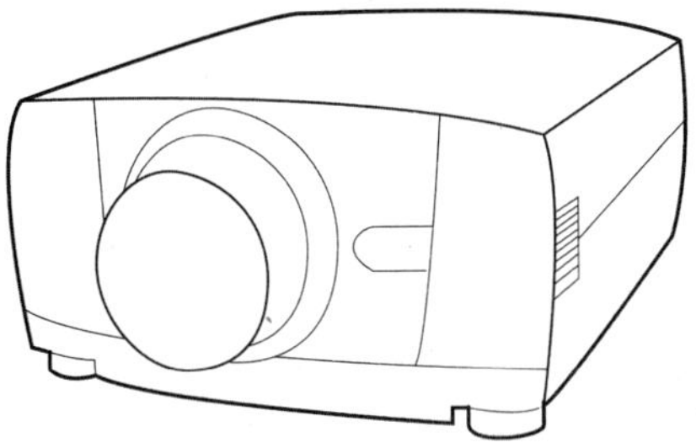
小型会室用投影机	小型会议室一般场地不大，大约是20人使用，室内遮光较好，通常的投影画面在60~100英寸之间，而且一般不使用吊投	
视频演示为主的投影机	高对比度、高分辨率，色彩还原性能好	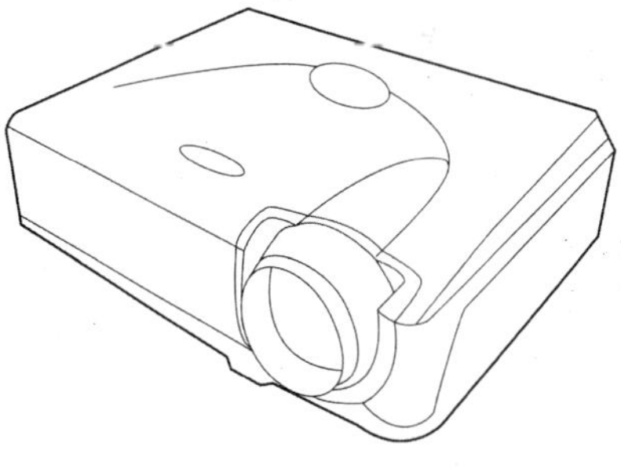

1 投影机的分类

数字投影机 [22] 数字投影机的分类·投影机的发展现状和趋势·投影机的人机工程学

文档报表为主的投影机	对比度、分辨率适合文档投影使用	
移动商务型投影机	人们最需要的是轻便，通常都在3kg以下	

1 投影机的分类

按重量分类

投影机按重量可分为 2kg 以下的超微便携组、2～3kg 的超便携组、3～4.5kg 的便携组、4.5kg 以上的会议室组及家用投影机。

投影机的发展现状和趋势

当前的投影机市场：CRT 将逐步退出历史舞台，LCD 正占据主流，而 LCoS 和 DLP 将会成为未来的希望。LCD 的核心部件是液晶板，日本的投影机大都采用 LCD 技术，DLP 中的关键芯片 DMD，由德州仪器控制。LCD 产品推出时间较早，在视频稳定性、色彩饱和度等方面拥有一定的优势。而 DLP 作为一种崭新的技术，还有许多问题需要解决，但可以肯定地说，DLP 技术代表着未来投影机的发展方向；DLP 技术可以实现尺寸更小、重量更轻的未来投影机的便携、无线的发展趋势；DLP 通过采用数字技术，使对比度、灰度等级（256～1024 级）、色彩（2563～10243 种）、画面质量等方面都非常出色，使产生的图像非常明亮，提高了清晰度。

目前投影机的市场分布：教育行业是投影机最主要的市场，占总需求的一半以上；商务市场则占据第二位，约占总需求的三分之一；剩下的少部分则由家用市场占领。

近年来，投影机发展趋向三大趋势是应用网络化、体积小型化、投影高亮度。

投影机的人机工程学

投影方式

吊顶功能：将投影机倒置吊在顶棚上进行投影，要求投影机投射的图像能实现上下翻转功能。

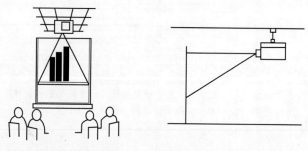

1 投影机的投影方式——吊顶功能

背投功能：将投影机放在背透幕的后面进行投影，要求投影机投射的图像能实现左右翻转的功能。

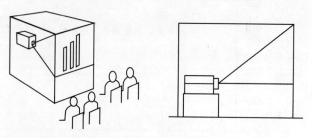

2 投影机的投影方式——背投功能

投影机亮度和屏幕的选择：亮度是投影机产品输出到屏幕上的光线强度，也是投影图像的明亮程度。一般情况下，投影机的亮度越高，投射到屏幕上的相同尺寸的图像越明亮，图像也就越清晰。然而人眼能够感知的图像的明亮程度并不仅仅取决于投影机的亮度，与环境光强度、图像的尺寸都有很大关系。环境光越强，人眼感知的图像的亮度相对就越暗淡。因此要根据投影机使用的环境条件选择合适的亮度，并不一定是越亮越好。同时人眼感知图像的亮度会有一定范围，超过这个范围，人眼会感觉到不舒服，尤其是长时间观看亮度过高的图像会使人眼产生疲劳，并造成一定伤害。

投影机选择对照表

	使用空间（m²）	投影机高度（1m）	幕布（in）
1	40～50	800～1200	60～70
2	60～100	500～2000	80～100
3	120～200	2000～3000	120～150
4	300	3000以上	200以上

投影机常用输入输出接口

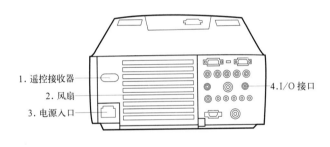

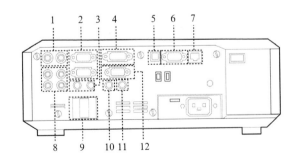

1—s视频/视频输入；2—pc/复合视频输入（15针微型D-sub）；3—PC音频输入；4—DVI-D（带HDCP）输入；5—USB鼠标控制接口；6—RS-232C输入（9针D-sub）；7—LAN（RJ-45）；8—视频/音频输入；9—安全固定机构；10—音频输入；11—DC输出5V1.5A（最大）；12—显示器输出

[1] 投影机常用输入输出接口

1. Computer #1 mini D-Sub 15端口：输入计算机的模拟图像信号。
2. 转换开关：为Computer #1将有效端口切换为mini D-Sub15针端口（模拟）或DVI-D（数字）端口，使用尖头笔或其他尖头物体操作此开关。
3. Computer #1 DVI-D端口：输入计算机的数字图像信号。
4. Computer #2 BNC端口：R/Cr/Pr G/Y B/Cb/Pb H/C Sync V Sync输入计算机的BNC图像信号,A/V设备组元图像信号(彩色单独信号)或RGB图像信号。
5. Remote端口：连接可选的remote control receiver（ELPST04）。
6. Mouse/Com端口：遥控器作为无线鼠标使用时，使用附带的投影机软件建议与计算机的连接。

投影机周边配件

投影灯泡

目前投影机普遍采用的是金属卤素灯泡、UHE灯泡、UHP灯泡这三种光源。金属卤素灯泡的优点是价格便宜，缺点是半衰期短，发热高。UHE灯泡的优点是价格适中，使用寿命长，亮度衰减很小，是一种冷光源。UHE灯泡是目前中档投影机中广泛采用的理想光源。UHP灯泡也是一种理想的冷光源，但由于价格较高，一般应用于高档投影机上。

灯泡作为投影机的唯一消耗材料，在使用一段时间后其亮度会迅速下降到无法正常使用。下图给出常见灯泡的参考使用时间。

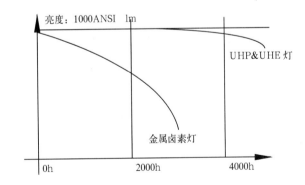

[2] 常见灯泡的参考使用时间

投影屏幕

屏幕质量的优良与投入的效果有很大的关联，高级的屏幕可使画面光亮度加强，对比度加深，达至事半功倍的效果。选购时主要是要考虑增益度、视角、尺寸比例、颜色等问题。投影幕布主要分挂墙手拉幕、地拉幕、电幕、座幕。

数字投影机 [22]　投影机周边配件

外置电视盒

投影机除可作播放电影及会议之用外,也可以用来看电视。想要用投影机看电视,首先的条件是你所拥有的投影机必须有电视调谐器。看看投影机有没有射频RF接口,有了该接口就有接收电视信号的功能。

智能投影白板

智能电子白板与计算机、投影机搭配使用。投影机将电脑显示画面投射到电子白板上,演示者可以在白板上任意注释和修改画面,并将讲解后的画面(以图像格式)存入电脑中,有触摸功能的白板可与投影机配合(一般使用背投)组成大型的触摸屏,使操作更加便利。

投影吊架

投影机的吊装通过投影吊架实现,在吊架的固定下,投影机可在调整好的距离与角度进行投影,下次使用时也无须校正。当投影机不使用时,通过投影吊架的伸缩将投影机放置于天花板内,对投影机也可起到很好的保护作用。

投影吊架的种类:

交剪式电动吊架:特点是可上下伸缩调整投影机高度,电动方式调节平稳可靠。投影机不使用时,吊到装饰顶棚上。使用时只需操作按钮就可以把投影机吊放下来,用完以后,操作按钮,又可将投影机吊装回顶棚,不但对投影机有良好的保护作用,又腾出投影机所占用的空间另作别用,灵活地扩充了室内空间的使用效率。

箱体防盗吊架:箱体防盗吊架的突出特点就是防盗功能,同时箱体内装配的散热风扇可配合投影机加强散热。投影机在日常闲置时可以很安全地在防盗箱内存放,同时封闭的结构有利于减少灰尘的侵蚀。

网状防盗吊架:网状防盗吊架特性与箱体防盗吊架相似,不同的是网状结构对投影机正常散热没有任何影响,保证了投影机的正常稳定运行。

臂式升降吊架:臂式升降通过万向爪与投影机固定,并利用顶棚上安装的液压杠进行投影机的升降。这种吊架的特点是结构简单、安装方便,且不用考虑投影机外形与体积大小,适用于各种投影机吊装使用。

臂式固定吊架:臂式固定吊架外观与臂式升降吊架相似,但臂式固定吊架没有液压升降装置,适合对房间内整体布局搭配没有太多要求的环境使用,如学校教室。最为简单的结构相比其他种类吊架价格更加低廉。

多节管式精准定位大型投影机吊架:目前主流大型投影机电动吊架,是主要以单节或多节铝合金管为主的电动升降架。此类电动吊架,定位更精准。可负重投影机更大。并可管内走线。

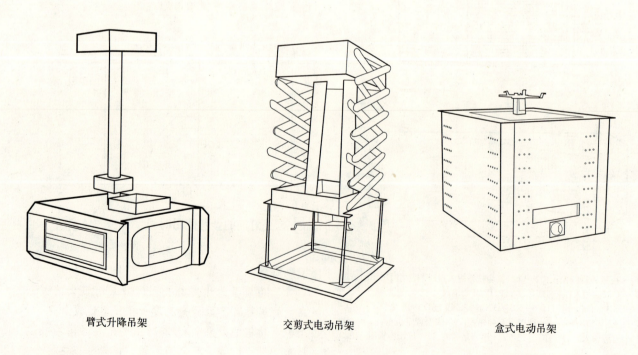

臂式升降吊架　　　　交剪式电动吊架　　　　盒式电动吊架

1 投影吊架

投影机的造型　　[22] 数字投影机

投影机的造型

1 投影机造型

数字投影机 [22] 投影机的造型

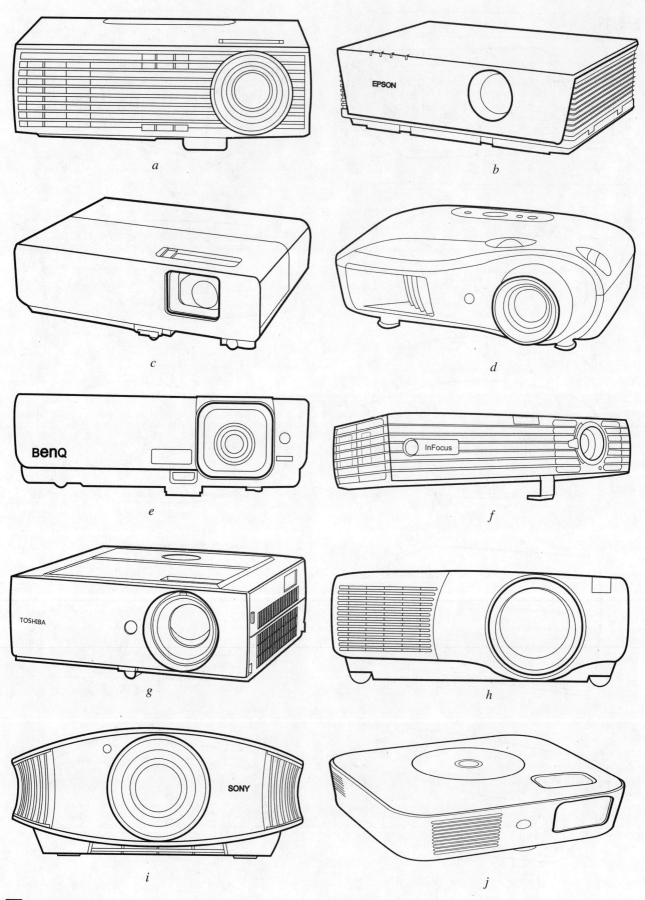

1 投影机造型

投影机的造型 ［22］**数字投影机**

1 投影机造型

数字投影机 [22] 投影机的造型

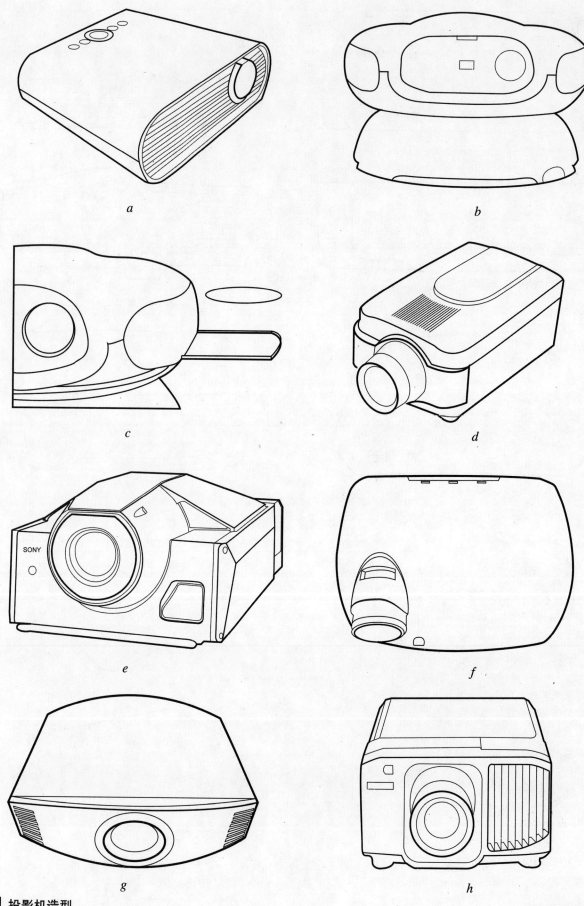

1 投影机造型

图书在版编目（CIP）数据

工业设计资料集6　信息·通信产品/张锡分册主编．—北京：中国建筑工业出版社，2010.10
ISBN 978-7-112-12437-4

Ⅰ.①工… Ⅱ.①张… Ⅲ.①工业设计－资料－汇编－世界②信息－产品－设计－资料－汇编－世界③电信－工业产品－设计－资料－汇编－世界　Ⅳ.①TB47

中国版本图书馆CIP数据核字（2010）第180931号

责任编辑：陈小力　李东禧
责任设计：陈　旭
责任校对：张艳侠　王雪竹

工业设计资料集 6
信息·通信产品
分册主编　张　锡
总　主　编　刘观庆
＊
中国建筑工业出版社出版、发行（北京西郊百万庄）
各地新华书店、建筑书店经销
北京嘉泰利德公司制版
北京蓝海印刷有限公司印刷
＊
开本：880×1230毫米　1/16　印张：$19\frac{1}{4}$　字数：616千字
2010年11月第一版　2010年11月第一次印刷
定价：78.00元
ISBN 978-7-112-12437-4
　　　　（19683）

版权所有　翻印必究
如有印装质量问题，可寄本社退换
（邮政编码100037）